《几何学引论》（第2版）解析几何部分

解析几何习题全解

第2版

卢　涛　安佰玲　王　贝　编著

中国科学技术大学出版社

内 容 简 介

本书是解析几何的学习辅导书，分向量与坐标、平面与直线、特殊曲面、二次曲面、二次曲线五章. 每章由知识概要、典型例题分析与讲解、习题详解三个部分组成，较好地阐释了解析几何的思想和方法，对每章的重点和难点做了梳理与总结，同时通过举例分析，尝试一题多解，提高读者的解题能力，帮助读者解疑释惑，进一步理解知识点. 其中习题详解部分对《几何学引论》(第2版)中的解析几何课后习题进行了全解.

本书可作为高等学校解析几何课程的教学参考书，也可以作为学生的学习辅导书.

图书在版编目(CIP)数据

解析几何习题全解/卢涛，安佰玲，王贝编著. —2版. —合肥：中国科学技术大学出版社，2022.8

ISBN 978-7-312-02987-5

Ⅰ. 解… Ⅱ. ①卢…②安…③王… Ⅲ. 解析几何—高等学校—题解 Ⅳ. O182-44

中国版本图书馆CIP数据核字(2022)第135692号

解析几何习题全解

JIEXI JIHE XITI QUANJIE

出版 中国科学技术大学出版社
安徽省合肥市金寨路96号，230026
http://press.ustc.edu.cn
https://zgkxjsdxcbs.tmall.com

印刷 合肥华苑印刷包装有限公司

发行 中国科学技术大学出版社

开本 710 mm×1000 mm 1/16

印张 14.25

字数 270千

版次 2013年7月第1版 2022年8月第2版

印次 2022年8月第3次印刷

定价 36.00元

再版前言

根据本书第1版的使用情况和相关反馈意见，编者对全书进行了修订.此次修订在保持第1版基本框架不变的基础上，每章中添加了概念图及部分例题.

本书再版得到了江苏第二师范学院领导和数学与信息技术学院的关心和支持，同时得到了江苏高校“青蓝工程”的资助.在此次修订工作中，江苏第二师范学院数学与信息技术学院副院长陈波老师提出了许多宝贵的意见，王贝老师对例题进行了替换和完善；淮北师范大学安佰玲老师绘制了全书的概念图；中国科学技术大学出版社对本书出版给予了支持.借本书再版的机会，向他们表示衷心的感谢，并向所有关心、支持本书的同行、读者致以诚挚的谢意.

限于编者的水平，虽经修订，但错误与缺点仍然在所难免，欢迎广大读者继续批评指正.

卢　涛

2022年3月

前　言

“解析几何”是高等院校数学各专业的重要基础课程，不仅数学、物理学的许多后继课程要以此为基础，更为重要的是，它的思想方法和几何直观可为许多抽象的、高维的数学、物理问题提供模型和背景.

本书可作为《几何学引论》(第2版，郑崇友、王汇淳、侯忠义、王智秋编写，高等教育出版社出版)解析几何部分的教学参考用书，它较好地阐释了解析几何的思想和方法，对每章的重点和难点做了梳理与总结，并对某些概念做了适当的延伸与拓宽，同时通过举例分析，尝试一题多解，提高读者的解题能力，帮助读者解疑释惑，进一步理解知识点.

本书对《几何学引论》(第2版)解析几何部分的章节次序及内容分配略有改动，全书共分五章：第1章“向量与坐标”，第2章“平面与直线”，第3章“特殊曲面”，第4章“二次曲面”，第5章“二次曲线”. 每章由知识概要、典型例题分析与讲解、习题详解三个部分组成.

第一部分“知识概要”以图表的形式详细地介绍了各章的基本内容，利用图表更能突出体现解析几何中的数形结合思想；对各章中的核心概念与重要定理及公式做了梳理与总结，对教材中的有些概念与知识点还做了适当的延伸与拓宽，让读者能更进一步地深入理解与掌握教材的内容.

第二部分“典型例题分析与讲解”是对各章中的理论知识进行应用分析，其内容结构包括常见题型及常用的解题方法，根据解决问题的不同进行分类归纳，深刻阐述了同一类型的题目所隐含的基本方法与思想及不同的解决方法，希望启发和引导读者多思考，发挥创造力，提高分析问题与解决问题的能力.

第三部分“习题详解”是对《几何学引论》(第2版)解析几何部分的习题所

做的详细解答，同时还选解了《解析几何》（第 4 版，吕林根、许子道编）中的一些典型习题．在做题时，对有些题做了解析，有些做了解后注解，有些做了一题多解．习题解析可以帮助读者准确把握概念，深入理解定理，拓展思维方法．

本书由安佰玲、卢涛执笔，黄保军对全书进行了审校，最后集体讨论定稿．在编写过程中，编者参考和借鉴了诸多书籍，在此谨向原作者表示衷心的感谢，恕不一一列举．研究生朱润秋、杜银铃、马晶晶协助做了大量的录入工作，在此表示感谢．同时向对本书的编写和出版给予大力支持的淮北师范大学数学科学学院、中国科学技术大学出版社以及对本书给予关注和指导的各位专家、老师和学生表示衷心的感谢．向郑崇友教授表示诚挚的谢意，感谢郑教授百忙之中对本书的编写提出的指正意见．

本书可作为高等学校解析几何课程的教学参考书，也可以作为学生的学习辅导书．

由于编者水平有限，书中存在不妥与错误在所难免，欢迎广大读者批评指正．

编　者

2012 年 3 月

目　录

第 1 章　向量与坐标

1.1　知 识 概 要

1.1.1　向量的运算

向量的基本运算包括向量的加法、向量与数的数乘、向量的数量积及向量的向量积四种运算，我们用表格的形式列出了各种运算的定义、运算性质、几何意义及坐标表示.

设表格中的向量 $\boldsymbol{a},\boldsymbol{b},\boldsymbol{c}$ 的坐标分别是

$$\boldsymbol{a}=\{a_1,a_2,a_3\},\quad \boldsymbol{b}=\{b_1,b_2,b_3\},\quad \boldsymbol{c}=\{c_1,c_2,c_3\}$$

1. 向量的线性运算

向量的线性运算包括向量的加法及向量与实数的数乘运算，表 1.1 给出了这两种运算的定义及运算性质.

表 1.1

	向量的加法：$\boldsymbol{a}+\boldsymbol{b}$	向量的数乘：$\lambda\boldsymbol{a}$
定义	三角形法则或平行四边形法则	$\lambda\boldsymbol{a}$ 是一个向量，大小：$\lvert\lambda\boldsymbol{a}\rvert=\lvert\lambda\rvert\lvert\boldsymbol{a}\rvert$，方向：当 $\lambda>0$ 时，$\lambda\boldsymbol{a}$ 与 $\boldsymbol{a}$ 同向；当 $\lambda<0$ 时，$\lambda\boldsymbol{a}$ 与 $\boldsymbol{a}$ 反向；当 $\lambda=0$ 时，$\lambda\boldsymbol{a}=\boldsymbol{0}$
运算规律	$\boldsymbol{a}+\boldsymbol{b}=\boldsymbol{b}+\boldsymbol{a}$， $(\boldsymbol{a}+\boldsymbol{b})+\boldsymbol{c}=\boldsymbol{a}+(\boldsymbol{b}+\boldsymbol{c})$	$\lambda(\mu\boldsymbol{a})=(\lambda\mu)\boldsymbol{a}=\mu(\lambda\boldsymbol{a})$， $(\lambda+\mu)\boldsymbol{a}=\lambda\boldsymbol{a}+\mu\boldsymbol{a}$， $\lambda(\boldsymbol{a}+\boldsymbol{b})=\lambda\boldsymbol{a}+\lambda\boldsymbol{b}$
坐标表示	$\boldsymbol{a}\pm\boldsymbol{b}=\{a_1\pm b_1,a_2\pm b_2,a_3\pm b_3\}$ 其中坐标为仿射坐标	$\lambda\boldsymbol{a}=\{\lambda a_1,\lambda a_2,\lambda a_3\}$ 其中坐标为仿射坐标

续表

	向量的加法：$\boldsymbol{a}+\boldsymbol{b}$	向量的数乘：$\lambda\boldsymbol{a}$
几何意义	若 $\boldsymbol{a}$ 与 $\boldsymbol{b}$ 不共线，$\lvert\lvert\boldsymbol{a}\rvert-\lvert\boldsymbol{b}\rvert\rvert<\lvert\boldsymbol{a}\pm\boldsymbol{b}\rvert<\lvert\boldsymbol{a}\rvert+\lvert\boldsymbol{b}\rvert$ 表示三角形第三边小于两边之和，大于两边之差	若 $\boldsymbol{b}=\lambda\boldsymbol{a}$，则 $\boldsymbol{a}/\!/\boldsymbol{b}$

2. 向量的数量积与向量积

(1) 定义及运算性质

向量的数量积与向量积的定义及运算性质见表 1.2.

表 1.2

	数量积：$\boldsymbol{a}\cdot\boldsymbol{b}$	向量积：$\boldsymbol{a}\times\boldsymbol{b}$
定义	两个向量的数量积是一个数量，且 $\boldsymbol{a}\cdot\boldsymbol{b}=\lvert\boldsymbol{a}\rvert\lvert\boldsymbol{b}\rvert\cos\angle(\boldsymbol{a},\boldsymbol{b})$	$\boldsymbol{a}\times\boldsymbol{b}$ 是一个向量，且 大小：$\lvert\boldsymbol{a}\times\boldsymbol{b}\rvert=\lvert\boldsymbol{a}\rvert\lvert\boldsymbol{b}\rvert\sin\angle(\boldsymbol{a},\boldsymbol{b})$； 方向：$\boldsymbol{a}\times\boldsymbol{b}\perp\boldsymbol{a}$，$\boldsymbol{a}\times\boldsymbol{b}\perp\boldsymbol{b}$，且 $\boldsymbol{a},\boldsymbol{b}$，$\boldsymbol{a}\times\boldsymbol{b}$ 构成右手系
运算规律	$\boldsymbol{a}\cdot\boldsymbol{b}=\boldsymbol{b}\cdot\boldsymbol{a}$，$(\lambda\boldsymbol{a})\cdot\boldsymbol{b}=\lambda(\boldsymbol{a}\cdot\boldsymbol{b})$， $(\boldsymbol{a}+\boldsymbol{b})\cdot\boldsymbol{c}=\boldsymbol{a}\cdot\boldsymbol{c}+\boldsymbol{b}\cdot\boldsymbol{c}$， $\left.\begin{array}{l}\boldsymbol{a}\cdot\boldsymbol{b}=\boldsymbol{a}\cdot\boldsymbol{c}\\ \boldsymbol{a}\neq 0\end{array}\right\}\not\Rightarrow\boldsymbol{b}=\boldsymbol{c}$	$\boldsymbol{a}\times\boldsymbol{b}=-\boldsymbol{b}\times\boldsymbol{a}$，$(\lambda\boldsymbol{a})\times\boldsymbol{b}=\lambda(\boldsymbol{a}\times\boldsymbol{b})$， $(\boldsymbol{a}+\boldsymbol{b})\times\boldsymbol{c}=\boldsymbol{a}\times\boldsymbol{c}+\boldsymbol{b}\times\boldsymbol{c}$， $\left.\begin{array}{l}\boldsymbol{a}\times\boldsymbol{b}=\boldsymbol{a}\times\boldsymbol{c}\\ \boldsymbol{a}\neq 0\end{array}\right\}\not\Rightarrow\boldsymbol{b}=\boldsymbol{c}$
坐标表示	$\boldsymbol{a}\cdot\boldsymbol{b}=a_1b_1+a_2b_2+a_3b_3$ 其中坐标为直角坐标	$\boldsymbol{a}\times\boldsymbol{b}=$ $\left\{\begin{vmatrix}a_2 & a_3\\ b_2 & b_3\end{vmatrix},\begin{vmatrix}a_3 & a_1\\ b_3 & b_1\end{vmatrix},\begin{vmatrix}a_1 & a_2\\ b_1 & b_2\end{vmatrix}\right\}$ 其中坐标为右手直角坐标系中的坐标
几何意义	(1) $\boldsymbol{a}\cdot\boldsymbol{b}=\lvert\boldsymbol{a}\rvert\mathrm{Prj}_{\boldsymbol{a}}^{\boldsymbol{b}}=\lvert\boldsymbol{b}\rvert\mathrm{Prj}_{\boldsymbol{a}}^{\boldsymbol{b}}$； (2) $\boldsymbol{a}\perp\boldsymbol{b}\Leftrightarrow\boldsymbol{a}\cdot\boldsymbol{b}=0$； (3) $\lvert\boldsymbol{a}\rvert=\sqrt{\boldsymbol{a}^2}=\sqrt{a_1^2+a_2^2+a_3^2}$； (4) $\cos\angle(\boldsymbol{a},\boldsymbol{b})=\dfrac{\boldsymbol{a}\cdot\boldsymbol{b}}{\lvert\boldsymbol{a}\rvert\lvert\boldsymbol{b}\rvert}$	(1) 若 $\boldsymbol{a}\not\parallel\boldsymbol{b}$，$\lvert\boldsymbol{a}\times\boldsymbol{b}\rvert$ 表示以 $\boldsymbol{a},\boldsymbol{b}$ 为邻边的平行四边形的面积； (2) $\boldsymbol{a}/\!/\boldsymbol{b}\Leftrightarrow\boldsymbol{a}\times\boldsymbol{b}=0$； (3) $\boldsymbol{a}\times\boldsymbol{b}\perp\boldsymbol{a}$，$\boldsymbol{a}\times\boldsymbol{b}\perp\boldsymbol{b}$

(2) 数量积与向量积的区别与联系

联系：

$$(\boldsymbol{a}\cdot\boldsymbol{b})^2+(\boldsymbol{a}\times\boldsymbol{b})^2=\boldsymbol{a}^2\boldsymbol{b}^2 \tag{1.1}$$

区别：① 从结果属性来看，两个向量的数量积是一个数，而两个向量的向量积是一个向量；

② 从运算规律来看，数量积满足交换律，向量积满足反交换律. 即交换两向量的位置对数量积而言没有影响，但对向量积而言其结果变为反向量.

(3) 向量的乘法与数的乘法

表 1.3 比较了两向量的乘法的运算性质和数的乘法，在学习与应用时应特别注意.

表 1.3

数的乘法	向量的数量积	向量的向量积
$ab=ba$	$\boldsymbol{a}\cdot\boldsymbol{b}=\boldsymbol{b}\cdot\boldsymbol{a}$	$\boldsymbol{a}\times\boldsymbol{b}=-\boldsymbol{b}\times\boldsymbol{a}$
$\lambda(ab)=(\lambda a)b=a(\lambda b)$	$(\lambda\boldsymbol{a})\cdot\boldsymbol{b}=\lambda(\boldsymbol{a}\cdot\boldsymbol{b})=\boldsymbol{a}\cdot(\lambda\boldsymbol{b})$	$(\lambda\boldsymbol{a})\times\boldsymbol{b}=\lambda(\boldsymbol{a}\times\boldsymbol{b})=\boldsymbol{a}\times(\lambda\boldsymbol{b})$
$(a+b)c=ac+bc$	$(\boldsymbol{a}+\boldsymbol{b})\cdot\boldsymbol{c}=\boldsymbol{a}\cdot\boldsymbol{c}+\boldsymbol{b}\cdot\boldsymbol{c}$	$(\boldsymbol{a}+\boldsymbol{b})\times\boldsymbol{c}=\boldsymbol{a}\times\boldsymbol{c}+\boldsymbol{b}\times\boldsymbol{c}$
$aa=a^2$	$\boldsymbol{a}\cdot\boldsymbol{a}=\lvert\boldsymbol{a}\rvert^2=\boldsymbol{a}^2$	$\boldsymbol{a}\times\boldsymbol{a}=0$
$ab=0\Rightarrow a=0$ 或 $b=0$	$\boldsymbol{a}\cdot\boldsymbol{b}=0\Rightarrow\boldsymbol{a}=0$ 或 $\boldsymbol{b}=0$	$\boldsymbol{a}\times\boldsymbol{b}=0\Rightarrow\boldsymbol{a}=0$或 $\boldsymbol{b}=0$
$\begin{cases}ab=ac\\a\neq0\end{cases}\Leftrightarrow b=c$	$\begin{cases}\boldsymbol{a}\cdot\boldsymbol{b}=\boldsymbol{a}\cdot\boldsymbol{c}\\\boldsymbol{a}\neq0\end{cases}\Leftrightarrow \mathrm{Prj}_{\boldsymbol{a}}^{\boldsymbol{b}}=\mathrm{Prj}_{\boldsymbol{a}}^{\boldsymbol{c}}$	$\begin{cases}\boldsymbol{a}\times\boldsymbol{b}=\boldsymbol{a}\times\boldsymbol{c}\\\boldsymbol{a}\neq0\end{cases}\Leftrightarrow\boldsymbol{b}'=\boldsymbol{c}'$ 其中 $\boldsymbol{b}'$，$\boldsymbol{c}'$分别为 $\boldsymbol{b}$，$\boldsymbol{c}$ 在与$\boldsymbol{a}$垂直的平面上的射影向量

3. 向量的混合积与双重外积

向量的混合积与双重外积的比较见表 1.4.

表 1.4

	混合积：$(\boldsymbol{a},\boldsymbol{b},\boldsymbol{c})$	双重外积：$(\boldsymbol{a}\times\boldsymbol{b})\times\boldsymbol{c}$
定义	$(\boldsymbol{a},\boldsymbol{b},\boldsymbol{c})=(\boldsymbol{a}\times\boldsymbol{b})\cdot\boldsymbol{c}$	$(\boldsymbol{a}\times\boldsymbol{b})\times\boldsymbol{c}$
运算性质	(1) $(\boldsymbol{a},\boldsymbol{b},\boldsymbol{c})=(\boldsymbol{b},\boldsymbol{c},\boldsymbol{a})=(\boldsymbol{c},\boldsymbol{a},\boldsymbol{b})=-(\boldsymbol{b},\boldsymbol{a},\boldsymbol{c})=-(\boldsymbol{c},\boldsymbol{b},\boldsymbol{a})=-(\boldsymbol{a},\boldsymbol{c},\boldsymbol{b})$; (2) $(\boldsymbol{a}\times\boldsymbol{b})\cdot\boldsymbol{c}=\boldsymbol{a}\cdot(\boldsymbol{b}\times\boldsymbol{c})$	(1) $(\boldsymbol{a}\times\boldsymbol{b})\times\boldsymbol{c}=(\boldsymbol{a}\cdot\boldsymbol{c})\boldsymbol{b}-(\boldsymbol{b}\cdot\boldsymbol{c})\boldsymbol{a}$; (2) $\boldsymbol{a}\times(\boldsymbol{b}\times\boldsymbol{c})=(\boldsymbol{a}\cdot\boldsymbol{c})\boldsymbol{b}-(\boldsymbol{a}\cdot\boldsymbol{b})\boldsymbol{c}$; (3) $(\boldsymbol{a}\times\boldsymbol{b})\times\boldsymbol{c}\neq\boldsymbol{a}\times(\boldsymbol{b}\times\boldsymbol{c})$
坐标表示	$(\boldsymbol{a},\boldsymbol{b},\boldsymbol{c})=\begin{vmatrix}a_1&a_2&a_3\\b_1&b_2&b_3\\c_1&c_2&c_3\end{vmatrix}$ 其中坐标为右手直角坐标系中的坐标	$(\boldsymbol{a}\times\boldsymbol{b})\times\boldsymbol{c}$ $=(a_1c_1+a_2c_2+a_3c_3)\{b_1,b_2,b_3\}-(b_1c_1+b_2c_2+b_3c_3)\{a_1,a_2,a_3\}$ 其中坐标为直角坐标

续表

	混合积：$(\boldsymbol{a},\boldsymbol{b},\boldsymbol{c})$	双重外积：$(\boldsymbol{a}\times\boldsymbol{b})\times\boldsymbol{c}$
几何意义	(1) $(\boldsymbol{a},\boldsymbol{b},\boldsymbol{c})=0\Leftrightarrow\boldsymbol{a},\boldsymbol{b},\boldsymbol{c}$ 共面； (2) 若$\boldsymbol{a},\boldsymbol{b},\boldsymbol{c}$不共面，$\lvert(\boldsymbol{a},\boldsymbol{b},\boldsymbol{c})\rvert$表示以$\boldsymbol{a},\boldsymbol{b},\boldsymbol{c}$为邻棱的平行六面体的体积，且 $(\boldsymbol{a},\boldsymbol{b},\boldsymbol{c})\begin{cases}>0 & \boldsymbol{a},\boldsymbol{b},\boldsymbol{c}\text{ 构成右手系}\\<0 & \boldsymbol{a},\boldsymbol{b},\boldsymbol{c}\text{ 构成左手系}\end{cases}$	$(\boldsymbol{a}\times\boldsymbol{b})\times\boldsymbol{c}=\boldsymbol{0}\Leftrightarrow\boldsymbol{c}=\boldsymbol{0}$ 或 $\boldsymbol{a}\,/\!/\,\boldsymbol{b}$ 或 $\boldsymbol{c}$ 垂直于 $\boldsymbol{a},\boldsymbol{b}$ 所在的平面

1.1.2 重要定理与公式

1. 向量的分解定理

定理 1.1 设 $\boldsymbol{e}_1,\boldsymbol{e}_2$ 为两个不共线向量，对于任意一个与 $\boldsymbol{e}_1,\boldsymbol{e}_2$ 共面的向量 $\boldsymbol{r}$，存在唯一的一对实数 λ,μ 使得

$$\boldsymbol{r}=\lambda\boldsymbol{e}_1+\mu\boldsymbol{e}_2 \tag{1.2}$$

定理 1.2 设 $\boldsymbol{e}_1,\boldsymbol{e}_2,\boldsymbol{e}_3$ 为三个不共面向量，对于空间中的任意一个向量 $\boldsymbol{r}$，存在唯一的一组实数 λ,μ,ν 使得

$$\boldsymbol{r}=\lambda\boldsymbol{e}_1+\mu\boldsymbol{e}_2+\nu\boldsymbol{e}_3 \tag{1.3}$$

向量的分解定理为标架与坐标的定义提供了理论根据，阐述了在怎样的几何条件下一个向量可以由其余向量线性表示，是研究空间中几何体内部关系的重要理论基础.

2. 共线的等价命题

定理 1.3 已知非零向量 $\boldsymbol{a}=\{a_1,a_2,a_3\},\boldsymbol{b}=\{b_1,b_2,b_3\}$，那么下列条件是等价的：

(1) $\boldsymbol{a}\,/\!/\,\boldsymbol{b}$.

(2) 存在不全为零的实数 λ,μ 使得

$$\lambda\boldsymbol{a}+\mu\boldsymbol{b}=\boldsymbol{0}$$

(3) $\boldsymbol{a}\times\boldsymbol{b}=\boldsymbol{0}$.

(4) $a_1:b_1=a_2:b_2=a_3:b_3$.

(5) $\boldsymbol{b}=\lambda\boldsymbol{a}\ (\lambda\neq 0)$.

定理 1.4 设有三点 $P_i=\{x_i,y_i,z_i\}(i=1,2,3)$，那么下列条件是等价的：

(1) P_1,P_2,P_3 三点共线.

(2) $\overrightarrow{P_1P_2}\,/\!/\,\overrightarrow{P_1P_3}$.

(3) $(x_2-x_1):(y_2-y_1):(z_2-z_1)=(x_3-x_1):(y_3-y_1):(z_3-z_1)$.

3. 共面的等价命题

定理 1.5　已知非零向量 $\boldsymbol{a}=\{a_1,a_2,a_3\},\boldsymbol{b}=\{b_1,b_2,b_3\},\boldsymbol{c}=\{c_1,c_2,c_3\}$，那么下列条件是等价的：

(1) $\boldsymbol{a},\boldsymbol{b},\boldsymbol{c}$ 共面.

(2) 存在不全为零的实数 λ,μ,ν 使得

$$\lambda\boldsymbol{a}+\mu\boldsymbol{b}+\nu\boldsymbol{c}=\boldsymbol{0}$$

(3) $(\boldsymbol{a},\boldsymbol{b},\boldsymbol{c})=0$.

(4) $\begin{vmatrix} a_1 & a_2 & a_3 \\ b_1 & b_2 & b_3 \\ c_1 & c_2 & c_3 \end{vmatrix}=0$.

(5) 如果 $\boldsymbol{a},\boldsymbol{b}$ 不共线，存在不全为零的实数 λ,μ 使得

$$\boldsymbol{c}=\lambda\boldsymbol{a}+\mu\boldsymbol{b}$$

定理 1.6　设有四点 $P_i=\{x_i,y_i,z_i\}(i=1,2,3,4)$，那么下列条件是等价的：

(1) P_1,P_2,P_3,P_4 四点共面.

(2) $\overrightarrow{P_1P_2},\overrightarrow{P_1P_3},\overrightarrow{P_1P_4}$ 共面.

(3) $\begin{vmatrix} x_2-x_1 & y_2-y_1 & z_2-z_1 \\ x_3-x_1 & y_3-y_1 & z_3-z_1 \\ x_4-x_1 & y_4-y_1 & z_4-z_1 \end{vmatrix}=0$.

4. 两个向量垂直的等价命题

定理 1.7　已知非零向量 $\boldsymbol{a}=\{a_1,a_2,a_3\},\boldsymbol{b}=\{b_1,b_2,b_3\}$，那么下列条件是等价的：

(1) $\boldsymbol{a}\perp\boldsymbol{b}$.

(2) $\boldsymbol{a}\cdot\boldsymbol{b}=0$.

(3) $a_1b_1+a_2b_2+a_3b_3=0$.

5. 与度量性质相关的重要公式

设 $P_i(x_i,y_i,z_i)(i=1,2,3,4)$ 是空间中的四点，则有：

(1) 距离

$$|\overrightarrow{P_1P_2}|=\sqrt{\overrightarrow{P_1P_2}^2}=\sqrt{(x_2-x_1)^2+(y_2-y_1)^2+(z_2-z_1)^2} \tag{1.4}$$

(2) 夹角

$$\cos\angle(\overrightarrow{P_1P_2},\overrightarrow{P_1P_3})=\frac{\overrightarrow{P_1P_2}\cdot\overrightarrow{P_1P_3}}{|\overrightarrow{P_1P_2}||\overrightarrow{P_1P_3}|}$$

$$=\frac{(x_2-x_1)(x_3-x_1)+(y_2-y_1)(y_3-y_1)+(z_2-z_1)(z_3-z_1)}{\sqrt{(x_2-x_1)^2+(y_2-y_1)^2+(z_2-z_1)^2}}$$

$$\times\frac{1}{\sqrt{(x_3-x_1)^2+(y_3-y_1)^2+(z_3-z_1)^2}} \tag{1.5}$$

(3) 三角形的面积

$$S_{\triangle P_1P_2P_3}=\frac{1}{2}|\overrightarrow{P_1P_2}\times\overrightarrow{P_1P_3}|$$

$$=\frac{1}{2}\sqrt{\begin{vmatrix}y_2-y_1 & z_2-z_1\\ y_3-y_1 & z_3-z_1\end{vmatrix}^2+\begin{vmatrix}z_2-z_1 & x_2-x_1\\ z_3-z_1 & x_3-x_1\end{vmatrix}^2+\begin{vmatrix}x_2-x_1 & y_2-y_1\\ x_3-x_1 & y_3-y_1\end{vmatrix}^2} \tag{1.6}$$

(4) 四面体的体积

$$V_{P_1\text{-}P_2P_3P_4}=\frac{1}{6}|(\overrightarrow{P_1P_2},\overrightarrow{P_1P_3},\overrightarrow{P_1P_4})|$$

$$=\frac{1}{6}\left\|\begin{matrix}x_2-x_1 & y_2-y_1 & z_2-z_1\\ x_3-x_1 & y_3-y_1 & z_3-z_1\\ x_4-x_1 & y_4-y_1 & z_4-z_1\end{matrix}\right\| \tag{1.7}$$

1.1.3 概念图

空间中的点的代数化和向量的线性运算的概念图，如图 1.1(a)、(b) 和 (c) 所示.

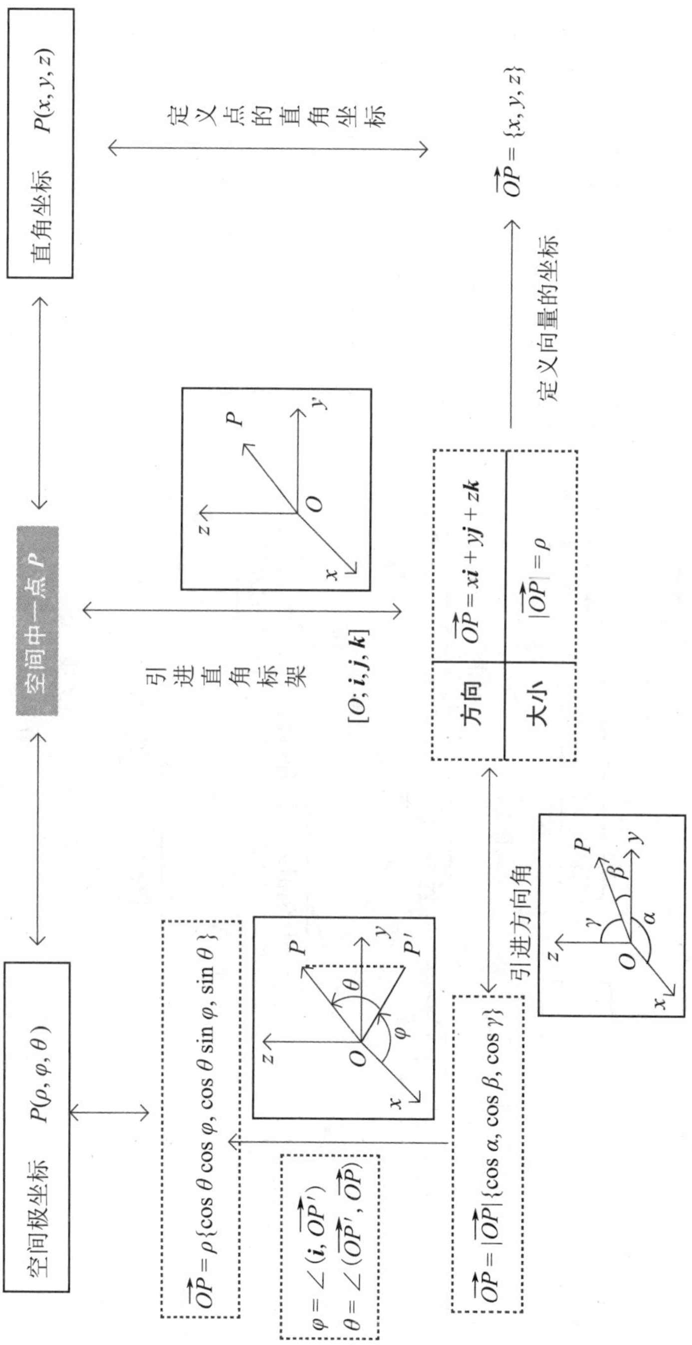

（a）空间中点的代数化

图 1.1

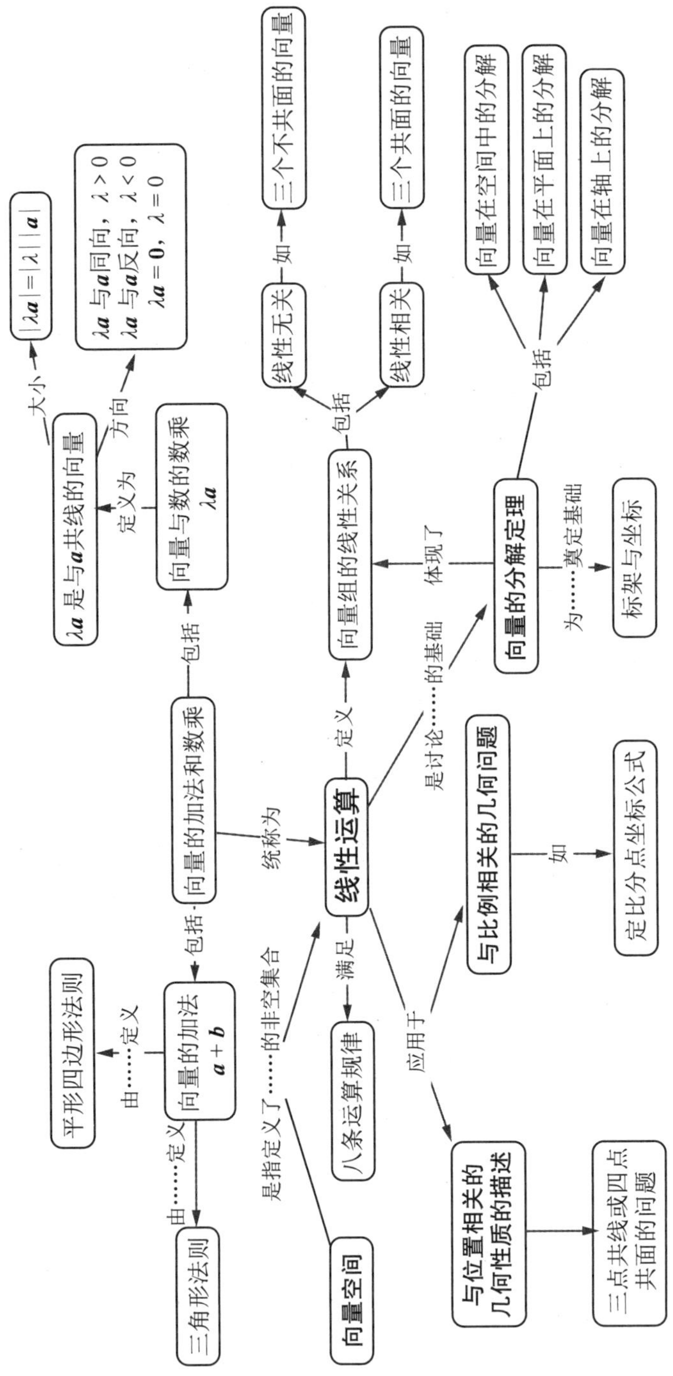

（b）向量的线性运算

图 1.1（续）

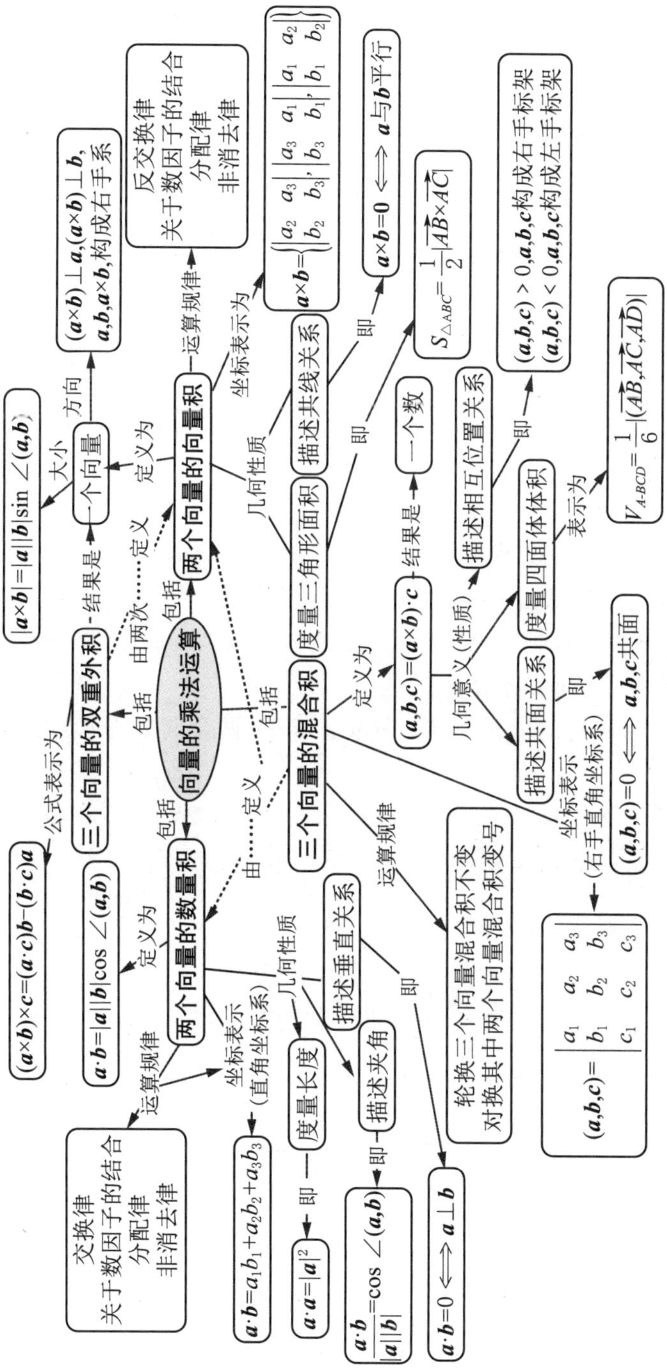

（c）向量的乘法运算

图 1.1（续）

1.2 典型例题分析与讲解

1.2.1 向量代数式的变形问题

利用向量法解决几何问题时，首先应将几何问题转化为向量代数式 (由向量及其运算构成的式子)，根据向量各种运算定义与性质对代数式进行变形，变形为具有明显几何意义的代数式. 所以向量代数式变形问题是利用代数方法解决几何问题的关键，这属于代数中的运算问题.

常见的题型有：

① 向量代数式的化简与求解问题；

② 含有向量的等式或者不等式的证明与判断问题.

常用的解决方法：将向量的复合运算逐步分解成基本运算，根据基本运算的定义及运算性质进行化简或等价表示.

例 1.1 设向量 $\boldsymbol{a}$ 与向量 $\boldsymbol{b}$ 垂直，向量 $\boldsymbol{c}$ 与 $\boldsymbol{a},\boldsymbol{b}$ 两个向量的夹角都是 60°，并且 $|\boldsymbol{a}|=1,|\boldsymbol{b}|=2,|\boldsymbol{c}|=3$，计算：

(1) $|\boldsymbol{a}+\boldsymbol{b}|$. (2) $(3\boldsymbol{a}-2\boldsymbol{b})\cdot(\boldsymbol{b}-3\boldsymbol{c})$. (3) $[(\boldsymbol{a}-2\boldsymbol{b})\times(\boldsymbol{b}-2\boldsymbol{a})]^2$.

解 (1) $|\boldsymbol{a}+\boldsymbol{b}|=\sqrt{(\boldsymbol{a}+\boldsymbol{b})^2}=\sqrt{\boldsymbol{a}^2+\boldsymbol{b}^2+2\boldsymbol{ab}}=\sqrt{1+4+0}=\sqrt{5}$.

$$
\begin{aligned}
(2)\ (3\boldsymbol{a}-2\boldsymbol{b})\cdot(\boldsymbol{b}-3\boldsymbol{c}) &= 3\boldsymbol{ab}-9\boldsymbol{ac}-2\boldsymbol{b}^2+6\boldsymbol{bc}\\
&= 0-9\times3\times1\times\cos60^\circ-2\times4\\
&\quad +6\times2\times3\times\cos60^\circ\\
&= -\frac{27}{2}-8+18=-\frac{7}{2}.
\end{aligned}
$$

$$
\begin{aligned}
(3)\ [(\boldsymbol{a}-2\boldsymbol{b})\times(\boldsymbol{b}-2\boldsymbol{a})]^2 &= [3(\boldsymbol{b}\times\boldsymbol{a})]^2=9|\boldsymbol{a}\times\boldsymbol{b}|^2\\
&= 9\left||\boldsymbol{a}|\times|\boldsymbol{b}|\sin\frac{\pi}{2}\right|^2=36.
\end{aligned}
$$

例 1.2 证明下列各题：

(1) $(\boldsymbol{a}-\boldsymbol{d},\boldsymbol{b}-\boldsymbol{d},\boldsymbol{c}-\boldsymbol{d})=(\boldsymbol{abc})-(\boldsymbol{abd})+(\boldsymbol{acd})-(\boldsymbol{bcd})$.

(2) $\boldsymbol{a}\times[\boldsymbol{b}\times(\boldsymbol{c}\times\boldsymbol{d})]=(\boldsymbol{a}\times\boldsymbol{c})(\boldsymbol{b}\cdot\boldsymbol{d})-(\boldsymbol{a}\times\boldsymbol{d})(\boldsymbol{b}\cdot\boldsymbol{c})$.

(3) $(\boldsymbol{a}\times\boldsymbol{b},\boldsymbol{b}\times\boldsymbol{c},\boldsymbol{c}\times\boldsymbol{a})=(\boldsymbol{abc})^2$.

证明 (1) $(\boldsymbol{a}-\boldsymbol{d},\boldsymbol{b}-\boldsymbol{d},\boldsymbol{c}-\boldsymbol{d})=[(\boldsymbol{a}-\boldsymbol{d})\times(\boldsymbol{b}-\boldsymbol{d})]\cdot(\boldsymbol{c}-\boldsymbol{d})$

$$\begin{aligned}&= (\boldsymbol{a}\times\boldsymbol{b}-\boldsymbol{a}\times\boldsymbol{d}-\boldsymbol{d}\times\boldsymbol{b})\cdot(\boldsymbol{c}-\boldsymbol{d})\\&= (\boldsymbol{abc})-(\boldsymbol{adc})-(\boldsymbol{dbc})-(\boldsymbol{abd})\\&= (\boldsymbol{abc})-(\boldsymbol{abd})+(\boldsymbol{acd})-(\boldsymbol{bcd}).\end{aligned}$$

(2) $\boldsymbol{a}\times[\boldsymbol{b}\times(\boldsymbol{c}\times\boldsymbol{d})]=\boldsymbol{a}\times[(\boldsymbol{b}\cdot\boldsymbol{d})\boldsymbol{c}-(\boldsymbol{b}\cdot\boldsymbol{c})\boldsymbol{d}]$
$=(\boldsymbol{a}\times\boldsymbol{c})(\boldsymbol{b}\cdot\boldsymbol{d})-(\boldsymbol{a}\times\boldsymbol{d})(\boldsymbol{b}\cdot\boldsymbol{c})$.

(3) $(\boldsymbol{a}\times\boldsymbol{b},\boldsymbol{b}\times\boldsymbol{c},\boldsymbol{c}\times\boldsymbol{a})=[(\boldsymbol{a}\times\boldsymbol{b})\times(\boldsymbol{b}\times\boldsymbol{c})]\cdot(\boldsymbol{c}\times\boldsymbol{a})=(\boldsymbol{abc})\boldsymbol{b}\cdot(\boldsymbol{c}\times\boldsymbol{a})$
$=(\boldsymbol{abc})\cdot(\boldsymbol{bca})=(\boldsymbol{abc})^2$.

例 1.3　判断下列式子或结论是否正确：

(1) $\boldsymbol{a}\times\boldsymbol{a}=\boldsymbol{a}^2$.

(2) $\boldsymbol{a}^2=|\boldsymbol{a}|^2$.

(3) $\boldsymbol{a}(\boldsymbol{a}\cdot\boldsymbol{b})=\boldsymbol{a}^2\boldsymbol{b}$.

(4) 若 $\boldsymbol{a}\neq\boldsymbol{0},\boldsymbol{b}\neq\boldsymbol{0}$，则 $\boldsymbol{a}\times\boldsymbol{b}\neq\boldsymbol{0}$.

(5) $\boldsymbol{a}\times(\boldsymbol{b}\times\boldsymbol{c})=(\boldsymbol{a}\times\boldsymbol{b})\times\boldsymbol{c}$.

(6) $(\boldsymbol{a}\cdot\boldsymbol{b})^2=\boldsymbol{a}^2\boldsymbol{b}^2$.

(7) $|\boldsymbol{a}+\boldsymbol{b}|\leqslant|\boldsymbol{a}|+|\boldsymbol{b}|$.

(8) $|(\boldsymbol{a},\boldsymbol{b},\boldsymbol{c})|\geqslant|\boldsymbol{a}||\boldsymbol{b}||\boldsymbol{c}|$.

分析与解　式 (2) 与式 (7) 是正确的，其他式子或结论均不正确.

判断一个向量代数式是否正确，可首先判断等式两端的结果属性是否一致. 如式 (1) 左边是两个向量的向量积，结果为向量，而右边是向量模的平方，结果是数量，显然不等. 如果等式两端的结果属性一致，再分别化简变形比较. 如式 (3) 等式左端是与 $\boldsymbol{a}$ 共线的向量，右端是与 $\boldsymbol{b}$ 共线的向量，所以不等. 再如式 (5)，等式左端是与 $\boldsymbol{b},\boldsymbol{c}$ 共面的向量，而右端是与 $\boldsymbol{b},\boldsymbol{a}$ 共面的向量，所以不等. 对于式 (4)，由于 $\boldsymbol{a}\times\boldsymbol{b}=\boldsymbol{0}\Longleftrightarrow\boldsymbol{a}/\!/\boldsymbol{b}$，所以当 $\boldsymbol{a}\neq\boldsymbol{0},\boldsymbol{b}\neq\boldsymbol{0}$，但 $\boldsymbol{a}/\!/\boldsymbol{b}$ 时，仍然有 $\boldsymbol{a}\times\boldsymbol{b}=\boldsymbol{0}$. 式 (6) 是错误的，其原因是

$$(\boldsymbol{a}\cdot\boldsymbol{b})^2=|\boldsymbol{a}|^2|\boldsymbol{b}|^2\cos^2\angle(\boldsymbol{a},\boldsymbol{b})\leqslant|\boldsymbol{a}|^2|\boldsymbol{b}|^2=\boldsymbol{a}^2\boldsymbol{b}^2$$

式 (8) 是错误的，其原因是

$$|(\boldsymbol{a},\boldsymbol{b},\boldsymbol{c})|=|(\boldsymbol{a}\times\boldsymbol{b})\cdot\boldsymbol{c}|\leqslant|\boldsymbol{a}\times\boldsymbol{b}||\boldsymbol{c}|\leqslant|\boldsymbol{a}||\boldsymbol{b}||\boldsymbol{c}|$$

上式的几何意义为：在以三个不共面的长度固定的向量为邻棱的平行六面体中，长方体的体积最大.

解决此类问题的关键是要熟练掌握向量的各种运算的定义与运算规律，特别要注意理解向量与数量运算的区别 (表 1.3).

1.2.2 共线、共面及垂直等位置关系问题

常见的题型有：

① 三点共线、三线共点及两个向量的共线问题；

② 四点共面及三个向量共面的问题；

③ 线线、线面、面面及两个向量垂直的问题.

常用的解决方法：三点共线、三线共点的证明最终转化为两个向量的共线问题，利用定理 1.4 来解决；四点共面问题最终转化为三个向量的共面问题，利用定理 1.6 来解决；线线、线面及两个向量垂直的问题最终转化为两个向量的垂直问题，利用定理 1.7 来解决.

例 1.4 设两个向量 $\boldsymbol{e}_1$ 与 $\boldsymbol{e}_2$ 不共线，试确定 k 的值，使得 $\boldsymbol{a}=k\boldsymbol{e}_1+\boldsymbol{e}_2$ 与 $\boldsymbol{b}=\boldsymbol{e}_1+k\boldsymbol{e}_2$ 两个向量共线.

解法一 由于 $\boldsymbol{a},\boldsymbol{b}$ 均是非零向量，从而

$$\boldsymbol{a}\,/\!/\,\boldsymbol{b}\Longleftrightarrow \exists\lambda \text{ 使 } \boldsymbol{a}=\lambda\boldsymbol{b}$$

亦即

$$k\boldsymbol{e}_1+\boldsymbol{e}_2=\lambda(\boldsymbol{e}_1+k\boldsymbol{e}_2)$$

整理得

$$(k-\lambda)\boldsymbol{e}_1+(1-\lambda k)\boldsymbol{e}_2=\boldsymbol{0}$$

由于 $\boldsymbol{e}_1\not\parallel\boldsymbol{e}_2$，从而

$$\begin{cases} k-\lambda=0 \\ 1-\lambda k=0 \end{cases}$$

解得 $k=\pm1$，所以当 $k=1$ 或 $k=-1$ 时，$\boldsymbol{a}$ 与 $\boldsymbol{b}$ 共线.

解法二 由题意得

$$\boldsymbol{a}\,/\!/\,\boldsymbol{b}\Longleftrightarrow \text{存在不全为零的实数 } \lambda,\mu \text{ 使 } \lambda\boldsymbol{a}+\mu\boldsymbol{b}=\boldsymbol{0}$$

即

$$\lambda(k\boldsymbol{e}_1+\boldsymbol{e}_2)+\mu(\boldsymbol{e}_1+k\boldsymbol{e}_2)=\boldsymbol{0}\Longleftrightarrow(\lambda k+\mu)\boldsymbol{e}_1+(\lambda+\mu k)\boldsymbol{e}_2=\boldsymbol{0}$$

由于 $\boldsymbol{e}_1\not\parallel\boldsymbol{e}_2$，从而

$$\begin{cases} \lambda k+\mu=0 \\ \lambda+\mu k=0 \end{cases}$$

由于 λ, μ 不全为零，从而

$$\lambda:(-\mu)=1:k=k:1$$

解得 $k=\pm 1$.

解法三　取定标架 $[O;\boldsymbol{e}_1,\boldsymbol{e}_2]$，于是

$$\boldsymbol{a}=\{k,1\},\quad \boldsymbol{b}=\{1,k\}$$

而

$$\boldsymbol{a}\,/\!/\,\boldsymbol{b}\Longleftrightarrow \frac{k}{1}=\frac{1}{k}\Longleftrightarrow k=\pm 1$$

例 1.5　试证明：三角形的三条中线共点.

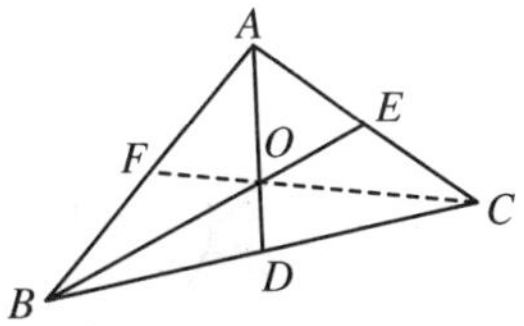

图 1.2

证法一(向量法)　如图 1.2 所示，$\triangle ABC$ 中的点 D,E,F 分别为边 BC,AC 与 AB 上的中点，设中线 AD,BE 交于 O 点，下证中线 CF 经过 O 点，即证明 C,O,F 三点共线.

根据题意得

$$\begin{aligned}\overrightarrow{CO}&=\overrightarrow{CB}+\overrightarrow{BO}=\overrightarrow{CB}+\frac{2}{3}\overrightarrow{BE}=\overrightarrow{CB}+\frac{2}{3}\times\frac{1}{2}(\overrightarrow{BA}+\overrightarrow{BC})\\&=\frac{2}{3}\overrightarrow{CB}+\frac{1}{3}\overrightarrow{BA}=\frac{2}{3}\overrightarrow{CB}+\frac{1}{3}(\overrightarrow{BC}+\overrightarrow{CA})\\&=\frac{1}{3}(\overrightarrow{CB}+\overrightarrow{CA})\end{aligned}$$

又由

$$\overrightarrow{CF}=\frac{1}{2}(\overrightarrow{CB}+\overrightarrow{CA})$$

从而 $2\overrightarrow{CF}=3\overrightarrow{CO}$，即 O,F,C 三点共线.

证法二(向量法)

$$\begin{aligned}\overrightarrow{OF}&=\frac{1}{2}(\overrightarrow{OA}+\overrightarrow{OB})=\frac{1}{2}\left(-\frac{2}{3}\overrightarrow{AD}-\frac{2}{3}\overrightarrow{BE}\right)=-\frac{1}{3}(\overrightarrow{AD}+\overrightarrow{BE})\\&=-\frac{1}{3}\left[\frac{1}{2}(\overrightarrow{AB}+\overrightarrow{AC})+\frac{1}{2}(\overrightarrow{BA}+\overrightarrow{BC})\right]\\&=-\frac{1}{3}\times\frac{1}{2}(\overrightarrow{AC}+\overrightarrow{BC})\\&=\frac{1}{6}(\overrightarrow{CA}+\overrightarrow{CB})\end{aligned}$$

又由

$$\overrightarrow{CF}=\frac{1}{2}(\overrightarrow{CB}+\overrightarrow{CA})$$

得 $\overrightarrow{CF}=3\overrightarrow{OF}$，即 O,F,C 三点共线.

证法三 (坐标法) 建立平面仿射标架 $[B;\overrightarrow{BC},\overrightarrow{BA}]$，于是

$$B(0,0),\quad C(1,0),\quad A(0,1),\quad D\left(\frac{1}{2},0\right),\quad E\left(\frac{1}{2},\frac{1}{2}\right),\quad F\left(0,\frac{1}{2}\right)$$

而且

$$\overrightarrow{BO}=2\overrightarrow{OE}$$

由定比分点坐标公式得 $O\left(\frac{1}{3},\frac{1}{3}\right)$，于是

$$\left(\frac{1}{3}-0\right):\left(\frac{1}{3}-\frac{1}{2}\right)=\left(1-\frac{1}{3}\right):\left(0-\frac{1}{3}\right)=2:(-1)$$

由定理 1.4 得 O,F,C 三点共线.

例 1.6 判断下列各组的三个向量 $\boldsymbol{a},\boldsymbol{b},\boldsymbol{c}$ 是否共面. 向量 $\boldsymbol{c}$ 能否用 $\boldsymbol{a}$ 和 $\boldsymbol{b}$ 两个向量线性表示？若能表示，写出表示式.

(1) $\boldsymbol{a}=\{6,4,2\},\boldsymbol{b}=\{-9,6,3\},\boldsymbol{c}=\{-3,6,3\}$.

(2) $\boldsymbol{a}=\{5,2,1\},\boldsymbol{b}=\{-1,4,2\},\boldsymbol{c}=\{-1,-1,5\}$.

(3) $\boldsymbol{a}=\{1,2,-3\},\boldsymbol{b}=\{-2,-4,6\},\boldsymbol{c}=\{1,0,5\}$.

(1) **解法一** 令 $x\boldsymbol{a}+y\boldsymbol{b}+z\boldsymbol{c}=\boldsymbol{0}$，于是

$$\begin{cases}6x-9y-3z=0\\4x+6y+6z=0\\2x+3y+3z=0\end{cases}\tag{1.8}$$

解得 $x=-\frac{1}{2}z,y=-\frac{2}{3}z$，于是当 $k\neq 0$ 时，存在不全为零的实数

$$x=-\frac{1}{2}k,\quad y=-\frac{2}{3}k,\quad z=k$$

使

$$x\boldsymbol{a}+y\boldsymbol{b}+z\boldsymbol{c}=\boldsymbol{0}$$

成立，于是 $\boldsymbol{a},\boldsymbol{b},\boldsymbol{c}$ 共面，并且

$$\boldsymbol{c}=\frac{1}{2}\boldsymbol{a}+\frac{2}{3}\boldsymbol{b}$$

解法二　由于

$$\begin{vmatrix} 6 & -9 & -3 \\ 4 & 6 & 6 \\ 2 & 3 & 3 \end{vmatrix} = 0$$

由定理 1.5 得向量 $\boldsymbol{a},\boldsymbol{b},\boldsymbol{c}$ 共面，又由于

$$6:4:2 \neq -9:6:3$$

亦即 $\boldsymbol{a} \nparallel \boldsymbol{b}$，从而 $\boldsymbol{c}$ 可由 $\boldsymbol{a},\boldsymbol{b}$ 线性表示，设

$$\boldsymbol{c} = \lambda\boldsymbol{a} + \mu\boldsymbol{b}$$

于是

$$\begin{cases} 6\lambda - 9\mu = -3 \\ 4\lambda + 6\mu = 6 \\ 2\lambda + 3\mu = 3 \end{cases} \tag{1.9}$$

解得 $\lambda = \dfrac{1}{2}, \mu = \dfrac{2}{3}$，于是

$$\boldsymbol{c} = \frac{1}{2}\boldsymbol{a} + \frac{2}{3}\boldsymbol{b}$$

(2) 仿照 (1) 的两种解法可求得 $\boldsymbol{a},\boldsymbol{b},\boldsymbol{c}$ 不共面，从而 $\boldsymbol{c}$ 不可由 $\boldsymbol{a},\boldsymbol{b}$ 线性表示.

(3) **解法一**　观察得 $\boldsymbol{b} = -2\boldsymbol{a}$，于是 $\boldsymbol{a} \parallel \boldsymbol{b}$，从而 $\boldsymbol{a},\boldsymbol{b},\boldsymbol{c}$ 共面. 设

$$\boldsymbol{c} = \lambda\boldsymbol{a} + \mu\boldsymbol{b}$$

于是

$$\begin{cases} \lambda - 2\mu = 1 \\ 2\lambda - 4\mu = 0 \\ -3\lambda + 6\mu = 5 \end{cases} \tag{1.10}$$

方程组 (1.10) 无实数解，从而 $\boldsymbol{c}$ 不可由 $\boldsymbol{a},\boldsymbol{b}$ 线性表示.

解法二　观察得 $\boldsymbol{b} = -2\boldsymbol{a}$，于是 $\boldsymbol{a} \parallel \boldsymbol{b}$，从而 $\boldsymbol{a},\boldsymbol{b},\boldsymbol{c}$ 共面. 但 $\boldsymbol{c} \nparallel \boldsymbol{a}$，于是 $\boldsymbol{c}$ 不可由 $\boldsymbol{a},\boldsymbol{b}$ 线性表示，否则

$$\boldsymbol{c} = \lambda\boldsymbol{a} + \mu\boldsymbol{b} = (\lambda - 2\mu)\boldsymbol{a} \parallel \boldsymbol{a}$$

解法三　由于

$$\begin{vmatrix} 1 & 2 & -3 \\ -2 & -4 & 6 \\ 1 & 0 & 5 \end{vmatrix} = 0$$

由定理 1.5 得向量 $\boldsymbol{a},\boldsymbol{b},\boldsymbol{c}$ 共面，又由于

$$1:2:(-3) = -2:(-4):6, \quad 1:2:(-3) \neq 1:0:5$$

于是 $\boldsymbol{a} /\!/ \boldsymbol{b}, \boldsymbol{a} \nparallel \boldsymbol{c}$，从而 $\boldsymbol{c}$ 不可由 $\boldsymbol{a},\boldsymbol{b}$ 线性表示.

例 1.7 设空间任意三向量 $\boldsymbol{m},\boldsymbol{n},\boldsymbol{p}$，证明：

(1) $\boldsymbol{m}+\boldsymbol{n},\boldsymbol{n}+\boldsymbol{p},\boldsymbol{p}-\boldsymbol{m}$ 共面.

(2) $\boldsymbol{a}\times\boldsymbol{m},\boldsymbol{a}\times\boldsymbol{n},\boldsymbol{a}\times\boldsymbol{p}$ 共面.

证法一 用观察法，从题目直接看出：

(1) $(\boldsymbol{m}+\boldsymbol{n})-(\boldsymbol{n}+\boldsymbol{p})+(\boldsymbol{p}-\boldsymbol{m})=\boldsymbol{0}$，所以三向量 $\boldsymbol{m}+\boldsymbol{n},\boldsymbol{n}+\boldsymbol{p},\boldsymbol{p}-\boldsymbol{m}$ 线性相关，从而它们共面.

(2) 显然，由向量积的定义知三向量 $\boldsymbol{a}\times\boldsymbol{m},\boldsymbol{a}\times\boldsymbol{n},\boldsymbol{a}\times\boldsymbol{p}$ 都与向量 $\boldsymbol{a}$ 垂直，所以它们必共面.

证法二 (1) 因为

$$\begin{aligned}&(\boldsymbol{m}+\boldsymbol{n},\boldsymbol{n}+\boldsymbol{p},\boldsymbol{p}-\boldsymbol{m})\\ &=[(\boldsymbol{m}+\boldsymbol{n})\times(\boldsymbol{n}+\boldsymbol{p})]\cdot(\boldsymbol{p}-\boldsymbol{m})\\ &=(\boldsymbol{mnp})-(\boldsymbol{mnp})=0\end{aligned}$$

所以，三向量 $\boldsymbol{m}+\boldsymbol{n},\boldsymbol{n}+\boldsymbol{p},\boldsymbol{p}-\boldsymbol{m}$ 共面.

(2) 因为

$$\begin{aligned}(\boldsymbol{a}\times\boldsymbol{m},\boldsymbol{a}\times\boldsymbol{n},\boldsymbol{a}\times\boldsymbol{p}) &= [(\boldsymbol{a}\times\boldsymbol{m})\times(\boldsymbol{a}\times\boldsymbol{n})]\cdot(\boldsymbol{a}\times\boldsymbol{p})\\ &=(\boldsymbol{amn})\boldsymbol{a}\cdot(\boldsymbol{a}\times\boldsymbol{p})\\ &=(\boldsymbol{amn})\cdot(\boldsymbol{aap})=0\end{aligned}$$

所以，三向量 $\boldsymbol{a}\times\boldsymbol{m},\boldsymbol{a}\times\boldsymbol{n},\boldsymbol{a}\times\boldsymbol{p}$ 共面.

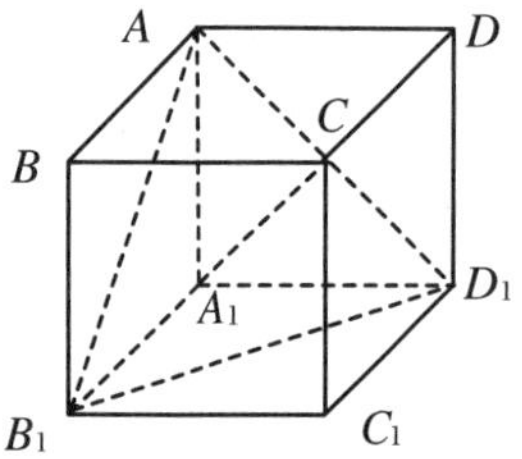

图 1.3

例 1.8 设正立方体 $ABCD\text{-}A_1B_1C_1D_1$，试证明：其对角线 A_1C 垂直于 A,B_1,D_1 三点决定的平面.

证法一（向量法） 如图 1.3 所示，正立方体 $ABCD\text{-}A_1B_1C_1D_1$，设 $\overrightarrow{A_1B_1}=\boldsymbol{i},\overrightarrow{A_1D_1}=\boldsymbol{j},\overrightarrow{A_1A}=\boldsymbol{k}$，显然，$[A_1;\boldsymbol{i},\boldsymbol{j},\boldsymbol{k}]$ 为右手直角标架. 于是

$$\overrightarrow{AB_1}=\boldsymbol{i}-\boldsymbol{k},\quad \overrightarrow{AD_1}=\boldsymbol{j}-\boldsymbol{k},\quad \overrightarrow{A_1C}=\boldsymbol{i}+\boldsymbol{j}+\boldsymbol{k}$$

从而

$$\begin{cases}\overrightarrow{AB_1}\cdot\overrightarrow{A_1C}=0\\ \overrightarrow{AD_1}\cdot\overrightarrow{A_1C}=0\end{cases}\Longrightarrow A_1C\text{垂直于}A,B_1,D_1\text{所在的平面}$$

证法二（坐标法）　如图 1.3 所示，取定正交标架 $\left[A_1;\overrightarrow{A_1B_1},\overrightarrow{A_1D_1},\overrightarrow{A_1A}\right]$，从而

$$A_1(0,0,0),\quad B_1(1,0,0),\quad D_1(0,1,0),\quad A(0,0,1),\quad C(1,1,1)$$

于是

$$\overrightarrow{A_1C}=\{1,1,1\},\quad \overrightarrow{B_1A}=\{-1,0,1\}$$

由

$$\overrightarrow{A_1C}\cdot\overrightarrow{B_1A}=0\Longrightarrow\overrightarrow{A_1C}\perp\overrightarrow{B_1A}$$

同理可证

$$\overrightarrow{A_1C}\perp\overrightarrow{B_1D_1}$$

所以，A_1C 垂直于 A,B_1,D_1 三点所确定的平面.

说明　利用坐标法解决与位置等有关的仿射性质的几何问题时，只需构造仿射标架. 相比向量法而言，坐标法的运算更加简洁，但是向量法又比较直观，因此常将两种方法结合起来使用.

例 1.9　设 $\boldsymbol{a}'$ 表示向量 $\boldsymbol{a}$ 在与向量 $\boldsymbol{b}\neq\boldsymbol{0}$ 垂直的平面上的投影，证明：$\boldsymbol{a}\times\boldsymbol{b}=\boldsymbol{a}'\times\boldsymbol{b}$.

证明　如图 1.4 所示. 因为 $\theta+\beta=\dfrac{\pi}{2}$，所以

$$|\boldsymbol{a}\times\boldsymbol{b}|=|\boldsymbol{a}|\,|\boldsymbol{b}|\sin\beta=|\boldsymbol{a}|\,|\boldsymbol{b}|\cos\theta$$

$$|\boldsymbol{a}'\times\boldsymbol{b}|=|\boldsymbol{a}'|\,|\boldsymbol{b}|\sin\frac{\pi}{2}=|\boldsymbol{a}'|\,|\boldsymbol{b}|$$

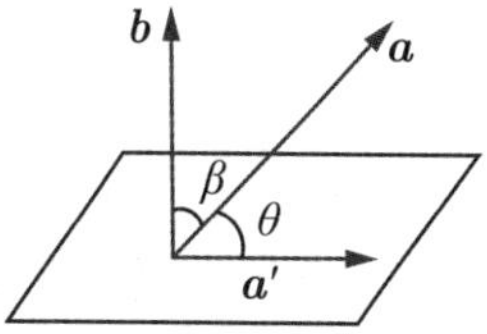

图 1.4

由于 $|\boldsymbol{a}|\cos\theta=\mathrm{Prj}_{\boldsymbol{b}}^{\boldsymbol{a}}=|\boldsymbol{a}'|$，所以 $|\boldsymbol{a}\times\boldsymbol{b}|=|\boldsymbol{a}'\times\boldsymbol{b}|$，且 $\boldsymbol{a}\times\boldsymbol{b}$ 与 $\boldsymbol{a}'\times\boldsymbol{b}$ 同向. 故 $\boldsymbol{a}\times\boldsymbol{b}=\boldsymbol{a}'\times\boldsymbol{b}$.

例 1.10　试用向量来证明：

(1) 如果 $(x^2+y^2+z^2)(a^2+b^2+c^2)=(ax+by+cz)^2$，那么 $\dfrac{x}{a}=\dfrac{y}{b}=\dfrac{z}{c}$；

(2) 如果 $x^2+y^2+z^2=1$，$a^2+b^2+c^2=1$，那么 $ax+by+cz\leqslant 1$.

分析与证明　设 $\boldsymbol{m}=\{x,y,z\}$，$\boldsymbol{n}=\{a,b,c\}$，那么这两题分别转化为

如果 $\boldsymbol{m}^2\boldsymbol{n}^2=(\boldsymbol{m}\cdot\boldsymbol{n})^2$，那么 $\boldsymbol{m}/\!/\boldsymbol{n}$；

如果 $\boldsymbol{m}^2=1$，$\boldsymbol{n}^2=1$. 那么 $\boldsymbol{m}\cdot\boldsymbol{n}\leqslant 1$.

(1) 设 $\boldsymbol{m}=\{x,y,z\}$，$\boldsymbol{n}=\{a,b,c\}$，由已知条件得 $\boldsymbol{m}^2\boldsymbol{n}^2=(\boldsymbol{m}\cdot\boldsymbol{n})^2$，即 $\boldsymbol{m}^2\boldsymbol{n}^2-(\boldsymbol{m}\cdot\boldsymbol{n})^2=0$，而 $(\boldsymbol{m}\times\boldsymbol{n})^2=\boldsymbol{m}^2\boldsymbol{n}^2\sin^2\angle(\boldsymbol{m},\boldsymbol{n})=\boldsymbol{m}^2\boldsymbol{n}^2(1-\cos^2\angle(\boldsymbol{m},\boldsymbol{n}))=\boldsymbol{m}^2\boldsymbol{n}^2-(\boldsymbol{m}\cdot\boldsymbol{n})^2=0$.

从而 $\boldsymbol{m}\times\boldsymbol{n}=\boldsymbol{0}$.

因此 $\boldsymbol{m}/\!/\boldsymbol{n}$，即 $\dfrac{x}{a}=\dfrac{y}{b}=\dfrac{z}{c}$.

(2) 设 $\boldsymbol{m}=\{x,y,z\}$，$\boldsymbol{n}=\{a,b,c\}$，那么有

$$|\boldsymbol{m}|^2=\boldsymbol{m}^2=1,\quad |\boldsymbol{n}|^2=\boldsymbol{n}^2=1$$

于是有

$$|\boldsymbol{m}|=|\boldsymbol{n}|=1,\quad \boldsymbol{m}\cdot\boldsymbol{n}=|\boldsymbol{m}|\,|\boldsymbol{n}|\cos\angle(\boldsymbol{m},\boldsymbol{n})=\cos\angle(\boldsymbol{m},\boldsymbol{n})\leqslant 1$$

即 $ax+by+cz\leqslant 1$.

例 1.11 证明：向量 $\boldsymbol{a},\boldsymbol{b},\boldsymbol{c}$ 共面的充要条件是 $\boldsymbol{b}\times\boldsymbol{c},\boldsymbol{c}\times\boldsymbol{a},\boldsymbol{a}\times\boldsymbol{b}$ 共线.

证明 必要性. 设 $\boldsymbol{a},\boldsymbol{b},\boldsymbol{c}$ 向量共面，记这三个向量所在平面为 π. 若向量 $\boldsymbol{a},\boldsymbol{b},\boldsymbol{c}$ 中有 2 个共线，不妨设向量 $\boldsymbol{a},\boldsymbol{b}$ 共线，则 $\boldsymbol{b}=\lambda\boldsymbol{a}$. 且 $\boldsymbol{a}\times\boldsymbol{b}=\boldsymbol{0}$，$\boldsymbol{b}\times\boldsymbol{c}=-\lambda\boldsymbol{c}\times\boldsymbol{a}$. 故 $\boldsymbol{b}\times\boldsymbol{c},\boldsymbol{c}\times\boldsymbol{a},\boldsymbol{a}\times\boldsymbol{b}$ 共线. 若向量 $\boldsymbol{a},\boldsymbol{b},\boldsymbol{c}$ 两两不共线，则 $\boldsymbol{b}\times\boldsymbol{c},\boldsymbol{c}\times\boldsymbol{a},\boldsymbol{a}\times\boldsymbol{b}$ 都垂直于平面 π. 从而 $\boldsymbol{b}\times\boldsymbol{c},\boldsymbol{c}\times\boldsymbol{a},\boldsymbol{a}\times\boldsymbol{b}$ 共线.

充分性. 若 $\boldsymbol{b}\times\boldsymbol{c},\boldsymbol{c}\times\boldsymbol{a},\boldsymbol{a}\times\boldsymbol{b}$ 共线，则由二重外积得

$$\boldsymbol{0}=(\boldsymbol{b}\times\boldsymbol{c})\times(\boldsymbol{c}\times\boldsymbol{a})=[(\boldsymbol{b}\times\boldsymbol{c})\cdot\boldsymbol{a}]\,\boldsymbol{c}-[(\boldsymbol{b}\times\boldsymbol{c})\cdot\boldsymbol{c}]\,\boldsymbol{a}=(\boldsymbol{abc})\,\boldsymbol{c}$$

如果 $\boldsymbol{c}$ 为零向量，则向量 $\boldsymbol{a},\boldsymbol{b},\boldsymbol{c}$ 共面；

如果 $\boldsymbol{c}$ 为非零向量，则 $(\boldsymbol{abc})=0$，故向量 $\boldsymbol{a},\boldsymbol{b},\boldsymbol{c}$ 共面.

注 向量 $\boldsymbol{a},\boldsymbol{b},\boldsymbol{c}$ 共面的充要条件是 $\boldsymbol{b}\times\boldsymbol{c},\boldsymbol{c}\times\boldsymbol{a},\boldsymbol{a}\times\boldsymbol{b}$ 共面.

事实上：

$$\begin{aligned}[(\boldsymbol{b}\times\boldsymbol{c})\times(\boldsymbol{c}\times\boldsymbol{a})]\cdot(\boldsymbol{a}\times\boldsymbol{b})&=\{[(\boldsymbol{b}\times\boldsymbol{c})\cdot\boldsymbol{a}]\,\boldsymbol{c}-[(\boldsymbol{b}\times\boldsymbol{c})\cdot\boldsymbol{c}]\,\boldsymbol{a}\}\cdot(\boldsymbol{a}\times\boldsymbol{b})\\&=[(\boldsymbol{abc})\,\boldsymbol{c}]\cdot(\boldsymbol{a}\times\boldsymbol{b})=(\boldsymbol{abc})\,(\boldsymbol{a}\times\boldsymbol{b})\cdot\boldsymbol{c}=(\boldsymbol{abc})^2\end{aligned}$$

于是 $\boldsymbol{b}\times\boldsymbol{c},\boldsymbol{c}\times\boldsymbol{a},\boldsymbol{a}\times\boldsymbol{b}$ 混合积为 0 的充要条件是 $\boldsymbol{a},\boldsymbol{b},\boldsymbol{c}$ 混合积为 0. 所以，向量 $\boldsymbol{a},\boldsymbol{b},\boldsymbol{c}$ 共面的充要条件是 $\boldsymbol{b}\times\boldsymbol{c},\boldsymbol{c}\times\boldsymbol{a},\boldsymbol{a}\times\boldsymbol{b}$ 共面.

这说明：

(1) 若 $\boldsymbol{b}\times\boldsymbol{c},\boldsymbol{c}\times\boldsymbol{a},\boldsymbol{a}\times\boldsymbol{b}$ 共面，则它们共线.

(2) 向量 $\boldsymbol{a},\boldsymbol{b},\boldsymbol{c}$ 不共面的充要条件是 $\boldsymbol{b}\times\boldsymbol{c},\boldsymbol{c}\times\boldsymbol{a},\boldsymbol{a}\times\boldsymbol{b}$ 不共面.

例 1.12　已知向量 $\boldsymbol{a},\boldsymbol{b},\boldsymbol{c}$ 不共面.

(1) 证明：任意向量 $\boldsymbol{p}$ 都可以表示为 $\boldsymbol{p}=\dfrac{(\boldsymbol{pbc})}{(\boldsymbol{abc})}\boldsymbol{a}+\dfrac{(\boldsymbol{pca})}{(\boldsymbol{abc})}\boldsymbol{b}+\dfrac{(\boldsymbol{pab})}{(\boldsymbol{abc})}\boldsymbol{c}$;

(2) 求解线性方程

$$\begin{cases}\boldsymbol{a}\cdot\boldsymbol{x}=\alpha\\ \boldsymbol{b}\cdot\boldsymbol{x}=\beta\\ \boldsymbol{c}\cdot\boldsymbol{x}=\gamma\end{cases}$$

(1) **证明**　因为向量 $\boldsymbol{a},\boldsymbol{b},\boldsymbol{c}$ 不共面，则存在常数 k_1,k_2,k_3，使得

$$\boldsymbol{p}=k_1\boldsymbol{a}+k_2\boldsymbol{b}+k_3\boldsymbol{c}$$

两边点乘 $\boldsymbol{b}\times\boldsymbol{c}$，得到

$$\boldsymbol{p}\cdot(\boldsymbol{b}\times\boldsymbol{c})=(k_1\boldsymbol{a}+k_2\boldsymbol{b}+k_3\boldsymbol{c})\cdot\boldsymbol{b}\times\boldsymbol{c}=k_1\,(\boldsymbol{abc})$$

因向量 $\boldsymbol{a},\boldsymbol{b},\boldsymbol{c}$ 不共面，有 $(\boldsymbol{abc})\neq 0$，故 $k_1=\dfrac{(\boldsymbol{pbc})}{(\boldsymbol{abc})}$.

同理，$k_2=\dfrac{(\boldsymbol{pca})}{(\boldsymbol{abc})}$，$k_3=\dfrac{(\boldsymbol{pab})}{(\boldsymbol{abc})}$.

所以，$\boldsymbol{p}=\dfrac{(\boldsymbol{pbc})}{(\boldsymbol{abc})}\boldsymbol{a}+\dfrac{(\boldsymbol{pca})}{(\boldsymbol{abc})}\boldsymbol{b}+\dfrac{(\boldsymbol{pab})}{(\boldsymbol{abc})}\boldsymbol{c}$.

(2) **解**　因为向量 $\boldsymbol{a},\boldsymbol{b},\boldsymbol{c}$ 不共面，则 $\boldsymbol{b}\times\boldsymbol{c},\boldsymbol{c}\times\boldsymbol{a},\boldsymbol{a}\times\boldsymbol{b}$ 不共面. 设 $\boldsymbol{x}=\lambda_1(\boldsymbol{b}\times\boldsymbol{c})+\lambda_2(\boldsymbol{c}\times\boldsymbol{a})+\lambda_3(\boldsymbol{a}\times\boldsymbol{b})$，则 $\boldsymbol{x}\cdot\boldsymbol{a}=\lambda_1(\boldsymbol{b}\times\boldsymbol{c})\cdot\boldsymbol{a}=\lambda_1(\boldsymbol{abc})=\alpha$，因向量 $\boldsymbol{a},\boldsymbol{b},\boldsymbol{c}$ 不共面，有 $(\boldsymbol{abc})\neq 0$，故 $\lambda_1=\dfrac{\alpha}{(\boldsymbol{abc})}$.

同理，$\lambda_2=\dfrac{\beta}{(\boldsymbol{abc})}$，$\lambda_3=\dfrac{\gamma}{(\boldsymbol{abc})}$. 所以

$$\boldsymbol{x}=\frac{\alpha(\boldsymbol{b}\times\boldsymbol{c})+\beta(\boldsymbol{c}\times\boldsymbol{a})+\gamma(\boldsymbol{a}\times\boldsymbol{b})}{(\boldsymbol{abc})}$$

说明　线性方程 $\begin{cases}\boldsymbol{a}\cdot\boldsymbol{x}=\alpha\\ \boldsymbol{b}\cdot\boldsymbol{x}=\beta\\ \boldsymbol{c}\cdot\boldsymbol{x}=\gamma\end{cases}$ 的解为 $\boldsymbol{x}=\dfrac{\alpha(\boldsymbol{b}\times\boldsymbol{c})+\beta(\boldsymbol{c}\times\boldsymbol{a})+\gamma(\boldsymbol{a}\times\boldsymbol{b})}{(\boldsymbol{abc})}$.

从线性代数角度看，对于线性方程组

$$\begin{cases}a_1x_1+a_2x_2+a_3x_3=\alpha\\ b_1x_1+b_2x_2+b_3x_3=\beta\\ c_1x_1+c_2x_2+c_3x_3=\gamma\end{cases}$$

当系数行列式 $D=\begin{vmatrix} a_1 & a_2 & a_3 \\ b_1 & b_2 & b_3 \\ c_1 & c_2 & c_3 \end{vmatrix} \neq 0$ 时，方程组有唯一解.$D\neq 0$ 等价于 $(\boldsymbol{abc})\neq 0$.

线性方程组的解可由克莱姆法则给出：

$$x_1=\frac{D_1}{D},\quad x_2=\frac{D_2}{D},\quad x_3=\frac{D_3}{D}$$

其中 D_1,D_2,D_3 是将 $(\alpha,\beta,\gamma)^{\mathrm{T}}$ 分别替换 D 的第一、二、三列得到的行列式.

$$x_1=\frac{\alpha\begin{vmatrix} b_2 & b_3 \\ c_2 & c_3 \end{vmatrix}-\beta\begin{vmatrix} a_2 & a_3 \\ c_2 & c_3 \end{vmatrix}+\gamma\begin{vmatrix} a_2 & a_3 \\ b_2 & b_3 \end{vmatrix}}{D}=\frac{D_1}{D}$$

同理，$x_2=\dfrac{D_2}{D},x_3=\dfrac{D_3}{D}$. 两种角度得到的结果相同.

1.2.3 长度、夹角、面积及体积等度量关系问题

关于长度、夹角、三角形 (或平行四边形) 面积及四面体 (或平行六面体) 体积等度量关系问题，可分别利用式 (1.4) ~ 式 (1.7) 来解决. 但需注意式 (1.4) ~ 式 (1.7) 中的坐标均为直角坐标，所以用这些公式解决与度量性质相关的问题时需要建立直角坐标系. 若利用题目中给定的几何条件不易构造直角标架，则不建议用坐标法，勉强构造势必会造成解题过程的繁琐.

例 1.13 试证：三角形三条中线长度的平方和等于三边长度的平方和的 $\dfrac{3}{4}$.

分析与证明 设 D,E,F 分别为 BC,AC 及 AB 边上的中点，如图 1.5 所示. 即证

$$\overrightarrow{AD}^2+\overrightarrow{BE}^2+\overrightarrow{CF}^2=\frac{3}{4}(\overrightarrow{AB}^2+\overrightarrow{BC}^2+\overrightarrow{CA}^2) \tag{1.11}$$

证法一 设 $\overrightarrow{AB}=\boldsymbol{a},\overrightarrow{AC}=\boldsymbol{b}$，则

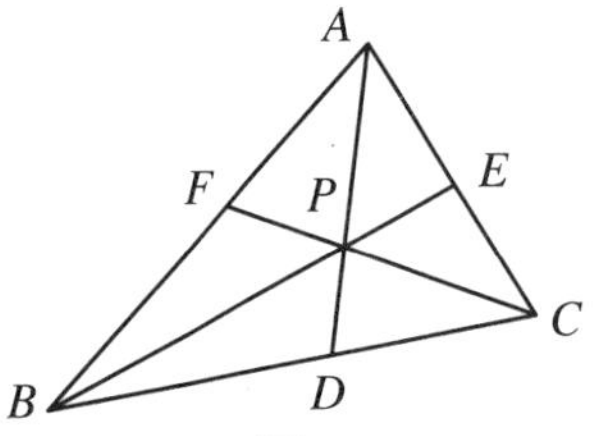

图 1.5

$$\overrightarrow{CB}=\boldsymbol{a}-\boldsymbol{b},\quad \overrightarrow{AD}=\frac{1}{2}(\boldsymbol{a}+\boldsymbol{b})$$
$$\overrightarrow{BE}=\frac{1}{2}(-\boldsymbol{a}+\boldsymbol{b}-\boldsymbol{a})=-\boldsymbol{a}+\frac{1}{2}\boldsymbol{b}$$
$$\overrightarrow{CF}=-\boldsymbol{b}+\frac{1}{2}\boldsymbol{a}$$

故只需证

$$\frac{1}{4}(\boldsymbol{a}+\boldsymbol{b})^2+\left(-\boldsymbol{a}+\frac{1}{2}\boldsymbol{b}\right)^2+\left(-\boldsymbol{b}+\frac{1}{2}\boldsymbol{a}\right)^2=\frac{3}{4}[\boldsymbol{a}^2+\boldsymbol{b}^2+(\boldsymbol{a}-\boldsymbol{b})^2] \tag{1.12}$$

事实上

$$\begin{aligned}\frac{1}{4}(\boldsymbol{a}+\boldsymbol{b})^2+\left(-\boldsymbol{a}+\frac{1}{2}\boldsymbol{b}\right)^2+\left(-\boldsymbol{b}+\frac{1}{2}\boldsymbol{a}\right)^2&=\frac{3}{2}\boldsymbol{a}^2+\frac{3}{2}\boldsymbol{b}^2-\frac{3}{2}\boldsymbol{a}\cdot\boldsymbol{b}\\&=\frac{3}{4}(\boldsymbol{a}^2+\boldsymbol{b}^2+\boldsymbol{a}^2+\boldsymbol{b}^2-2\boldsymbol{a}\cdot\boldsymbol{b})\\&=\frac{3}{4}[\boldsymbol{a}^2+\boldsymbol{b}^2+(\boldsymbol{a}-\boldsymbol{b})^2]\end{aligned}$$

于是式 (1.12) 得证.

证法二　设 $\overrightarrow{AB}=\boldsymbol{a},\overrightarrow{BC}=\boldsymbol{b},\overrightarrow{CA}=\boldsymbol{c}$，从而

$$\boldsymbol{a}+\boldsymbol{b}+\boldsymbol{c}=\boldsymbol{0} \tag{1.13}$$

$$\begin{cases}\overrightarrow{BE}=\dfrac{1}{2}(-\boldsymbol{a}+\boldsymbol{b})\\\overrightarrow{AD}=\dfrac{1}{2}(\boldsymbol{a}-\boldsymbol{c})\\\overrightarrow{CF}=\dfrac{1}{2}(-\boldsymbol{b}+\boldsymbol{c})\end{cases}$$

从而

$$4(\overrightarrow{AD}^2+\overrightarrow{BE}^2+\overrightarrow{CF}^2)=2\boldsymbol{b}^2+2\boldsymbol{a}^2+2\boldsymbol{c}^2-2\boldsymbol{ab}-2\boldsymbol{bc}-2\boldsymbol{ac} \tag{1.14}$$

由式 (1.13) 得

$$\boldsymbol{b}^2+\boldsymbol{a}^2+\boldsymbol{c}^2=-2\boldsymbol{ab}-2\boldsymbol{bc}-2\boldsymbol{ac}$$

代入式 (1.14) 得

$$4(\overrightarrow{AD}^2+\overrightarrow{BE}^2+\overrightarrow{CF}^2)=3\boldsymbol{b}^2+3\boldsymbol{a}^2+3\boldsymbol{c}^2=3(\overrightarrow{AB}^2+\overrightarrow{BC}^2+\overrightarrow{CA}^2)$$

于是式 (1.11) 得证.

说明　在证明或者求解平面图形的几何性质时，应将相关线段转化为向量，选取平面内的不共线向量作为基向量，将相关向量线性表示出来. 利用向量的相关运算求解或证明图形的几何性质. 此题不适用坐标法证明，因为不易构造直角标架.

例 1.14　设平行四边形对角线为 $\boldsymbol{a}=\boldsymbol{m}+2\boldsymbol{n}$ 与 $\boldsymbol{b}=3\boldsymbol{m}-4\boldsymbol{n}$ ，而 $|\boldsymbol{m}|=1$,

$|\boldsymbol{n}| = 2, \angle(\boldsymbol{m}, \boldsymbol{n}) = 30^\circ$，求该平行四边形的面积.

解法一 (向量法) 设该平行四边形的两边向量为 $\boldsymbol{x}, \boldsymbol{y}$，那么有

$$\boldsymbol{x} + \boldsymbol{y} = \boldsymbol{a}, \quad \boldsymbol{x} - \boldsymbol{y} = \boldsymbol{b}$$

于是

$$\begin{aligned}|\boldsymbol{a} \times \boldsymbol{b}| &= |(\boldsymbol{x} + \boldsymbol{y}) \times (\boldsymbol{x} - \boldsymbol{y})| \\ &= |\boldsymbol{x} \times \boldsymbol{x} - \boldsymbol{x} \times \boldsymbol{y} + \boldsymbol{y} \times \boldsymbol{x} - \boldsymbol{y} \times \boldsymbol{y}| \\ &= |-2\boldsymbol{x} \times \boldsymbol{y}| = 2|\boldsymbol{x} \times \boldsymbol{y}|\end{aligned}$$

上式表明：平行四边形的面积等于以其对角线为邻边的平行四边形面积的 $\frac{1}{2}$. 又由题意知

$$\begin{aligned}|\boldsymbol{a} \times \boldsymbol{b}| &= |(\boldsymbol{m} + 2\boldsymbol{n}) \times (3\boldsymbol{m} - 4\boldsymbol{n})| \\ &= |6\boldsymbol{n} \times \boldsymbol{m} - 4\boldsymbol{m} \times \boldsymbol{n}| = 10|\boldsymbol{n} \times \boldsymbol{m}| \\ &= 10 \times |\boldsymbol{m}||\boldsymbol{n}| \sin\angle(\boldsymbol{m}, \boldsymbol{n}) \\ &= 10\end{aligned}$$

于是

$$|\boldsymbol{x} \times \boldsymbol{y}| = \frac{1}{2}|\boldsymbol{a} \times \boldsymbol{b}| = 5$$

所以平行四边形的面积为 5.

解法二 (坐标法) 如图 1.6 所示，建立平面直角标架 $[O; \boldsymbol{m}, \boldsymbol{n}_1]$，于是

$$\boldsymbol{m} = \{1, 0\}$$

$$\boldsymbol{n} = |\boldsymbol{n}|\left\{\cos\frac{\pi}{6}, \cos\frac{\pi}{3}\right\} = \{\sqrt{3}, 1\}$$

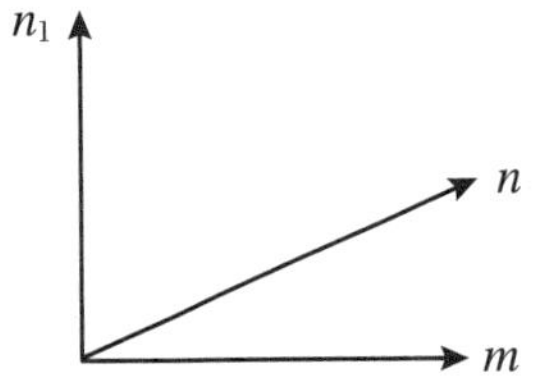

图 1.6

由题意得

$$\boldsymbol{a} = \boldsymbol{m} + 2\boldsymbol{n} = \{1 + 2\sqrt{3}, 2\}$$
$$\boldsymbol{b} = 3\boldsymbol{m} - 4\boldsymbol{n} = \{3 - 4\sqrt{3}, -4\}$$

所以平行四边形的面积为

$$\frac{1}{2}|\boldsymbol{a} \times \boldsymbol{b}| = \frac{1}{2}\left\|\begin{matrix}1 + 2\sqrt{3} & 2 \\ 3 - 4\sqrt{3} & -4\end{matrix}\right\| = 5$$

说明 借助于题目中给出的 $\boldsymbol{m}, \boldsymbol{n}$ 的几何特征 (长度与夹角) 容易构造直角标

架，所以适用于坐标法，而且用坐标法显然比向量法更加简洁.

例 1.15　判断四点 A,B,C,D 是否共面，若不共面，则求出以它们为顶点的四面体的体积，其中

$$A(2,3,1),\quad B(4,1,-2),\quad C(6,3,7),\quad D(-5,4,8)$$

分析与解　四点共面问题可转化为三个向量的共面问题，而

$$\begin{vmatrix} 4-2 & 1-3 & -2-1 \\ 6-2 & 3-3 & 7-1 \\ -5-2 & 4-3 & 8-1 \end{vmatrix} = \begin{vmatrix} 2 & -2 & -3 \\ 4 & 0 & 6 \\ -7 & 1 & 7 \end{vmatrix} = 116 \neq 0$$

由定理 1.6 得 A,B,C,D 四点不共面，再由四面体的体积公式 (1.7) 得

$$V_{A\text{-}BCD} = \frac{58}{3}$$

1.3　习 题 详 解

1. 下列情形中，向量的终点各构成什么图形？

(1) 把空间中的一切单位向量归结到共同的起点.

(2) 把平行于某一平面的所有单位向量归结到共同的起点.

(3) 把平行于某一直线的所有单位向量归结到共同的起点.

(4) 把平行于某一直线的所有向量归结到共同的起点.

解　(1) 单位球面.　(2) 单位圆.　(3) 两个点.　(4) 直线.

2. 设两个非零向量 $\boldsymbol{a},\boldsymbol{b}$，试给出下列各式成立的充分必要条件：

(1) $|\boldsymbol{a}+\boldsymbol{b}| = |\boldsymbol{a}-\boldsymbol{b}|$.

(2) $|\boldsymbol{a}+\boldsymbol{b}| = |\boldsymbol{a}| - |\boldsymbol{b}|$.

(3) $|\boldsymbol{a}-\boldsymbol{b}| = |\boldsymbol{a}| - |\boldsymbol{b}|$.

(4) $|\boldsymbol{a}+\boldsymbol{b}| = |\boldsymbol{a}| + |\boldsymbol{b}|$.

(5) $|\boldsymbol{a}-\boldsymbol{b}| = |\boldsymbol{a}| + |\boldsymbol{b}|$.

解　(1) $|\boldsymbol{a}+\boldsymbol{b}| = |\boldsymbol{a}-\boldsymbol{b}| \iff \boldsymbol{a} \perp \boldsymbol{b}$.

(2) $|\boldsymbol{a}+\boldsymbol{b}| = |\boldsymbol{a}| - |\boldsymbol{b}| \iff \boldsymbol{a}$ 与 $\boldsymbol{b}$ 反向，且 $|\boldsymbol{a}| \geqslant |\boldsymbol{b}|$.

(3) $|\boldsymbol{a}-\boldsymbol{b}| = |\boldsymbol{a}| - |\boldsymbol{b}| \iff \boldsymbol{a}$ 与 $\boldsymbol{b}$ 同向，且 $|\boldsymbol{a} \geqslant |\boldsymbol{b}|$.

(4) $|\boldsymbol{a}+\boldsymbol{b}|=|\boldsymbol{a}|+|\boldsymbol{b}| \Longleftrightarrow \boldsymbol{a}$ 与 $\boldsymbol{b}$ 同向.

(5) $|\boldsymbol{a}-\boldsymbol{b}|=|\boldsymbol{a}|+|\boldsymbol{b}| \Longleftrightarrow \boldsymbol{a}$ 与 $\boldsymbol{b}$ 反向.

3. 在四边形 $ABCD$ 中，设

$$\overrightarrow{AB}=\boldsymbol{a}+2\boldsymbol{c}, \quad \overrightarrow{CD}=5\boldsymbol{a}+6\boldsymbol{b}-8\boldsymbol{c}$$

其中 $\boldsymbol{a},\boldsymbol{b},\boldsymbol{c}$ 三个向量不共面，两条对角线 AC,BD 的中点分别是 E,F，试求 $\overrightarrow{EF}$ 关于 $\boldsymbol{a},\boldsymbol{b},\boldsymbol{c}$ 的分解式.

解法一 如图 1.7 所示，连接 AF，则在 $\triangle EFA$ 中，有

$$\begin{aligned}\overrightarrow{EF}&=\overrightarrow{EA}+\overrightarrow{AF}=\frac{1}{2}\overrightarrow{CA}+\frac{1}{2}(\overrightarrow{AD}+\overrightarrow{AB})\\&=\frac{1}{2}(\overrightarrow{CD}+\overrightarrow{DA})+\frac{1}{2}\overrightarrow{AB}+\frac{1}{2}\overrightarrow{AD}\\&=\frac{1}{2}(\overrightarrow{AB}+\overrightarrow{CD})\\&=3\boldsymbol{a}+3\boldsymbol{b}-3\boldsymbol{c}\end{aligned}$$

解法二 如图 1.8 所示，连接 AF,CF.

由于

$$\overrightarrow{AB}+\overrightarrow{BC}+\overrightarrow{CD}+\overrightarrow{DA}=\boldsymbol{0}$$

从而

$$\overrightarrow{AB}+\overrightarrow{CD}=\overrightarrow{AD}+\overrightarrow{CB}$$

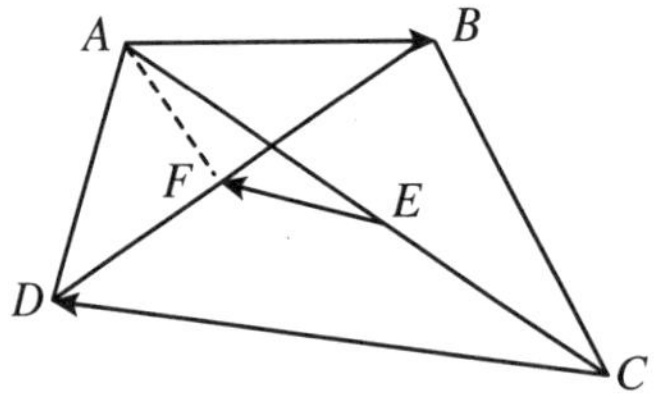

图 1.7

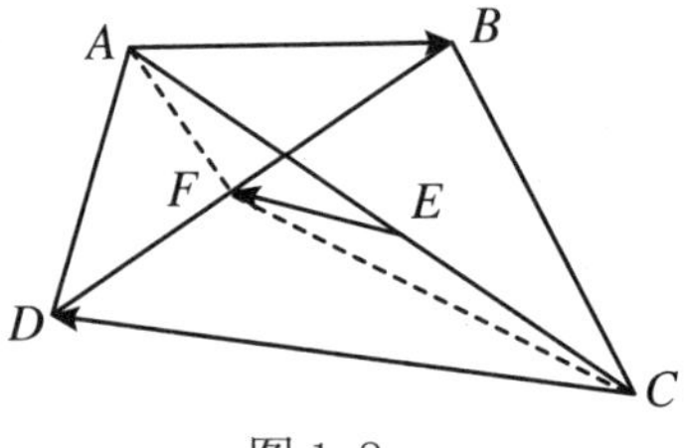

图 1.8

于是

$$\begin{aligned}\overrightarrow{EF}&=-\overrightarrow{FE}\\&=-\frac{1}{2}(\overrightarrow{FA}+\overrightarrow{FC})=\frac{1}{2}(\overrightarrow{AF}+\overrightarrow{CF})\end{aligned}$$

$$= \frac{1}{2}\left[\frac{1}{2}(\overrightarrow{AD} + \overrightarrow{AB}) + \frac{1}{2}(\overrightarrow{CD} + \overrightarrow{CB})\right]$$

$$= \frac{1}{2}\left[\frac{1}{2}(\overrightarrow{AB} + \overrightarrow{CD}) + \frac{1}{2}(\overrightarrow{AD} + \overrightarrow{CB})\right]$$

$$= \frac{1}{2}(\overrightarrow{AB} + \overrightarrow{CD})$$

$$= 3\boldsymbol{a} + 3\boldsymbol{b} - 3\boldsymbol{c}$$

说明　此题中的两中点 E,F 是关键条件，应抓住“三角形的中线向量为两边向量和的 $\frac{1}{2}$”这一结论反复应用.

4. 在四边形 $ABCD$ 中，设 $\overrightarrow{AB} = \boldsymbol{a} + 2\boldsymbol{b}, \overrightarrow{BC} = -4\boldsymbol{a} - \boldsymbol{b}, \overrightarrow{CD} = -5\boldsymbol{a} - 3\boldsymbol{b}$，并且 $\boldsymbol{a}, \boldsymbol{b}$ 两个向量不共线，试证明 $ABCD$ 是梯形.

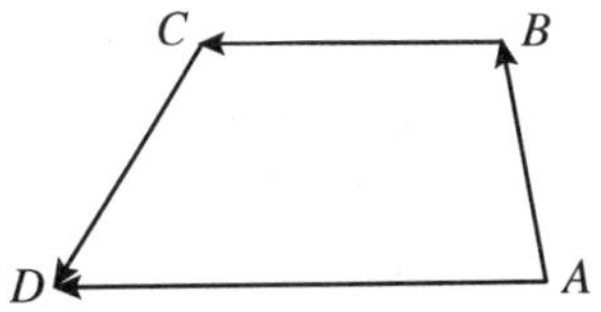

图 1.9

分析与证明　如图 1.9 所示，有

$$\overrightarrow{AD} = \overrightarrow{AB} + \overrightarrow{BC} + \overrightarrow{CD} = \boldsymbol{a} + 2\boldsymbol{b} + (-4\boldsymbol{a} - \boldsymbol{b}) + (-5\boldsymbol{a} - 3\boldsymbol{b})$$
$$= -8\boldsymbol{a} - 2\boldsymbol{b}$$

于是 $\overrightarrow{AD} = 2\overrightarrow{BC}$，亦即 $\overrightarrow{AD} \parallel \overrightarrow{BC}$.

下证 $\overrightarrow{AB} \nparallel \overrightarrow{CD}$(以两种方法证明).

证法一　令 $m\overrightarrow{AB} + n\overrightarrow{CD} = \boldsymbol{0}$，于是

$$m(\boldsymbol{a} + 2\boldsymbol{b}) + n(-5\boldsymbol{a} - 3\boldsymbol{b}) = \boldsymbol{0} \Longleftrightarrow (m - 5n)\boldsymbol{a} + (2m - 3n)\boldsymbol{b} = \boldsymbol{0}$$

由于 $\boldsymbol{a} \nparallel \boldsymbol{b}$，从而

$$\begin{cases} m - 5n = 0 \\ 2m - 3n = 0 \end{cases}$$

解得

$$m = n = 0$$

于是 $\overrightarrow{AB} \nparallel \overrightarrow{CD}$.

证法二 (反证法)　假设 $\overrightarrow{AB} \parallel \overrightarrow{CD}$，由于 $\overrightarrow{AB} \neq \boldsymbol{0}$, 于是存在 λ 使

$$\overrightarrow{CD} = \lambda\overrightarrow{AB} \Longleftrightarrow -5\boldsymbol{a} - 3\boldsymbol{b} = \lambda(\boldsymbol{a} + 2\boldsymbol{b})$$

亦即

$$(-5-\lambda)\boldsymbol{a}-(3+2\lambda)\boldsymbol{b}=\mathbf{0}$$

由于 $\boldsymbol{a}\nparallel\boldsymbol{b}$，于是

$$\begin{cases}-5-\lambda=0\\3+2\lambda=0\end{cases}$$

上述方程组无解，于是假设不成立，故 $\overrightarrow{AB}\nparallel\overrightarrow{CD}$.

综上所述，四边形 $ABCD$ 为梯形.

5. 设 M 是平行四边形 $ABCD$ 的对角线的交点，O 是任意一点，试用向量法证明：

$$\overrightarrow{OA}+\overrightarrow{OB}+\overrightarrow{OC}+\overrightarrow{OD}=4\overrightarrow{OM}$$

证明 如图 1.10 所示，要证明

$$\overrightarrow{OA}+\overrightarrow{OB}+\overrightarrow{OC}+\overrightarrow{OD}=4\overrightarrow{OM}$$

即证

$$(\overrightarrow{OA}-\overrightarrow{OM})+(\overrightarrow{OB}-\overrightarrow{OM})+(\overrightarrow{OC}-\overrightarrow{OM})+(\overrightarrow{OD}-\overrightarrow{OM})=\mathbf{0}$$

整理得

$$\overrightarrow{MA}+\overrightarrow{MB}+\overrightarrow{MC}+\overrightarrow{MD}=\mathbf{0}$$

如图 1.10 所示，上式显然成立.

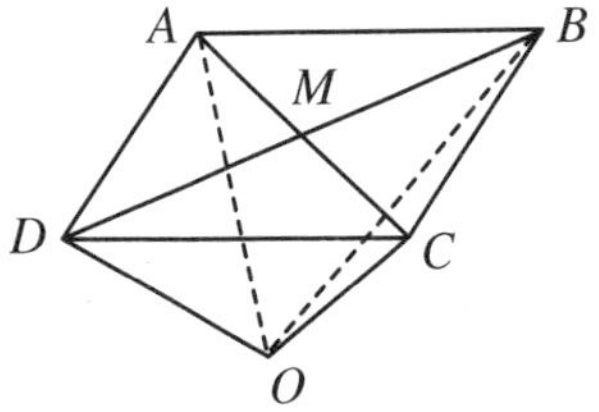

图 1. 10

6. 设三个向量 $\boldsymbol{e}_1,\boldsymbol{e}_2,\boldsymbol{e}_3$ 不共面，判断 $\boldsymbol{a}=3\boldsymbol{e}_1+\boldsymbol{e}_2-\boldsymbol{e}_3,\boldsymbol{b}=\boldsymbol{e}_1+\boldsymbol{e}_2-\boldsymbol{e}_3,\boldsymbol{c}=\boldsymbol{e}_1+4\boldsymbol{e}_2+5\boldsymbol{e}_3$ 三个向量是否共面.

解法一 令 $x\boldsymbol{a}+y\boldsymbol{b}+z\boldsymbol{c}=\mathbf{0}$，于是

$$(3x+y+z)\boldsymbol{e}_1+(x+y+4z)\boldsymbol{e}_2+(-x-y+5z)\boldsymbol{e}_3=\mathbf{0}$$

由于 $\boldsymbol{e}_1,\boldsymbol{e}_2,\boldsymbol{e}_3$ 不共面，从而

$$\begin{cases}3x+y+z=0\\x+y+4z=0\\-x-y+5z=0\end{cases}$$

解得 $x=y=z=0$，于是 $\boldsymbol{a},\boldsymbol{b},\boldsymbol{c}$ 不共面.

解法二　由于

$$(\boldsymbol{a},\boldsymbol{b},\boldsymbol{c})=\begin{vmatrix}3&1&-1\\1&1&-1\\1&4&5\end{vmatrix}(\boldsymbol{e}_1,\boldsymbol{e}_2,\boldsymbol{e}_3)$$

而

$$\begin{vmatrix}3&1&-1\\1&1&-1\\1&4&5\end{vmatrix}=18,\quad (\boldsymbol{e}_1,\boldsymbol{e}_2,\boldsymbol{e}_3)\neq 0$$

于是 $(\boldsymbol{a},\boldsymbol{b},\boldsymbol{c})\neq 0$，所以 $\boldsymbol{a},\boldsymbol{b},\boldsymbol{c}$ 不共面.

7. 设两个向量 $\boldsymbol{e}_1$ 与 $\boldsymbol{e}_2$ 不共线，试确定 k 的值，使得

$$\boldsymbol{a}=k\boldsymbol{e}_1+\boldsymbol{e}_2\quad 与\quad \boldsymbol{b}=\boldsymbol{e}_1+k\boldsymbol{e}_2$$

两个向量共线.

解法见例 1.4.

8. 设 $\overrightarrow{AB}=\boldsymbol{a}+5\boldsymbol{b},\overrightarrow{BC}=-2\boldsymbol{a}+8\boldsymbol{b},\overrightarrow{CD}=3(\boldsymbol{a}-\boldsymbol{b})$. 试证: A,B,D 三点共线 (其中向量 $\boldsymbol{a}$ 不平行于向量 $\boldsymbol{b}$).

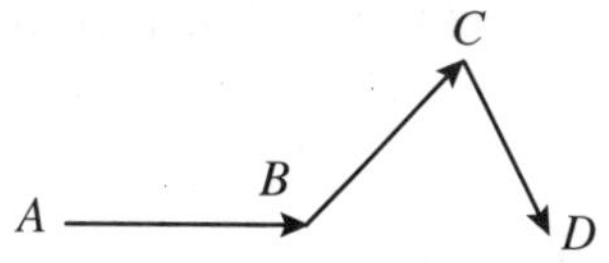

图 1.11

证法一　如图 1.11 所示，有

$$\begin{aligned}\overrightarrow{AD}&=\overrightarrow{AB}+\overrightarrow{BC}+\overrightarrow{CD}\\&=\boldsymbol{a}+5\boldsymbol{b}-2\boldsymbol{a}+8\boldsymbol{b}+3(\boldsymbol{a}-\boldsymbol{b})\\&=2(\boldsymbol{a}+5\boldsymbol{b})=2\overrightarrow{AB}\end{aligned}$$

于是 A,B,D 三点共线.

证法二　如图 1.11 所示，有

$$\overrightarrow{BD}=\overrightarrow{BC}+\overrightarrow{CD}=-2\boldsymbol{a}+8\boldsymbol{b}+3(\boldsymbol{a}-\boldsymbol{b})=\boldsymbol{a}+5\boldsymbol{b}$$

从而

$$\overrightarrow{AB}=\overrightarrow{BD}$$

于是 A,B,D 三点共线.

证法三　取定标架 $[A;\boldsymbol{a},\boldsymbol{b}]$，于是 $A(0,0)$,$B(1,5)$. 而 $\overrightarrow{AD}=2\boldsymbol{a}+10\boldsymbol{b}$，从而 $D(2,10)$.

由于

$$\frac{1-0}{5-0}=\frac{2-0}{10-0}$$

从而 A,B,D 三点共线.

9. 设向量 $\boldsymbol{a}$ 不平行于向量 $\boldsymbol{b}$，试问 $\boldsymbol{c}=2\boldsymbol{a}-\boldsymbol{b}$ 与 $\boldsymbol{d}=3\boldsymbol{a}-2\boldsymbol{b}$ 两个向量是否共线?

证法一 (反证法) 假设 $\boldsymbol{c}\,/\!/\,\boldsymbol{d}$，由题意知 $\boldsymbol{c},\boldsymbol{d}$ 均不为零，从而存在 λ，使 $\boldsymbol{c}=\lambda\boldsymbol{d}$. 即

$$2\boldsymbol{a}-\boldsymbol{b}=\lambda(3\boldsymbol{a}-2\boldsymbol{b})\Longleftrightarrow(2-3\lambda)\boldsymbol{a}+(2\lambda-1)\boldsymbol{b}=\boldsymbol{0}$$

由于 $\boldsymbol{a}\nparallel\boldsymbol{b}$，从而

$$\begin{cases}2-3\lambda=0\\2\lambda-1=0\end{cases}$$

上述方程组无解，于是假设不成立，所以 $\boldsymbol{a}\nparallel\boldsymbol{b}$.

证法二 取定标架 $[O;\boldsymbol{a},\boldsymbol{b}]$，于是 $\boldsymbol{c}=\{2,-1\},\boldsymbol{d}=\{3,-2\}$，而

$$\frac{2}{-1}\neq\frac{3}{-2}$$

从而 $\boldsymbol{a}\nparallel\boldsymbol{b}$.

证法三 $\boldsymbol{c}\times\boldsymbol{d}=(2\boldsymbol{a}-\boldsymbol{b})\times(3\boldsymbol{a}-2\boldsymbol{b})=-4(\boldsymbol{a}\times\boldsymbol{b})-3(\boldsymbol{b}\times\boldsymbol{a})=-(\boldsymbol{a}\times\boldsymbol{b})$. 由于 $\boldsymbol{a}\nparallel\boldsymbol{b}$，所以

$$\boldsymbol{c}\times\boldsymbol{d}=-(\boldsymbol{a}\times\boldsymbol{b})\neq\boldsymbol{0}$$

于是 $\boldsymbol{c}\nparallel\boldsymbol{d}$.

说明 两个向量平行 (共线) 关系的判定可通过多角度给出其等价的解析条件，如利用两个向量线性相关与否，利用坐标是否对应成比例及利用两个向量的外积是否为零等.

10. 试用向量法证明：三角形的三条中线共点.

证法见例 1.5.

11. 试用向量法证明：点 P 是 $\triangle ABC$ 重心的充分必要条件是 $\overrightarrow{PA}+\overrightarrow{PB}+\overrightarrow{PC}=\boldsymbol{0}$.

证法一 “$\Longrightarrow$” 如图 1.12 所示，若 P 为 $\triangle ABC$ 的重心，延长 AP 交 BC 于 D，于是

$$\overrightarrow{PA}=-2\overrightarrow{PD}$$

而

$$\overrightarrow{PD}=\frac{1}{2}(\overrightarrow{PB}+\overrightarrow{PC})$$

所以

$$\overrightarrow{PA}=-(\overrightarrow{PB}+\overrightarrow{PC})\Longrightarrow\overrightarrow{PA}+\overrightarrow{PB}+\overrightarrow{PC}=\mathbf{0}$$

“$\Longleftarrow$”如图 1.13 所示，取 BC 的中点 M，连接 PM，从而

$$\overrightarrow{PM}=\frac{1}{2}(\overrightarrow{PB}+\overrightarrow{PC})$$

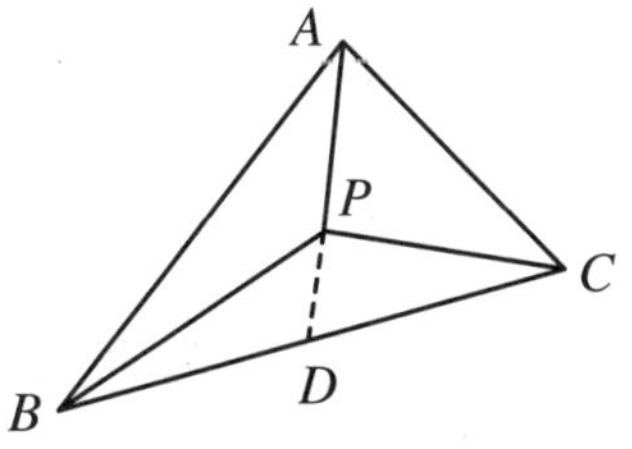

图 1.12

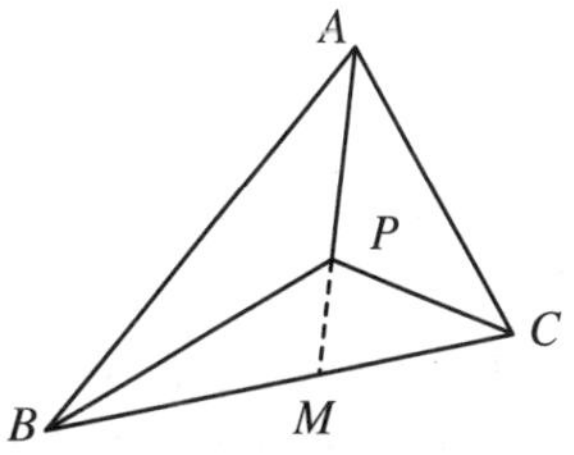

图 1.13

又由于

$$\overrightarrow{PB}+\overrightarrow{PC}=\overrightarrow{AP}$$

所以

$$\overrightarrow{PM}=\frac{1}{2}\overrightarrow{AP}$$

于是 A,P,M 三点共线，即中线 AM 经过 P 点. 同理可证 AC 及 AB 边上的中线均经过 P 点，所以三中线共点.

证法二　“$\Longrightarrow$”设 D,E,F 分别为 BC,CA 及 AB 边上的中点，由于 P 为 $\triangle ABC$ 的重心，如图 1.14 所示，于是

$$\overrightarrow{PA}=-\frac{2}{3}\overrightarrow{AD}=-\frac{2}{3}\times\frac{1}{2}(\overrightarrow{AB}+\overrightarrow{AC})=-\frac{1}{3}(\overrightarrow{AB}+\overrightarrow{AC})$$

同理

$$\overrightarrow{PB}=-\frac{1}{3}(\overrightarrow{BA}+\overrightarrow{BC}),\quad \overrightarrow{PC}=-\frac{1}{3}(\overrightarrow{CA}+\overrightarrow{CB})$$

从而

$$\overrightarrow{PA}+\overrightarrow{PB}+\overrightarrow{PC}=\mathbf{0}$$

“$\Longleftarrow$”若 $\overrightarrow{PA}+\overrightarrow{PB}+\overrightarrow{PC}=\mathbf{0}$，则

$$\overrightarrow{PB}+\overrightarrow{PC}=\overrightarrow{AP}$$

以 PB, PC 为边作平行四边形 $PBMC$，如图 1.15 所示，显然

$$\overrightarrow{PM}=\overrightarrow{PB}+\overrightarrow{PC}$$

从而 $\overrightarrow{AP}=\overrightarrow{PM}$，即 A, P, M 三点共线，所以 BC 边上的中线过 P 点，同理可证 AB 及 AC 边上的中线均过 P 点．所以三中线共点．

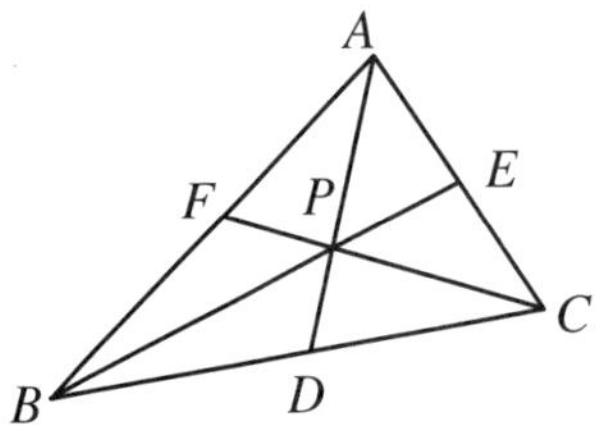

图 1.14

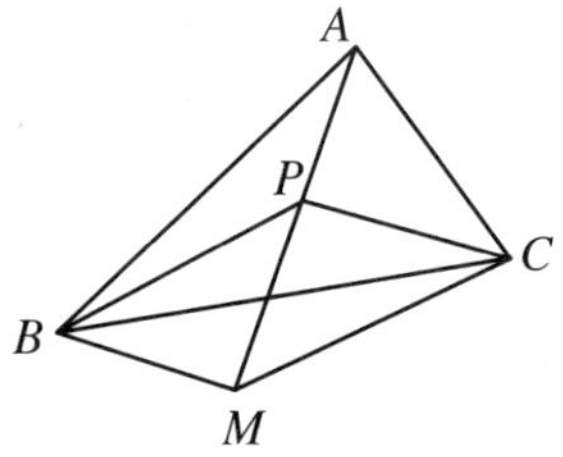

图 1.15

12. 设 $\overrightarrow{OP_i}=\boldsymbol{r}_i(i=1,2,3,4)$，试用向量法证明：$P_1, P_2, P_3, P_4$ 四点共面的充分必要条件是存在不全为零的实数 $\lambda_i(i=1,2,3,4)$，使得

$$\sum_{i=1}^{4}\lambda_i\boldsymbol{r}_i=\boldsymbol{0}\quad\left(\sum_{i=1}^{4}\lambda_i=0\right)$$

证明 P_1, P_2, P_3, P_4 四点共面 $\Longleftrightarrow\overrightarrow{P_1P_2}, \overrightarrow{P_1P_3}, \overrightarrow{P_1P_4}$ 三向量共面 $\Longleftrightarrow$ 存在一组不全为零的数 λ, μ, γ，使得

$$\lambda\overrightarrow{P_1P_2}+\mu\overrightarrow{P_1P_3}+\gamma\overrightarrow{P_1P_4}=\boldsymbol{0}$$

$$\Longleftrightarrow\lambda(\boldsymbol{r}_2-\boldsymbol{r}_1)+\mu(\boldsymbol{r}_3-\boldsymbol{r}_1)+\gamma(\boldsymbol{r}_4-\boldsymbol{r}_1)=\boldsymbol{0}$$

$$\Longleftrightarrow(-\lambda-\mu-\gamma)\boldsymbol{r}_1+\lambda\boldsymbol{r}_2+\mu\boldsymbol{r}_3+\gamma\boldsymbol{r}_4=\boldsymbol{0}$$

令 $\lambda_1=-\lambda-\mu-\gamma, \lambda_2=\lambda, \lambda_3=\mu, \lambda_4=\gamma$，于是 $\lambda_1, \lambda_2, \lambda_3, \lambda_4$ 不全为零，否则 $\lambda=\mu=\gamma=0$．从而存在不全为零的实数 $\lambda_1, \lambda_2, \lambda_3, \lambda_4$，使

$$\sum_{i=1}^{4}\lambda_i\boldsymbol{r}_i=\boldsymbol{0}\quad\left(\sum_{i=1}^{4}\lambda_i=0\right)$$

13. 设 D 是等腰直角三角形 $\triangle ABC$ 的底边 BC 的中点，P 是 BC 边上的任意点，作 $PE\perp AB, PF\perp AC, E$ 与 F 分别为垂足，试用向量法证明：$DE=DF$．

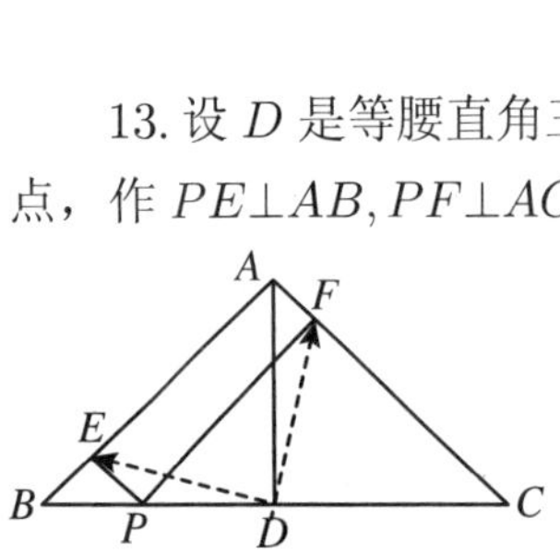

图 1.16

证法一 如图 1.16 所示，设 $\overrightarrow{AB}=\boldsymbol{a}, \overrightarrow{AC}=\boldsymbol{b}$，要证明 $DE=DF$，只要证明 $\overrightarrow{DE}^2=\overrightarrow{DF}^2$．

由题意知

$$\boldsymbol{a}\cdot\boldsymbol{b}=0 \quad 且 \quad |\boldsymbol{a}|=|\boldsymbol{b}|$$

又

$$\begin{cases}\overrightarrow{DE}=\overrightarrow{DB}+\overrightarrow{BE}\\ \overrightarrow{DF}=\overrightarrow{DC}+\overrightarrow{CF}\end{cases} \tag{1.15}$$

$$\overrightarrow{DB}=-\overrightarrow{DC}=\frac{1}{2}\overrightarrow{CB}=\frac{1}{2}(\boldsymbol{a}-\boldsymbol{b}) \tag{1.16}$$

设 $|\overrightarrow{CF}|=m$，于是 $|\overrightarrow{BE}|=|\boldsymbol{a}|-m$，且

$$\overrightarrow{CF}=-m\boldsymbol{b}^0,\quad \overrightarrow{BE}=(m-|\boldsymbol{a}|)\boldsymbol{a}^0 \tag{1.17}$$

将式 (1.16)，式 (1.17) 代入式 (1.15) 中得

$$\overrightarrow{DE}=\frac{1}{2}(\boldsymbol{a}-\boldsymbol{b})+(m-|\boldsymbol{a}|)\boldsymbol{a}^0=-\frac{1}{2}(\boldsymbol{a}+\boldsymbol{b})+m\boldsymbol{a}^0$$

$$\overrightarrow{DF}=\frac{1}{2}(\boldsymbol{b}-\boldsymbol{a})-m\boldsymbol{b}^0$$

从而

$$\overrightarrow{DE}^2=\frac{1}{4}\boldsymbol{a}^2+\frac{1}{4}\boldsymbol{b}^2+m^2-m|\boldsymbol{a}|$$

$$\overrightarrow{DF}^2=\frac{1}{4}\boldsymbol{b}^2+\frac{1}{4}\boldsymbol{a}^2+m^2-m|\boldsymbol{b}|$$

由于 $|\boldsymbol{a}|=|\boldsymbol{b}|$，所以 $\overrightarrow{DE}^2=\overrightarrow{DF}^2$．即 $|\overrightarrow{DE}|=|\overrightarrow{DF}|$.

证法二　如图 1.17 所示，连接 AP 与 EF，交于 O 点，再连接 OD，显然 O 为 EF 的中点．要证 $DE=DF$，只需证 $\overrightarrow{EF}\perp\overrightarrow{OD}\Longleftrightarrow\overrightarrow{EF}\cdot\overrightarrow{OD}=0$ 即可.

事实上，设 $\overrightarrow{PE}=\boldsymbol{a},\overrightarrow{PF}=\boldsymbol{b}$，于是 $\overrightarrow{AE}=-\boldsymbol{b},\overrightarrow{AF}=-\boldsymbol{a},\overrightarrow{EF}=\boldsymbol{b}-\boldsymbol{a}$ 且

$$\begin{cases}\overrightarrow{AB}=\lambda_0\boldsymbol{b}^0\\ \overrightarrow{AC}=\lambda_0\boldsymbol{a}^0\end{cases}\quad 其中\ \lambda_0=-(|\boldsymbol{a}|+|\boldsymbol{b}|)$$

于是

$$\overrightarrow{AD}=\frac{1}{2}(\overrightarrow{AB}+\overrightarrow{AC})=\frac{1}{2}\lambda_0(\boldsymbol{a}^0+\boldsymbol{b}^0)$$

从而

$$\overrightarrow{OD}=\overrightarrow{OA}+\overrightarrow{AD}=\frac{1}{2}(\boldsymbol{a}+\boldsymbol{b})+\frac{1}{2}\lambda_0(\boldsymbol{a}^0+\boldsymbol{b}^0)$$

所以

$$\overrightarrow{EF}\cdot\overrightarrow{OD}=\frac{1}{2}(\boldsymbol{b}^2-\boldsymbol{a}^2)+\frac{1}{2}\lambda_0(\boldsymbol{a}^0+\boldsymbol{b}^0)(\boldsymbol{b}-\boldsymbol{a})$$

$$=\frac{1}{2}(\boldsymbol{b}^2-\boldsymbol{a}^2)+\frac{1}{2}\lambda_0(\boldsymbol{a}^0\boldsymbol{b}+\boldsymbol{b}^0\boldsymbol{b}-\boldsymbol{a}^0\boldsymbol{a}-\boldsymbol{a}\boldsymbol{b}^0)$$

$$=\frac{1}{2}(\boldsymbol{b}^2-\boldsymbol{a}^2)-\frac{1}{2}(|\boldsymbol{b}|+|\boldsymbol{a}|)(|\boldsymbol{b}|-|\boldsymbol{a}|)=0$$

证法三 如图 1.18 所示，取定平面直角标架 $[A;\overrightarrow{AB},\overrightarrow{AC}]$，于是

$$A(0,0),\quad B(1,0),\quad C(0,1),\quad D\left(\frac{1}{2},\frac{1}{2}\right)$$

设 $E(x,0),F(0,y)$，要证 $DE=DF$，只需证

$$\left(x-\frac{1}{2}\right)^2+\left(\frac{1}{2}\right)^2=\left(y-\frac{1}{2}\right)^2+\left(\frac{1}{2}\right)^2$$

即证

$$\left(x-\frac{1}{2}\right)^2=\left(y-\frac{1}{2}\right)^2$$

由题意得 $P(x,y)$，且 P,B,C 三点共线，于是

$$\frac{y-0}{x-1}=\frac{1-0}{0-1}\Longleftrightarrow y=-x+1$$

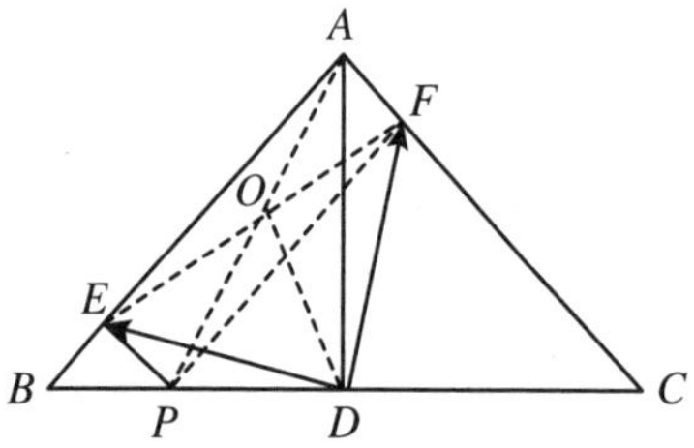

图 1.17

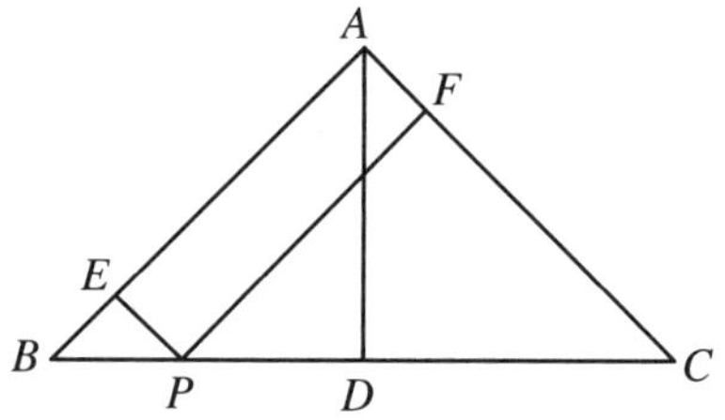

图 1.18

于是

$$\left(y-\frac{1}{2}\right)^2=\left(-x+\frac{1}{2}\right)^2=\left(x-\frac{1}{2}\right)^2$$

14. 在空间直角坐标系中，设 $A(1,3,2),B(-2,0,5)$，试求向量 $\overrightarrow{AB}$ 的坐标.

解 $\overrightarrow{AB}=\{-3,-3,3\}$.

15. 在空间直角坐标系中，设 $\boldsymbol{a}=\{2,-1,0\},\boldsymbol{b}=\{1,-3,2\},\boldsymbol{c}=\{-5,2,-1\}$，试求下列向量的坐标：

(1) $3\boldsymbol{a}-\boldsymbol{b}+\boldsymbol{c}$.　(2) $-2\boldsymbol{a}+5\boldsymbol{b}-3\boldsymbol{c}$.

解　(1) $3\boldsymbol{a}-\boldsymbol{b}+\boldsymbol{c}=\{0,2,-3\}$.

(2) $-2\boldsymbol{a}+5\boldsymbol{b}-3\boldsymbol{c}=\{16,-19,13\}$.

16. 在空间直角坐标系中，设 $A(2,0,-3),\overrightarrow{AB}=\{-1,3,2\}$，试求点 B 的坐标.

解　$B(1,3,-1)$.

17. 判断下列各组的三个向量 $\boldsymbol{a},\boldsymbol{b},\boldsymbol{c}$ 是否共面. 向量 $\boldsymbol{c}$ 能否用 $\boldsymbol{a}$ 和 $\boldsymbol{b}$ 两个向量线性表示？若能表示，则写出表示式.

(1) $\boldsymbol{a}=\{6,4,2\},\boldsymbol{b}=\{-9,6,3\},\boldsymbol{c}=\{-3,6,3\}$.

(2) $\boldsymbol{a}=\{5,2,1\},\boldsymbol{b}=\{-1,4,2\},\boldsymbol{c}=\{-1,-1,5\}$.

(3) $\boldsymbol{a}=\{1,2,-3\},\boldsymbol{b}=\{-2,-4,6\},\boldsymbol{c}=\{1,0,5\}$.

解法见例 1.6.

18. 设向量 $\boldsymbol{a}=\{1,5,3\}$，向量 $\boldsymbol{b}=\{6,-4,-2\}$，向量 $\boldsymbol{c}=\{0,-5,7\}$，向量 $\boldsymbol{d}=\{-20,27,-35\}$，试求三个数 l,m,n，使得 $l\boldsymbol{a},m\boldsymbol{b},n\boldsymbol{c},\boldsymbol{d}$ 构成封闭折线.

解　因 $l\boldsymbol{a}+m\boldsymbol{b}+n\boldsymbol{c}+\boldsymbol{d}=\boldsymbol{0}$，于是

$$\begin{cases} l+6m-20=0 \\ 5l-4m-5n+27=0 \\ 3l-2m+7n-35=0 \end{cases}$$

解得 $l=2,m=3,n=5$.

19. 试求各个坐标平面分 $A(-8,-2,6),B(4,-1,-2)$ 两点连线的分点坐标.

解　设各坐标平面分 A,B 两点连线的分点为 $P_1(0,y_1,z_1)$，$P_2(x_2,0,z_2)$，$P_3(x_3,y_3,0)$.

由于 A,B,P_1 三点共线，从而

$$\frac{0-4}{-8-4}=\frac{y_1+1}{-2+1}=\frac{z_1+2}{6+2}$$

解得 $y_1=-\dfrac{4}{3},z_1=\dfrac{2}{3}$，从而 $P_1\left(0,-\dfrac{4}{3},\dfrac{2}{3}\right)$.

同理可求得 $P_2(16,0,-10),P_3\left(1,-\dfrac{5}{4},0\right)$.

20. 设 $\boldsymbol{a},\boldsymbol{b}$ 是两个非零向量，试证：

(1) $\boldsymbol{a}\perp[(\boldsymbol{a}\cdot\boldsymbol{b})\boldsymbol{c}-(\boldsymbol{a}\cdot\boldsymbol{c})\boldsymbol{b}]$.

(2) $\boldsymbol{a}\perp\left[\boldsymbol{b}-\dfrac{(\boldsymbol{a}\cdot\boldsymbol{b})\boldsymbol{a}}{\boldsymbol{a}^2}\right]$.

(1) **证法一** 由于

$$\boldsymbol{a}\cdot[(\boldsymbol{a}\cdot\boldsymbol{b})\boldsymbol{c}-(\boldsymbol{a}\cdot\boldsymbol{c})\boldsymbol{b}]=(\boldsymbol{a}\cdot\boldsymbol{b})(\boldsymbol{a}\cdot\boldsymbol{c})-(\boldsymbol{a}\cdot\boldsymbol{c})(\boldsymbol{b}\cdot\boldsymbol{a})=0$$

于是

$$\boldsymbol{a}\perp[(\boldsymbol{a}\cdot\boldsymbol{b})\boldsymbol{c}-(\boldsymbol{a}\cdot\boldsymbol{c})\boldsymbol{b}]$$

证法二 由于

$$(\boldsymbol{a}\cdot\boldsymbol{b})\boldsymbol{c}-(\boldsymbol{a}\cdot\boldsymbol{c})\boldsymbol{b}=\boldsymbol{a}\times(\boldsymbol{c}\times\boldsymbol{b})$$

而

$$[\boldsymbol{a}\times(\boldsymbol{c}\times\boldsymbol{b})]\perp\boldsymbol{a}$$

(2) **证法一** 由于

$$\boldsymbol{a}\cdot\left[\boldsymbol{b}-\frac{(\boldsymbol{a}\cdot\boldsymbol{b})\boldsymbol{a}}{\boldsymbol{a}^2}\right]=\boldsymbol{a}\cdot\boldsymbol{b}-\frac{(\boldsymbol{a}\cdot\boldsymbol{b})}{\boldsymbol{a}^2}\boldsymbol{a}^2=\boldsymbol{a}\cdot\boldsymbol{b}-\boldsymbol{a}\cdot\boldsymbol{b}=0$$

从而

$$\boldsymbol{a}\perp\left[\boldsymbol{b}-\frac{(\boldsymbol{a}\cdot\boldsymbol{b})\boldsymbol{a}}{\boldsymbol{a}^2}\right]$$

证法二 由于

$$\boldsymbol{b}-\frac{(\boldsymbol{a}\cdot\boldsymbol{b})\boldsymbol{a}}{\boldsymbol{a}^2}=\frac{\boldsymbol{a}^2\cdot\boldsymbol{b}-(\boldsymbol{a}\cdot\boldsymbol{b})\boldsymbol{a}}{\boldsymbol{a}^2}=\frac{\boldsymbol{a}\times(\boldsymbol{b}\times\boldsymbol{a})}{\boldsymbol{a}^2}$$

而

$$\boldsymbol{a}\times(\boldsymbol{b}\times\boldsymbol{a})\perp\boldsymbol{a}$$

说明 向量的平方及模均为数量，可以作为分母；但向量不能作为分母，即形如“$\dfrac{\boldsymbol{a}}{\boldsymbol{b}}$”这样的写法是错误的.

21. 设 $\boldsymbol{a},\boldsymbol{b}$ 是两个非零向量，试证：

$$\left(\frac{\boldsymbol{a}}{\boldsymbol{a}^2}-\frac{\boldsymbol{b}}{\boldsymbol{b}^2}\right)^2=\frac{(\boldsymbol{a}-\boldsymbol{b})^2}{\boldsymbol{a}^2\boldsymbol{b}^2}$$

证明 $\left(\dfrac{\boldsymbol{a}}{\boldsymbol{a}^2}-\dfrac{\boldsymbol{b}}{\boldsymbol{b}^2}\right)^2=\dfrac{\boldsymbol{a}^2}{|\boldsymbol{a}|^4}+\dfrac{\boldsymbol{b}^2}{|\boldsymbol{b}|^4}-\dfrac{2\boldsymbol{a}\cdot\boldsymbol{b}}{\boldsymbol{a}^2\boldsymbol{b}^2}=\dfrac{1}{\boldsymbol{a}^2}+\dfrac{1}{\boldsymbol{b}^2}-\dfrac{2\boldsymbol{a}\boldsymbol{b}}{\boldsymbol{a}^2\boldsymbol{b}^2}$

$$= \frac{\boldsymbol{a}^2 + \boldsymbol{b}^2 - 2\boldsymbol{ab}}{\boldsymbol{a}^2\boldsymbol{b}^2} = \frac{(\boldsymbol{a} - \boldsymbol{b})^2}{\boldsymbol{a}^2\boldsymbol{b}^2}.$$

22. 设向量 $\boldsymbol{a}$ 与向量 $\boldsymbol{b}$ 垂直，向量 $\boldsymbol{c}$ 与 $\boldsymbol{a},\boldsymbol{b}$ 两个向量的夹角都是 60°，并且

$$|\boldsymbol{a}| = 1, \quad |\boldsymbol{b}| = 2, \quad |\boldsymbol{c}| = 3$$

计算：

(1) $|\boldsymbol{a} + \boldsymbol{b}|$.　　(2) $(3\boldsymbol{a} - 2\boldsymbol{b}) \cdot (\boldsymbol{b} - 3\boldsymbol{c})$.　　(3) $(\boldsymbol{a} + 2\boldsymbol{b} - \boldsymbol{c})^2$.

解　(1) $|\boldsymbol{a} + \boldsymbol{b}| = \sqrt{(\boldsymbol{a} + \boldsymbol{b})^2} = \sqrt{\boldsymbol{a}^2 + \boldsymbol{b}^2 + 2\boldsymbol{ab}} = \sqrt{1 + 4 + 0} = \sqrt{5}$.

(2) $(3\boldsymbol{a} - 2\boldsymbol{b}) \cdot (\boldsymbol{b} - 3\boldsymbol{c}) = 3\boldsymbol{ab} - 9\boldsymbol{ac} - 2\boldsymbol{b}^2 + 6\boldsymbol{bc}$

$$= 0 - 9 \times 3 \times 1 \times \cos 60° - 2 \times 4 + 6 \times 2 \times 3 \times \cos 60°$$

$$= -\frac{27}{2} - 8 + 18 = -\frac{7}{2}.$$

(3) $(\boldsymbol{a} + 2\boldsymbol{b} - \boldsymbol{c})^2$

$$= \boldsymbol{a}^2 + 4\boldsymbol{b}^2 + \boldsymbol{c}^2 + 4\boldsymbol{ab} - 4\boldsymbol{bc} - 2\boldsymbol{ac}$$

$$= 1 + 4 \times 4 + 9 + 0 - 4 \times 2 \times 3 \times \frac{1}{2} - 2 \times 3 \times \frac{1}{2} = 11.$$

23. 设等边三角形 ABC 的边长为 1，记 $\overrightarrow{BC} = \boldsymbol{a}$, $\overrightarrow{CA} = \boldsymbol{b}$, $\overrightarrow{AB} = \boldsymbol{c}$，试求 $\boldsymbol{a} \cdot \boldsymbol{b} + \boldsymbol{b} \cdot \boldsymbol{c} + \boldsymbol{c} \cdot \boldsymbol{a}$.

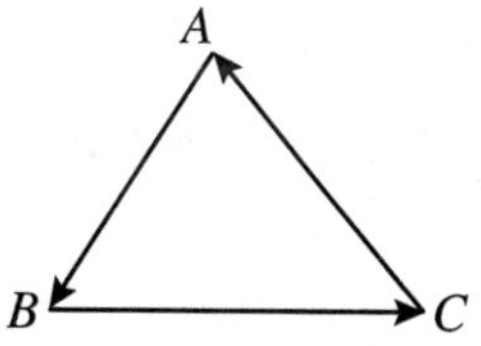

图 1.19

解法一　如图 1.19 所示，因

$$|\boldsymbol{a}| = |\boldsymbol{b}| = |\boldsymbol{c}| = 1$$

于是

$$\boldsymbol{ab} + \boldsymbol{bc} + \boldsymbol{ca} = 1 \times 1 \times \cos 120° + 1 \times 1 \times \cos 120° + 1 \times 1 \times \cos 120°$$

$$= -\frac{3}{2}$$

解法二　如图 1.19 所示，因

$$|\boldsymbol{a}| = |\boldsymbol{b}| = |\boldsymbol{c}| = 1$$

且

$$\boldsymbol{a} + \boldsymbol{b} + \boldsymbol{c} = \boldsymbol{0}$$

于是

$$\boldsymbol{ab}+\boldsymbol{bc}+\boldsymbol{ca}=\frac{1}{2}[(\boldsymbol{a}+\boldsymbol{b}+\boldsymbol{c})^2-(\boldsymbol{a}^2+\boldsymbol{b}^2+\boldsymbol{c}^2)]=-\frac{3}{2}$$

24. 设 $\boldsymbol{a},\boldsymbol{b},\boldsymbol{c}$ 三个向量两两垂直，并且 $|\boldsymbol{a}|=1,|\boldsymbol{b}|=2,|\boldsymbol{c}|=3$，试求向量 $\boldsymbol{r}=\boldsymbol{a}+\boldsymbol{b}+\boldsymbol{c}$ 的模和 $\boldsymbol{r}$ 分别与 $\boldsymbol{a},\boldsymbol{b},\boldsymbol{c}$ 的夹角.

解 由题意知

$$\boldsymbol{ab}=\boldsymbol{bc}=\boldsymbol{ac}=0$$

从而

$$\boldsymbol{r}^2=(\boldsymbol{a}+\boldsymbol{b}+\boldsymbol{c})^2=\boldsymbol{a}^2+\boldsymbol{b}^2+\boldsymbol{c}^2=1+4+9=14$$

于是

$$|\boldsymbol{r}|=\sqrt{14}$$

又由于

$$\boldsymbol{r}\cdot\boldsymbol{a}=(\boldsymbol{a}+\boldsymbol{b}+\boldsymbol{c})\cdot\boldsymbol{a}=|\boldsymbol{a}|^2=1$$

同理

$$\boldsymbol{r}\cdot\boldsymbol{b}=|\boldsymbol{b}|^2=4$$

$$\boldsymbol{r}\cdot\boldsymbol{c}=|\boldsymbol{c}|^2=9$$

设 $\boldsymbol{r}$ 与 $\boldsymbol{a},\boldsymbol{b},\boldsymbol{c}$ 的夹角分别为 α,β,γ，从而

$$\cos\alpha=\frac{\boldsymbol{r}\cdot\boldsymbol{a}}{|\boldsymbol{r}||\boldsymbol{a}|}=\frac{1}{\sqrt{14}\times 1}=\frac{\sqrt{14}}{14}$$

$$\cos\beta=\frac{\boldsymbol{r}\cdot\boldsymbol{b}}{|\boldsymbol{r}||\boldsymbol{b}|}=\frac{4}{\sqrt{14}\times 2}=\frac{\sqrt{14}}{7}$$

$$\cos\gamma=\frac{\boldsymbol{r}\cdot\boldsymbol{c}}{|\boldsymbol{r}||\boldsymbol{c}|}=\frac{9}{\sqrt{14}\times 3}=\frac{3\sqrt{14}}{14}$$

25. 设向量 $\boldsymbol{a}+3\boldsymbol{b}$ 与向量 $7\boldsymbol{a}-5\boldsymbol{b}$ 垂直，向量 $\boldsymbol{a}-4\boldsymbol{b}$ 与向量 $7\boldsymbol{a}-2\boldsymbol{b}$ 垂直，试求向量 $\boldsymbol{a}$ 与向量 $\boldsymbol{b}$ 的夹角.

解法一 由题意得

$$\begin{cases}(\boldsymbol{a}+3\boldsymbol{b})\cdot(7\boldsymbol{a}-5\boldsymbol{b})=0\\(\boldsymbol{a}-4\boldsymbol{b})\cdot(7\boldsymbol{a}-2\boldsymbol{b})=0\end{cases}\Longrightarrow\begin{cases}7\boldsymbol{a}^2+16\boldsymbol{a}\cdot\boldsymbol{b}-15\boldsymbol{b}^2=0 & ①\\7\boldsymbol{a}^2-30\boldsymbol{a}\cdot\boldsymbol{b}+8\boldsymbol{b}^2=0 & ②\end{cases}$$

①−②得

$$46\boldsymbol{a}\cdot\boldsymbol{b}=23\boldsymbol{b}^2\Longrightarrow\boldsymbol{a}\cdot\boldsymbol{b}=\frac{1}{2}\boldsymbol{b}^2$$

代入①中得

$$\boldsymbol{a}^2 = \boldsymbol{b}^2, \quad 即 \frac{|\boldsymbol{a}|}{|\boldsymbol{b}|} = 1$$

将①的两边同乘 $\dfrac{1}{|\boldsymbol{a}||\boldsymbol{b}|}$，得

$$7\frac{|\boldsymbol{a}|}{|\boldsymbol{b}|} + 16\boldsymbol{a}^0\boldsymbol{b}^0 - 15\frac{|\boldsymbol{b}|}{|\boldsymbol{a}|} = 0$$

从而 $\boldsymbol{a}^0\boldsymbol{b}^0 = \dfrac{1}{2}$. 所以向量 $\boldsymbol{a}$ 与向量 $\boldsymbol{b}$ 的夹角为 $\dfrac{\pi}{3}$.

解法二　由解法一知

$$\begin{cases} \boldsymbol{a} \cdot \boldsymbol{b} = \dfrac{1}{2}|\boldsymbol{b}|^2 \\ |\boldsymbol{a}| = |\boldsymbol{b}| \end{cases}$$

$$\Longrightarrow \begin{cases} |\boldsymbol{a}||\boldsymbol{b}| \cos\angle(\boldsymbol{a},\boldsymbol{b}) = \dfrac{1}{2}|\boldsymbol{b}|^2 \\ |\boldsymbol{a}||\boldsymbol{b}| \cos\angle(\boldsymbol{a},\boldsymbol{b}) = \cos\angle(\boldsymbol{a},\boldsymbol{b})|\boldsymbol{b}|^2 \end{cases}$$

$$\Longrightarrow \cos\angle(\boldsymbol{a},\boldsymbol{b}) = \frac{1}{2}$$

26. 设向量 $\boldsymbol{p} = 3\boldsymbol{a} - \boldsymbol{b}$，向量 $\boldsymbol{q} = \lambda\boldsymbol{a} + 17\boldsymbol{b}$，其中 $\boldsymbol{a},\boldsymbol{b}$ 两个向量满足条件：$|\boldsymbol{a}| = 2, |\boldsymbol{b}| = 5, \angle(\boldsymbol{a},\boldsymbol{b}) = \dfrac{2}{3}\pi$. 试问系数 λ 取何值时 $\boldsymbol{p}$ 与 $\boldsymbol{q}$ 垂直？

解　$\boldsymbol{p} \perp \boldsymbol{q} \Longleftrightarrow \boldsymbol{p} \cdot \boldsymbol{q} = 0$

$$\Longleftrightarrow (3\boldsymbol{a} - \boldsymbol{b}) \cdot (\lambda\boldsymbol{a} + 17\boldsymbol{b}) = 0$$

$$\Longleftrightarrow 3\lambda\boldsymbol{a}^2 - 17\boldsymbol{b}^2 + (51 - \lambda)\boldsymbol{a} \cdot \boldsymbol{b} = 0.$$

由于 $\boldsymbol{a} \cdot \boldsymbol{b} = -5$，代入上式，得

$$12\lambda - 17 \times 25 - 5(51 - \lambda) = 0$$

解得 $\lambda = 40$.

27. 试证：三角形三条中线长度的平方和等于三边长度的平方和的 $\dfrac{3}{4}$.

解法见例 1.13.

28. 试用向量法证明三角形的余弦定理.

分析与证明　三角形的余弦定理：三角形的一边的平方等于其余两边的平方

和减去这两边夹角的余弦与两边长的乘积的 2 倍．即证

$$\begin{cases}\overrightarrow{AB}^2=\overrightarrow{AC}^2+\overrightarrow{BC}^2-2|\overrightarrow{AC}||\overrightarrow{BC}|\cos C\\ \overrightarrow{AC}^2=\overrightarrow{AB}^2+\overrightarrow{BC}^2-2|\overrightarrow{AB}||\overrightarrow{BC}|\cos B\\ \overrightarrow{BC}^2=\overrightarrow{AB}^2+\overrightarrow{AC}^2-2|\overrightarrow{AB}||\overrightarrow{AC}|\cos A\end{cases}$$

其中

$$A=\angle(\overrightarrow{AB},\overrightarrow{AC})$$

$$B=\angle(\overrightarrow{BA},\overrightarrow{BC})$$

$$C=\angle(\overrightarrow{CB},\overrightarrow{CA})$$

只证明第一个等式，其余等式同理可证．

如图 1.20 所示，设 $\overrightarrow{AB}=\boldsymbol{c},\overrightarrow{BC}=\boldsymbol{a},\overrightarrow{CA}=\boldsymbol{b}$，从而

$$\begin{aligned}\boldsymbol{a}+\boldsymbol{b}+\boldsymbol{c}=\boldsymbol{0}&\Longleftrightarrow\boldsymbol{a}+\boldsymbol{b}=-\boldsymbol{c}\Longleftrightarrow(\boldsymbol{a}+\boldsymbol{b})^2=(-\boldsymbol{c})^2\\&\Longleftrightarrow\boldsymbol{a}^2+\boldsymbol{b}^2+2\boldsymbol{ab}=\boldsymbol{c}^2\\&\Longleftrightarrow\overrightarrow{BC}^2+\overrightarrow{AC}^2+2\overrightarrow{BC}\cdot\overrightarrow{CA}\cos(\pi-C)=\overrightarrow{AB}^2\\&\Longleftrightarrow\overrightarrow{AB}^2=\overrightarrow{AC}^2+\overrightarrow{BC}^2-2|\overrightarrow{CA}||\overrightarrow{BC}|\cos C\end{aligned}$$

29. 试用向量法证明：平行四边形为菱形的充分必要条件是对角线互相垂直．

分析与证明 如图 1.21 所示，四边形 $ABCD$ 是平行四边形，于是

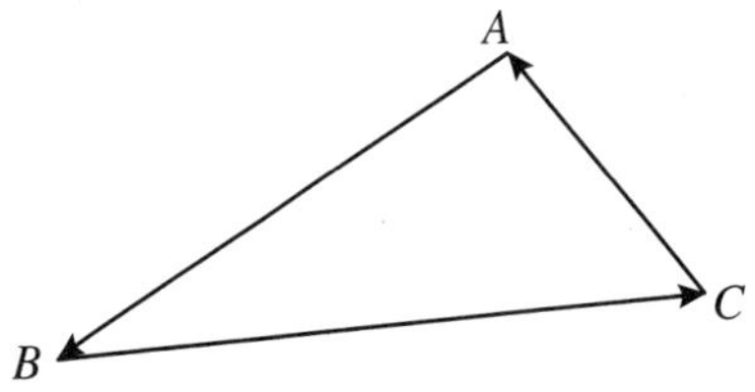

图 1.20

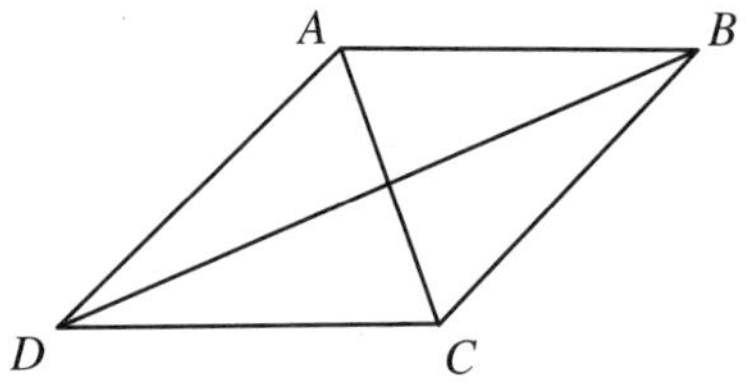

图 1.21

$$\overrightarrow{AC}=\overrightarrow{AB}+\overrightarrow{AD}$$

$$\overrightarrow{DB}=\overrightarrow{AB}-\overrightarrow{AD}$$

$$\begin{aligned}\text{平行四边形 } ABCD \text{ 为菱形} &\Longleftrightarrow |\overrightarrow{AB}|=|\overrightarrow{AD}| \Longleftrightarrow \overrightarrow{AB}^2-\overrightarrow{AD}^2=0\\ &\Longleftrightarrow (\overrightarrow{AB}+\overrightarrow{AD})\cdot(\overrightarrow{AB}-\overrightarrow{AD})=0\\ &\Longleftrightarrow \overrightarrow{AC}\cdot\overrightarrow{DB}=0\end{aligned}$$

于是对角线 AC 与 BD 互相垂直.

30. 试用向量法证明：内接于半圆，并以直径为一边的三角形是直角三角形.

分析与证明　要证明 $\triangle ABC$ 为 Rt$\triangle$，只需要证明 $\overrightarrow{AC}\cdot\overrightarrow{CB}=0$ 即可，或者也可利用勾股定理，即证明 $\overrightarrow{AC}^2+\overrightarrow{BC}^2=\overrightarrow{AB}^2$.

证法一　如图 1.22 所示，内接于半圆且以其直径 AB 为斜边的 $\triangle ABC$.

由于

$$\overrightarrow{AC}=\overrightarrow{AO}+\overrightarrow{OC}$$

$$\overrightarrow{BC}=\overrightarrow{BO}+\overrightarrow{OC}=\overrightarrow{OC}-\overrightarrow{AO}$$

从而

$$\overrightarrow{BC}\cdot\overrightarrow{AC}=(\overrightarrow{OC}-\overrightarrow{AO})\cdot(\overrightarrow{OC}+\overrightarrow{AO})=|\overrightarrow{OC}|^2-|\overrightarrow{AO}|^2=0$$

即 $\triangle ABC$ 为 Rt $\triangle, \angle ACB=90^\circ$.

证法二　设圆的半径为 $r, \theta=\angle(\overrightarrow{AO},\overrightarrow{OC})$，于是

$$|\overrightarrow{AO}|=|\overrightarrow{OC}|=|\overrightarrow{OB}|=r$$

而

$$\overrightarrow{AC}=\overrightarrow{AO}+\overrightarrow{OC}\Longrightarrow \overrightarrow{AC}^2=2r^2+2r^2\cos\theta$$

$$\overrightarrow{BC}=\overrightarrow{BO}+\overrightarrow{OC}\Longrightarrow \overrightarrow{BC}^2=2r^2+2r^2\cos(\pi-\theta)$$

从而

$$\overrightarrow{AC}^2+\overrightarrow{BC}^2=4r^2=\overrightarrow{AB}^2$$

于是 $\triangle ABC$ 为 Rt$\triangle, \angle ACB=90^\circ$.

31. 试用向量法证明：三角形各边的垂直平分线共点，并且这点到各顶点的距离相等.

分析与证明　如图 1.23 所示，设 $\triangle ABC$ 的边 AB 与 BC 的垂直平分线交于 O，并分别交 AB, BC 于 P_1, P_2 两点，P_3 为 AC 边上的中点. 连接 OP_3，要证三角形各边的垂直平分线共点，只需证 $OP_3\perp AC$.

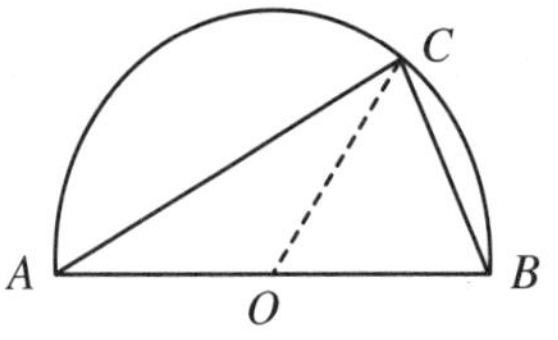

图 1.22

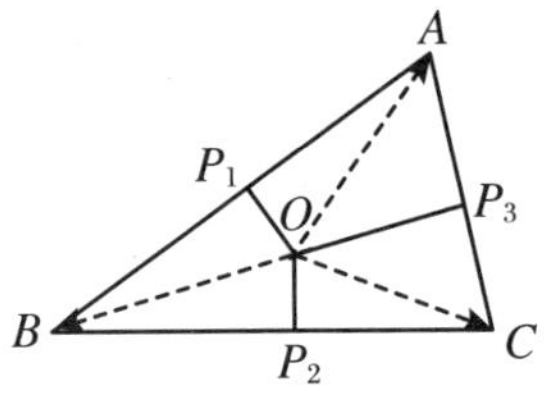

图 1.23

连接 OA,OB,OC，并令 $\overrightarrow{OA}=\boldsymbol{a},\overrightarrow{OB}=\boldsymbol{b},\overrightarrow{OC}=\boldsymbol{c}$，于是

$$\overrightarrow{AB}=\boldsymbol{b}-\boldsymbol{a},\quad \overrightarrow{OP_1}=\frac{1}{2}(\boldsymbol{a}+\boldsymbol{b})$$

$$\overrightarrow{BC}=\boldsymbol{c}-\boldsymbol{b},\quad \overrightarrow{OP_2}=\frac{1}{2}(\boldsymbol{b}+\boldsymbol{c})$$

由题意知

$$\begin{cases}\overrightarrow{AB}\cdot\overrightarrow{OP_1}=0\\ \overrightarrow{BC}\cdot\overrightarrow{OP_2}=0\end{cases}\Longrightarrow\begin{cases}\boldsymbol{a}^2-\boldsymbol{b}^2=0\\ \boldsymbol{c}^2-\boldsymbol{b}^2=0\end{cases}$$

$$\Longrightarrow \boldsymbol{a}^2-\boldsymbol{c}^2=0\Longrightarrow\frac{1}{2}(\boldsymbol{a}+\boldsymbol{c})(\boldsymbol{a}-\boldsymbol{c})=0$$

而

$$\frac{1}{2}(\boldsymbol{a}+\boldsymbol{c})=\overrightarrow{OP_3},\quad \boldsymbol{a}-\boldsymbol{c}=\overrightarrow{CA}$$

于是

$$\overrightarrow{OP_3}\perp\overrightarrow{CA}\quad 且\quad \boldsymbol{a}^2=\boldsymbol{b}^2=\boldsymbol{c}^2$$

从而 $\triangle ABC$ 的各边垂直平分线共点且 $|\overrightarrow{OA}|=|\overrightarrow{OB}|=|\overrightarrow{OC}|$.

32. 设 $\boldsymbol{a},\boldsymbol{b}$ 两个向量满足 $|\boldsymbol{a}|=3,|\boldsymbol{b}|=2,\angle(\boldsymbol{a},\boldsymbol{b})=\dfrac{\pi}{3}$，试求 $3\boldsymbol{a}+2\boldsymbol{b}$ 与 $2\boldsymbol{a}-5\boldsymbol{b}$ 两个向量之间的夹角.

分析与解 设 $\angle(3\boldsymbol{a}+2\boldsymbol{b},2\boldsymbol{a}-5\boldsymbol{b})=\theta$，由题意易得

$$\boldsymbol{a}\cdot\boldsymbol{b}=|\boldsymbol{a}||\boldsymbol{b}|\cos\angle(a,b)=3$$

$$|3\boldsymbol{a}+2\boldsymbol{b}|=\sqrt{(3\boldsymbol{a}+2\boldsymbol{b})^2}=\sqrt{133}$$

$$|2\boldsymbol{a}-5\boldsymbol{b}|=\sqrt{(2\boldsymbol{a}-5\boldsymbol{b})^2}=\sqrt{76}$$

并且

$$(3\boldsymbol{a}+2\boldsymbol{b})\cdot(2\boldsymbol{a}-5\boldsymbol{b})=6|\boldsymbol{a}|^2-10|\boldsymbol{b}|^2-11\boldsymbol{a}\cdot\boldsymbol{b}=-19$$

于是

$$\cos\theta = \frac{-19}{\sqrt{133}\sqrt{76}} = -\frac{1}{2\sqrt{7}} = -\frac{\sqrt{7}}{14}$$

$$\theta = \pi - \arccos\frac{\sqrt{7}}{14}$$

思考下面的解法是否正确　由题意得

$$|\boldsymbol{a}\times\boldsymbol{b}| = |\boldsymbol{a}||\boldsymbol{b}|\sin\angle(\boldsymbol{a},\boldsymbol{b}) = 3\sqrt{3}$$

而

$$|(3\boldsymbol{a}+2\boldsymbol{b})\times(2\boldsymbol{a}-5\boldsymbol{b})| = 19|\boldsymbol{b}\times\boldsymbol{a}| = 57\sqrt{3}$$

于是

$$\sin\theta = \frac{57\sqrt{3}}{\sqrt{133}\sqrt{76}} = \frac{3\sqrt{3}}{2\sqrt{7}} = \frac{3\sqrt{21}}{14}$$

故

$$\theta = \arcsin\frac{3\sqrt{21}}{14}$$

33. 设正立方体 $ABCD\text{-}A_1B_1C_1D_1$，试用向量法证明：其对角线 A_1C 垂直于 A, B_1, D_1 三点决定的平面.

证法见例 1.8.

34. 设向量 $\boldsymbol{a}$ 的方向角分别为 $\alpha = 60°, \beta = 120°, \gamma = 135°, |\boldsymbol{a}| = 2$，试求向量 $\boldsymbol{a}$ 的坐标.

分析与解　设 $\boldsymbol{a} = \{x, y, z\}$，由题意得

$$x = |\boldsymbol{a}|\cos\alpha = 2\times\frac{1}{2} = 1$$

$$y = |\boldsymbol{a}|\cos\beta = 2\times\left(-\frac{1}{2}\right) = -1$$

$$z = |\boldsymbol{a}|\cos\gamma = 2\times\left(-\frac{\sqrt{2}}{2}\right) = -\sqrt{2}$$

所以 $\boldsymbol{a} = \{1, -1, \sqrt{2}\}$.

35. 试求与向量 $\boldsymbol{a} = \{2, 1, -1\}$ 平行，并满足 $\boldsymbol{a}\cdot\boldsymbol{b} = 3$ 的向量 $\boldsymbol{b}$ 的坐标.

解法一　由题意知 $\boldsymbol{b} /\!/ \boldsymbol{a}$，于是设

$$\boldsymbol{b} = \lambda\boldsymbol{a} = \{2\lambda, \lambda, -\lambda\}$$

又由于 $\boldsymbol{a}\cdot\boldsymbol{b}=3$，从而

$$4\lambda+\lambda+\lambda=3$$

解得 $\lambda=\dfrac{1}{2}$，所以 $\boldsymbol{b}=\left\{1,\dfrac{1}{2},-\dfrac{1}{2}\right\}$.

解法二 由题意知 $|\boldsymbol{a}|=\sqrt{6}$, 且 $\boldsymbol{a}\cdot\boldsymbol{b}=3$，由 $\boldsymbol{a}$ 与 $\boldsymbol{b}$ 同向，解得 $|\boldsymbol{b}|=\dfrac{3}{\sqrt{6}}$，从而

$$\boldsymbol{b}^0=\boldsymbol{a}^0=\frac{1}{\sqrt{6}}\{2,1,-1\}$$

于是

$$\boldsymbol{b}=|\boldsymbol{b}|\boldsymbol{b}^0=\left\{1,\frac{1}{2},-\frac{1}{2}\right\}$$

36. 设两个向量 $\boldsymbol{a},\boldsymbol{b}$ 满足条件：$|\boldsymbol{a}|=1,|\boldsymbol{b}|=5,\boldsymbol{a}\cdot\boldsymbol{b}=3$，试求：

(1) $|\boldsymbol{a}\times\boldsymbol{b}|$. (2) $[(\boldsymbol{a}+\boldsymbol{b})\times(\boldsymbol{a}-\boldsymbol{b})]^2$. (3) $[(\boldsymbol{a}-2\boldsymbol{b})\times(\boldsymbol{b}-2\boldsymbol{a})]^2$.

解 (1) $|\boldsymbol{a}\times\boldsymbol{b}|=\sqrt{\boldsymbol{a}^2\boldsymbol{b}^2-(\boldsymbol{a}\cdot\boldsymbol{b})^2}=4$.

(2) $[(\boldsymbol{a}+\boldsymbol{b})\times(\boldsymbol{a}-\boldsymbol{b})]^2=[2(\boldsymbol{b}\times\boldsymbol{a})]^2=4|\boldsymbol{a}\times\boldsymbol{b}|^2=64$.

(3) $[(\boldsymbol{a}-2\boldsymbol{b})\times(\boldsymbol{b}-2\boldsymbol{a})]^2=[3(\boldsymbol{b}\times\boldsymbol{a})]^2=144$.

说明 对于复杂向量代数式的求解，应先将混合运算化简为乘积运算 (两个向量的数量积与向量积) 的和的形式，再代入相关数值.

37. 设向量 $\overrightarrow{AB}=\boldsymbol{a}-2\boldsymbol{b}$, 向量 $\overrightarrow{AD}=\boldsymbol{a}-3\boldsymbol{b}$, 其中 $|\boldsymbol{a}|=5,|\boldsymbol{b}|=3,\angle(\boldsymbol{a},\boldsymbol{b})=\dfrac{\pi}{6}$，试求以两个向量 $\overrightarrow{AB},\overrightarrow{AD}$ 为邻边的平行四边形的面积.

分析与解 以 $\overrightarrow{AB},\overrightarrow{AD}$ 为邻边的平行四边形的面积是

$$S=|\overrightarrow{AB}\times\overrightarrow{AD}|=|(\boldsymbol{a}-2\boldsymbol{b})\times(\boldsymbol{a}-3\boldsymbol{b})|=|\boldsymbol{b}\times\boldsymbol{a}|=\frac{15}{2}$$

38. 设 $\boldsymbol{a},\boldsymbol{b},\boldsymbol{c}$ 是两两不共线的三个向量，试证：$\boldsymbol{a}+\boldsymbol{b}+\boldsymbol{c}=\boldsymbol{0}$ 的充要条件是

$$\boldsymbol{b}\times\boldsymbol{c}=\boldsymbol{c}\times\boldsymbol{a}=\boldsymbol{a}\times\boldsymbol{b}$$

证法一 “$\Longrightarrow$” 由 $\boldsymbol{a}+\boldsymbol{b}+\boldsymbol{c}=\boldsymbol{0}$，可得

$$\begin{cases}(\boldsymbol{a}+\boldsymbol{b}+\boldsymbol{c})\times\boldsymbol{a}=\boldsymbol{0}\\(\boldsymbol{a}+\boldsymbol{b}+\boldsymbol{c})\times\boldsymbol{b}=\boldsymbol{0}\end{cases}\Longrightarrow\begin{cases}\boldsymbol{b}\times\boldsymbol{a}+\boldsymbol{c}\times\boldsymbol{a}=\boldsymbol{0}\\\boldsymbol{a}\times\boldsymbol{b}+\boldsymbol{c}\times\boldsymbol{b}=\boldsymbol{0}\end{cases}$$

$$\Longrightarrow\boldsymbol{a}\times\boldsymbol{b}=\boldsymbol{c}\times\boldsymbol{a}=\boldsymbol{b}\times\boldsymbol{c}$$

“$\Longleftarrow$” 由 $\boldsymbol{a}\times\boldsymbol{b}=\boldsymbol{c}\times\boldsymbol{a}=\boldsymbol{b}\times\boldsymbol{c}$，可得

$$\begin{cases} \boldsymbol{b}\times\boldsymbol{c}+\boldsymbol{a}\times\boldsymbol{c}=\boldsymbol{0} \\ \boldsymbol{c}\times\boldsymbol{a}+\boldsymbol{b}\times\boldsymbol{a}=\boldsymbol{0} \end{cases} \Longrightarrow \begin{cases} (\boldsymbol{a}+\boldsymbol{b}+\boldsymbol{c})\times\boldsymbol{c}=\boldsymbol{0} \\ (\boldsymbol{a}+\boldsymbol{b}+\boldsymbol{c})\times\boldsymbol{a}=\boldsymbol{0} \end{cases}$$

从而

$$\boldsymbol{a}+\boldsymbol{b}+\boldsymbol{c}=\lambda\boldsymbol{a}=\mu\boldsymbol{c}$$

由于 $\boldsymbol{a}\not\parallel\boldsymbol{c}$，所以 $\lambda=\mu=0$．于是

$$\boldsymbol{a}+\boldsymbol{b}+\boldsymbol{c}=\boldsymbol{0}$$

证法二　“$\Longrightarrow$”由 $\boldsymbol{a}+\boldsymbol{b}+\boldsymbol{c}=\boldsymbol{0}$，可得 $\boldsymbol{a}=-\boldsymbol{b}-\boldsymbol{c}$．于是

$$\boldsymbol{c}\times\boldsymbol{a}=\boldsymbol{c}\times(-\boldsymbol{b}-\boldsymbol{c})=\boldsymbol{b}\times\boldsymbol{c}$$

$$\boldsymbol{a}\times\boldsymbol{b}=(-\boldsymbol{b}-\boldsymbol{c})\times\boldsymbol{b}=\boldsymbol{b}\times\boldsymbol{c}$$

从而

$$\boldsymbol{a}\times\boldsymbol{b}=\boldsymbol{b}\times\boldsymbol{c}=\boldsymbol{c}\times\boldsymbol{a}$$

“$\Longleftarrow$”由 $\boldsymbol{b}\times\boldsymbol{c}=\boldsymbol{c}\times\boldsymbol{a}$，可得

$$(\boldsymbol{b}+\boldsymbol{a})\times\boldsymbol{c}=\boldsymbol{0}$$

于是

$$\boldsymbol{b}+\boldsymbol{a}=\lambda\boldsymbol{c} \tag{1.18}$$

同理，由 $\boldsymbol{c}\times\boldsymbol{a}=\boldsymbol{a}\times\boldsymbol{b}$，可得

$$\boldsymbol{b}+\boldsymbol{c}=\mu\boldsymbol{a} \tag{1.19}$$

由式 (1.18)，式 (1.19) 可得

$$\boldsymbol{a}-\boldsymbol{c}=\lambda\boldsymbol{c}-\mu\boldsymbol{a}$$

整理得

$$(1+\mu)\boldsymbol{a}-(\lambda+1)\boldsymbol{c}=\boldsymbol{0}$$

由于 $\boldsymbol{a}$ 与 $\boldsymbol{c}$ 线性无关，于是 $\mu=-1,\lambda=-1$，所以

$$\boldsymbol{a}+\boldsymbol{b}+\boldsymbol{c}=\boldsymbol{0}$$

39. 设向量 $\boldsymbol{b}_1=\lambda_1\boldsymbol{a}_1+\lambda_2\boldsymbol{a}_2$，向量 $\boldsymbol{b}_2=\mu_1\boldsymbol{a}_1+\mu_2\boldsymbol{a}_2$，试证：分别以 $\boldsymbol{a}_1,\boldsymbol{a}_2$ 和 $\boldsymbol{b}_1,\boldsymbol{b}_2$ 为邻边的两个平行四边形的面积相等的充分必要条件是

$$|\lambda_1\mu_2-\lambda_2\mu_1|=1$$

分析与证明 设以 $\boldsymbol{a}_1,\boldsymbol{a}_2$ 和 $\boldsymbol{b}_1,\boldsymbol{b}_2$ 为邻边的两个平行四边形的面积为 S_1 和 S_2，从而

$$S_1=|\boldsymbol{a}_1\times\boldsymbol{a}_2|,\quad S_2=|\boldsymbol{b}_1\times\boldsymbol{b}_2|$$

由题意得

$$\boldsymbol{b}_1\times\boldsymbol{b}_2=(\lambda_1\boldsymbol{a}_1+\lambda_2\boldsymbol{a}_2)\times(\mu_1\boldsymbol{a}_1+\mu_2\boldsymbol{a}_2)=(\lambda_1\mu_2-\lambda_2\mu_1)\boldsymbol{a}_1\times\boldsymbol{a}_2$$

于是

$$|\boldsymbol{b}_1\times\boldsymbol{b}_2|=|\lambda_1\mu_2-\lambda_2\mu_1||\boldsymbol{a}_1\times\boldsymbol{a}_2|$$

因而

$$S_1=S_2\Longleftrightarrow|\boldsymbol{a}_1\times\boldsymbol{a}_2|=|\boldsymbol{b}_1\times\boldsymbol{b}_2|\Longleftrightarrow|\lambda_1\mu_2-\lambda_2\mu_1|=1$$

40. 试用向量法证明三角形的正弦定理：$\dfrac{a}{\sin A}=\dfrac{b}{\sin B}=\dfrac{c}{\sin C}$.

分析与证明 如图 1.24 所示，设 $\overrightarrow{BC}=\boldsymbol{a},\overrightarrow{CA}=\boldsymbol{b},\overrightarrow{AB}=\boldsymbol{c}$. 即证

$$\frac{|\boldsymbol{a}|}{\sin A}=\frac{|\boldsymbol{b}|}{\sin B}=\frac{|\boldsymbol{c}|}{\sin C}$$

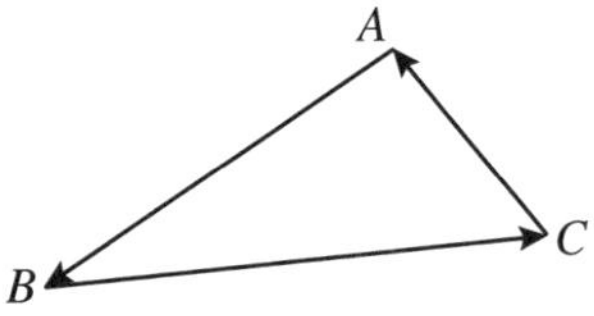

图 1.24

由于 $\boldsymbol{a}+\boldsymbol{b}+\boldsymbol{c}=\boldsymbol{0}$，由 38 题的结论

$$\boldsymbol{a}\times\boldsymbol{b}=\boldsymbol{b}\times\boldsymbol{c}=\boldsymbol{c}\times\boldsymbol{a}\Longleftrightarrow\boldsymbol{a}+\boldsymbol{b}+\boldsymbol{c}=\boldsymbol{0}$$

从而

$$|\boldsymbol{a}\times\boldsymbol{b}|=|\boldsymbol{b}\times\boldsymbol{c}|=|\boldsymbol{c}\times\boldsymbol{a}|\tag{1.20}$$

于是

$$\begin{cases}|\boldsymbol{a}|\sin C=|\boldsymbol{c}|\sin A\\|\boldsymbol{b}|\sin A=|\boldsymbol{a}|\sin B\end{cases}$$

所以

$$\frac{|\boldsymbol{a}|}{\sin A}=\frac{|\boldsymbol{c}|}{\sin C}=\frac{|\boldsymbol{b}|}{\sin B}$$

说明 等式 (1.20) 的几何意义：以三角形的任意两边向量为邻边的平行四边形的面积相等，它们都等于三角形面积的两倍. 所以等式 (1.20) 的证明也可以利用其比较明显的几何意义来证明.

41. 试用向量法证明：设 $\boldsymbol{a},\boldsymbol{b},\boldsymbol{c}$ 三个向量不共面，若向量 $\boldsymbol{r}$ 满足 $\boldsymbol{r}\cdot\boldsymbol{a}=0,\boldsymbol{r}\cdot\boldsymbol{b}=0,\boldsymbol{r}\cdot\boldsymbol{c}=0$，则 $\boldsymbol{r}=\boldsymbol{0}$.

证法一 (反证法)　假设 $\boldsymbol{r} \neq \boldsymbol{0}$，由题意知

$$\boldsymbol{r}\cdot\boldsymbol{a}=0,\quad \boldsymbol{r}\cdot\boldsymbol{b}=0,\quad \boldsymbol{r}\cdot\boldsymbol{c}=0$$

于是 $\boldsymbol{a},\boldsymbol{b},\boldsymbol{c}$ 共面，这与已知矛盾，故假设不成立，亦即 $\boldsymbol{r}=\boldsymbol{0}$.

证法二　设

$$\boldsymbol{r}=\{x,y,z\},\quad \boldsymbol{a}=\{a_1,a_2,a_3\},\quad \boldsymbol{b}=\{b_1,b_2,b_3\},\quad \boldsymbol{c}=\{c_1,c_2,c_3\}$$

由题意知

$$\begin{cases} a_1x+a_2y+a_3z=0 \\ b_1x+b_2y+b_3z=0 \\ c_1x+c_2y+c_3z=0 \end{cases} \tag{1.21}$$

而由于 $\boldsymbol{a},\boldsymbol{b},\boldsymbol{c}$ 不共面，于是

$$\begin{vmatrix} a_1 & a_2 & a_3 \\ b_1 & b_2 & b_3 \\ c_1 & c_2 & c_3 \end{vmatrix} \neq 0$$

从而方程组 (1.21) 只有零解 $x=y=z=0$，亦即 $\boldsymbol{r}=\boldsymbol{0}$.

42. 证明下列各题：

(1) $(\boldsymbol{a},\boldsymbol{b},\boldsymbol{c}+\lambda\boldsymbol{a}+\mu\boldsymbol{b})=(\boldsymbol{a},\boldsymbol{b},\boldsymbol{c})$.

(2) $(\boldsymbol{a}+\boldsymbol{b},\boldsymbol{b}+\boldsymbol{c},\boldsymbol{c}+\boldsymbol{a})=2(\boldsymbol{a},\boldsymbol{b},\boldsymbol{c})$.

分析与证明

(1) $$\begin{aligned}(\boldsymbol{a},\boldsymbol{b},\boldsymbol{c}+\lambda\boldsymbol{a}+\mu\boldsymbol{b}) &= (\boldsymbol{a}\times\boldsymbol{b})\cdot(\boldsymbol{c}+\lambda\boldsymbol{a}+\mu\boldsymbol{b}) \\ &= (\boldsymbol{a}\times\boldsymbol{b})\cdot\boldsymbol{c}+\lambda(\boldsymbol{a}\times\boldsymbol{b})\cdot\boldsymbol{a}+\mu(\boldsymbol{a}\times\boldsymbol{b})\cdot\boldsymbol{b} \\ &= (\boldsymbol{a},\boldsymbol{b},\boldsymbol{c})+\lambda(\boldsymbol{a},\boldsymbol{b},\boldsymbol{a})+\mu(\boldsymbol{a},\boldsymbol{b},\boldsymbol{b}) \\ &= (\boldsymbol{a},\boldsymbol{b},\boldsymbol{c}).\end{aligned}$$

(2) $$\begin{aligned}(\boldsymbol{a}+\boldsymbol{b},\boldsymbol{b}+\boldsymbol{c},\boldsymbol{c}+\boldsymbol{a}) &= [(\boldsymbol{a}+\boldsymbol{b})\times(\boldsymbol{b}+\boldsymbol{c})](\boldsymbol{c}+\boldsymbol{a}) \\ &= (\boldsymbol{a}\times\boldsymbol{b}+\boldsymbol{a}\times\boldsymbol{c}+\boldsymbol{b}\times\boldsymbol{c})\cdot(\boldsymbol{c}+\boldsymbol{a}) \\ &= 2(\boldsymbol{a},\boldsymbol{b},\boldsymbol{c}).\end{aligned}$$

此题表明，对 $\forall\boldsymbol{a},\boldsymbol{b},\boldsymbol{c},\boldsymbol{d}$，有

$$(\boldsymbol{a},\boldsymbol{b},\boldsymbol{c}+\boldsymbol{d})=(\boldsymbol{a},\boldsymbol{b},\boldsymbol{c})+(\boldsymbol{a},\boldsymbol{b},\boldsymbol{d})$$

43. 试用坐标法证明双重外积公式.

分析与证明 在右手直角坐标系 $[O;\boldsymbol{i},\boldsymbol{j},\boldsymbol{k}]$ 中，设

$$\boldsymbol{a}=\{a_1,a_2,a_3\},\quad \boldsymbol{b}=\{b_1,b_2,b_3\},\quad \boldsymbol{c}=\{c_1,c_2,c_3\}$$

下面用坐标法证明.

双重外积公式 $(\boldsymbol{a}\times\boldsymbol{b})\times\boldsymbol{c}=(\boldsymbol{a}\cdot\boldsymbol{c})\boldsymbol{b}-(\boldsymbol{b}\cdot\boldsymbol{c})\boldsymbol{a}$.

事实上

$$\boldsymbol{a}\times\boldsymbol{b}=\left\{\begin{vmatrix}a_2 & a_3\\ b_2 & b_3\end{vmatrix},\begin{vmatrix}a_3 & a_1\\ b_3 & b_1\end{vmatrix},\begin{vmatrix}a_1 & a_2\\ b_1 & b_2\end{vmatrix}\right\}$$

于是

$$\begin{aligned}&(\boldsymbol{a}\times\boldsymbol{b})\times\boldsymbol{c}\\
&=\left\{c_3\begin{vmatrix}a_3 & a_1\\ b_3 & b_1\end{vmatrix}-c_2\begin{vmatrix}a_1 & a_2\\ b_1 & b_2\end{vmatrix},c_1\begin{vmatrix}a_1 & a_2\\ b_1 & b_2\end{vmatrix}-c_3\begin{vmatrix}a_2 & a_3\\ b_2 & b_3\end{vmatrix}\right.\\
&\quad\left.c_2\begin{vmatrix}a_2 & a_3\\ b_2 & b_3\end{vmatrix}-c_1\begin{vmatrix}a_3 & a_1\\ b_3 & b_1\end{vmatrix}\right\}\\
&=\{(\boldsymbol{a}\cdot\boldsymbol{c})b_1-(\boldsymbol{b}\cdot\boldsymbol{c})a_1,(\boldsymbol{a}\cdot\boldsymbol{c})b_2-(\boldsymbol{b}\cdot\boldsymbol{c})a_2,(\boldsymbol{a}\cdot\boldsymbol{c})b_3-(\boldsymbol{b}\cdot\boldsymbol{c})a_3\}\\
&=(\boldsymbol{a}\cdot\boldsymbol{c})\{b_1,b_2,b_3\}-(\boldsymbol{b}\cdot\boldsymbol{c})\{a_1,a_2,a_3\}\end{aligned}$$

从而

$$(\boldsymbol{a}\times\boldsymbol{b})\times\boldsymbol{c}=(\boldsymbol{a}\cdot\boldsymbol{c})\boldsymbol{b}-(\boldsymbol{b}\cdot\boldsymbol{c})\boldsymbol{a}$$

44. 试证 Jacobi 等式：$(\boldsymbol{a}\times\boldsymbol{b})\times\boldsymbol{c}+(\boldsymbol{b}\times\boldsymbol{c})\times\boldsymbol{a}+(\boldsymbol{c}\times\boldsymbol{a})\times\boldsymbol{b}=\boldsymbol{0}$.

证明 由双重外积公式，得

$$(\boldsymbol{a}\times\boldsymbol{b})\times\boldsymbol{c}=(\boldsymbol{a}\cdot\boldsymbol{c})\boldsymbol{b}-(\boldsymbol{b}\cdot\boldsymbol{c})\boldsymbol{a}$$

$$(\boldsymbol{b}\times\boldsymbol{c})\times\boldsymbol{a}=(\boldsymbol{b}\cdot\boldsymbol{a})\boldsymbol{c}-(\boldsymbol{c}\cdot\boldsymbol{a})\boldsymbol{b}$$

$$(\boldsymbol{c}\times\boldsymbol{a})\times\boldsymbol{b}=(\boldsymbol{c}\cdot\boldsymbol{b})\boldsymbol{a}-(\boldsymbol{a}\cdot\boldsymbol{b})\boldsymbol{c}$$

将上面的三个等式相加即得 Jacobi 等式.

45. 设向量 $\boldsymbol{a}\perp\boldsymbol{b}$，试证：$\boldsymbol{a}\times\{\boldsymbol{a}\times[\boldsymbol{a}\times(\boldsymbol{a}\times\boldsymbol{b})]\}=a^4\boldsymbol{b}$.

证明　由题意知 $\boldsymbol{a}\perp\boldsymbol{b}$，从而 $\boldsymbol{a}\cdot\boldsymbol{b}=0$，而

$$\begin{aligned}\boldsymbol{a}\times\{\boldsymbol{a}\times[\boldsymbol{a}\times(\boldsymbol{a}\times\boldsymbol{b})]\}&=\boldsymbol{a}\times\{\boldsymbol{a}\times[(\boldsymbol{a}\cdot\boldsymbol{b})\boldsymbol{a}-\boldsymbol{a}^2\boldsymbol{b}]\}\\&=\boldsymbol{a}\times[-\boldsymbol{a}^2(\boldsymbol{a}\times\boldsymbol{b})]=\boldsymbol{a}^2[\boldsymbol{a}\times(\boldsymbol{b}\times\boldsymbol{a})]\\&=\boldsymbol{a}^2[\boldsymbol{a}^2\boldsymbol{b}-(\boldsymbol{a}\cdot\boldsymbol{b})\boldsymbol{a})]=\boldsymbol{a}^4\boldsymbol{b}\end{aligned}$$

46. 试证：$(\boldsymbol{a}\times\boldsymbol{b})\times(\boldsymbol{c}\times\boldsymbol{d})=(\boldsymbol{abd})\boldsymbol{c}-(\boldsymbol{abc})\boldsymbol{d}=(\boldsymbol{acd})\boldsymbol{b}-(\boldsymbol{bcd})\boldsymbol{a}$.

证明　将 $(\boldsymbol{a}\times\boldsymbol{b})$ 看作一个向量，利用二重外积公式得

$$\begin{aligned}(\boldsymbol{a}\times\boldsymbol{b})\times(\boldsymbol{c}\times\boldsymbol{d})&=[(\boldsymbol{a}\times\boldsymbol{b})\cdot\boldsymbol{d}]\boldsymbol{c}-[(\boldsymbol{a}\times\boldsymbol{b})\cdot\boldsymbol{c}]\boldsymbol{d}\\&=(\boldsymbol{a},\boldsymbol{b},\boldsymbol{d})\boldsymbol{c}-(\boldsymbol{a},\boldsymbol{b},\boldsymbol{c})\boldsymbol{d}\end{aligned}$$

同理，将 $(\boldsymbol{c}\times\boldsymbol{d})$ 看作一个向量，得

$$(\boldsymbol{a}\times\boldsymbol{b})\times(\boldsymbol{c}\times\boldsymbol{d})=(\boldsymbol{a},\boldsymbol{c},\boldsymbol{d})\boldsymbol{b}-(\boldsymbol{b},\boldsymbol{c},\boldsymbol{d})\boldsymbol{a}$$

于是

$$(\boldsymbol{a}\times\boldsymbol{b})\times(\boldsymbol{c}\times\boldsymbol{d})=(\boldsymbol{abd})\boldsymbol{c}-(\boldsymbol{abc})\boldsymbol{d}=(\boldsymbol{acd})\boldsymbol{b}-(\boldsymbol{bcd})\boldsymbol{a}$$

47. 设向量 $\boldsymbol{a}=\{2,2,-1\}$，向量 $\boldsymbol{b}=\{1,-2,2\}$，试求：与 $\boldsymbol{a},\boldsymbol{b}$ 两个向量均垂直的单位向量.

解法一　由

$$\boldsymbol{a}\times\boldsymbol{b}\perp\boldsymbol{a},\boldsymbol{a}\times\boldsymbol{b}\perp\boldsymbol{b}\Longrightarrow\boldsymbol{c}=\frac{\boldsymbol{a}\times\boldsymbol{b}}{|\boldsymbol{a}\times\boldsymbol{b}|}$$

为与 $\boldsymbol{a},\boldsymbol{b}$ 均垂直的单位向量，而

$$\boldsymbol{a}\times\boldsymbol{b}=\left\{\begin{vmatrix}2&-1\\-2&2\end{vmatrix},\begin{vmatrix}-1&2\\2&1\end{vmatrix},\begin{vmatrix}2&2\\1&-2\end{vmatrix}\right\}=\{2,-5,-6\}$$

从而

$$\boldsymbol{c}=\left\{\frac{2}{\sqrt{65}},-\frac{5}{\sqrt{65}},-\frac{6}{\sqrt{65}}\right\}$$

解法二　设 $\boldsymbol{c}=\{x,y,z\}$，由

$$\boldsymbol{a}\cdot\boldsymbol{c}=0,\quad\boldsymbol{b}\cdot\boldsymbol{c}=0,\quad|\boldsymbol{c}|=1$$

可得

$$\begin{cases} 2x+2y-z=0 \\ x-2y+2z=0 \\ x^2+y^2+z^2=1 \end{cases}$$

解得

$$x=\frac{2}{\sqrt{65}}, \quad y=-\frac{5}{\sqrt{65}}, \quad z=-\frac{6}{\sqrt{65}}$$

于是

$$\boldsymbol{c}=\left\{\frac{2}{\sqrt{65}},-\frac{5}{\sqrt{65}},-\frac{6}{\sqrt{65}}\right\}$$

48. 判断四点 A,B,C,D 是否共面，若不共面，则求出以它们为顶点的四面体的体积，其中：

(1) $A(1,0,1),B(4,4,6),C(2,2,3),D(10,14,17)$.

(2) $A(2,3,1),B(4,1,-2),C(6,3,7),D(-5,4,8)$.

解 (1) 由于

$$\begin{vmatrix} 4-1 & 4-0 & 6-1 \\ 2-1 & 2-0 & 3-1 \\ 10-1 & 14-0 & 17-1 \end{vmatrix}=\begin{vmatrix} 3 & 4 & 5 \\ 1 & 2 & 2 \\ 9 & 14 & 16 \end{vmatrix}=0$$

由定理 1.6 可知 A,B,C,D 四点共面.

(2) 由题意得

$$\begin{vmatrix} 4-2 & 1-3 & -2-1 \\ 6-2 & 3-3 & 7-1 \\ -5-2 & 4-3 & 8-1 \end{vmatrix}=\begin{vmatrix} 2 & -2 & -3 \\ 4 & 0 & 6 \\ -7 & 1 & 7 \end{vmatrix}=116\neq 0$$

从而 A,B,C,D 四点不共面，并且 $V_{A\text{-}BCD}=\dfrac{58}{3}$.

49. 设四面体的顶点分别为 $A(2,1,-1),B(3,0,1),C(2,-1,3),D$，其中 D 点在 y 轴上，并且此四面体的体积等于 5，试求 D 点坐标.

解 设 $D(0,y,0)$，由题意得四面体的体积为

$$V_{A\text{-}BCD}=\frac{1}{6}\left\|\begin{matrix} 3-2 & 0-1 & 1+1 \\ 2-2 & -1-1 & 3+1 \\ 0-2 & y-1 & 0+1 \end{matrix}\right\|=\frac{1}{6}|2-4y|$$

于是由

$$\frac{1}{6}|2-4y|=5$$

解得

$$y_1=-7,\quad y_2=8$$

所以 $D(0,-7,0)$ 或 $D(0,8,0)$.

第 2 章　平面与直线

2.1　知 识 概 要

2.1.1　平面的方程

1. 平面的各种形式的方程及其对应的几何条件

根据确定平面的不同的几何条件，可以导出不同形式的平面的方程；而且在仿射坐标系和直角坐标系中，方程的各项系数的几何意义也是有区别的 (表 2.1). 理解平面的几何特征与其代数形式 (方程) 之间的关系是解决与平面相关的几何问题的关键.

表 2.1

<table>
<tr><th colspan="2">确定平面 π 的几何条件</th><th colspan="2">平面 π 的方程及名称</th><th>备　注</th></tr>
<tr><td rowspan="3">仿射坐标系</td><td rowspan="2">一点 $P_0(x_0,y_0,z_0)$ 及两不共线向量 $\boldsymbol{v}_i\{X_i,Y_i,Z_i\}$ $(i=1,2)$</td><td>点位式</td><td>$\begin{vmatrix} x-x_0 & y-y_0 & z-z_0 \\ X_1 & Y_1 & Z_1 \\ X_2 & Y_2 & Z_2 \end{vmatrix}=0$</td><td>$P_0(x_0,y_0,z_0)\in\pi$，$\boldsymbol{v}_i=\{X_i,Y_i,Z_i\}$ $(i=1,2)$ 是平行于平面 π 的两不共线向量</td></tr>
<tr><td>参数式</td><td>$\begin{cases} x=x_0+\lambda X_1+\mu X_2 \\ y=y_0+\lambda Y_1+\mu Y_2 \\ z=z_0+\lambda Z_1+\mu Z_2 \end{cases}$</td><td>$(\lambda,\mu)$ 为平面 π 上的一点 $P(x,y,z)$ 在标架 $[P_0;\boldsymbol{v}_1,\boldsymbol{v}_2]$ 中的坐标，其中 $-\infty<\lambda,\mu<+\infty$</td></tr>
<tr><td>不共线的三点 P_1,P_2,P_3</td><td>三点式</td><td>$\begin{vmatrix} x-x_1 & y-y_1 & z-z_1 \\ x_2-x_1 & y_2-y_1 & z_2-z_1 \\ x_3-x_1 & y_3-y_1 & z_3-z_1 \end{vmatrix}=0$</td><td>$P_i(x_i,y_i,z_i)\in\pi$，$(i=1,2,3)$</td></tr>
</table>

续表

<table>
<tr><th colspan="2">确定平面 π 的几何条件</th><th colspan="2">平面 π 的方程及名称</th><th>备　注</th></tr>
<tr><td>仿射坐标系</td><td>不共线的三点 P_1,P_2,P_3</td><td>截距式</td><td>$\frac{x}{a}+\frac{y}{b}+\frac{z}{c}=1$</td><td>$a,b,c\neq0$,
$p_1(a,0,0)\in\pi$,
$P_2(0,b,0)\in\pi$,
$P_3(0,0,c)\in\pi$</td></tr>
<tr><td rowspan="2">直角坐标系</td><td rowspan="2">一点 $P_0(x_0,y_0,z_0)$ 及一个非零向量 $\boldsymbol{n}=\{A,B,C\}$</td><td>点法式</td><td>$A(x-x_0)+B(y-y_0)+C(z-z_0)=0$</td><td rowspan="2">$P_0(x_0,y_0,z_0)\in\pi$,
$\boldsymbol{n}=\{A,B,C\}\perp\pi$,
$p=\lvert\mathrm{Prj}_{\boldsymbol{n}}\overrightarrow{OP_0}\rvert$ 表示原点 O 到平面 π 的距离，且当平面 π 不过原点时，$\{\cos\alpha,\cos\beta,\cos\gamma\}$是指自原点 O 指向平面 π 的单位法向量</td></tr>
<tr><td>法式</td><td>$x\cos\alpha+y\cos\beta+z\cos\gamma-p=0$</td></tr>
</table>

2. 平面的一般方程

定理 2.1　空间中任一平面 π 的方程都可表示成一个关于 x,y,z 的一次方程，形如

$$Ax+By+Cz+D=0 \tag{2.1}$$

反过来，每一个关于 x,y,z 的一次方程都表示一个平面.

方程式 (2.1) 称为平面的一般方程，记作 π：$Ax+By+Cz+D=0$.

注　平面 π 的一般方程中的一次项的系数 A,B,C 决定了平面的方向，常数项 D 决定了平面的位置.

设 $P_0(x_0,y_0,z_0)\in\pi,\boldsymbol{v}_i=\{X_i,Y_i,Z_i\}(i=1,2)$ 是平面 π 的方位向量，则有下面的结论：

(1) 在仿射坐标系中，对任意 $\boldsymbol{v}=\{X,Y,Z\}\mathbin{/\!/}\pi$，有

$$AX+BY+CZ=0$$

且

$$A=\begin{vmatrix}Y_1 & Z_1\\ Y_2 & Z_2\end{vmatrix},\quad B=\begin{vmatrix}Z_1 & X_1\\ Z_2 & X_2\end{vmatrix}$$

$$C = \begin{vmatrix} X_1 & Y_1 \\ X_2 & Y_2 \end{vmatrix}, \quad D = -(Ax_0 + By_0 + Cz_0)$$

(2) 在直角坐标系中，$\boldsymbol{v} = \{A, B, C\}$ 是平面 π 的一个法向量，即

$$\boldsymbol{v} = \{A, B, C\} \perp \pi, \quad D = -(Ax_0 + By_0 + Cz_0)$$

如果 A, B, C 中有一个为零，方程式 (2.1) 表示的平面平行于坐标轴 $(D \neq 0)$ 或者经过坐标轴 $(D = 0)$，如 $Ax + By + D = 0$ 与 $Ax + By = 0$ 分别表示平行于 z 轴与经过 z 轴的平面；如果 A, B, C 中有两个为零，方程式 (2.1) 表示的平面平行于坐标面 $(D \neq 0)$ 或者本身就是坐标面 $(D = 0)$，如 $Ax + D = 0$ 与 $Ax = 0$ 分别表示平行于 yOz 坐标面的平面与 yOz 坐标面. 特别要注意，缺失一个变元的二元一次方程分别在平面坐标系中和空间坐标系中所表示的图形不同.

3. 平面的法式方程

在直角坐标系下，设平面 π 的法式方程为

$$x\cos\alpha + y\cos\beta + z\cos\gamma - p = 0$$

具有明显的几何意义，其中 p 表示原点到平面的距离，$\{\cos\alpha, \cos\beta, \cos\gamma\}$ 表示自原点指向平面的单位法向量，空间中任意一点 $P_0(x_0, y_0, z_0)$ 到平面 π 的距离

$$d(P_0, \pi) = |x_0\cos\alpha + y_0\cos\beta + z_0\cos\gamma - p|$$

利用这些几何量，可以很容易得到平行平面的等距面方程及相交平面的等分面方程.

定理 2.2 设有两平行平面 π_1 与 π_2，其中 π_1 的法式方程为

$$\pi_1\text{：} x\cos\alpha + y\cos\beta + z\cos\gamma - p_1 = 0 \tag{2.2}$$

π_2 的方程为

$$\pi_2\text{：} x\cos\alpha + y\cos\beta + z\cos\gamma - p_2 = 0 \tag{2.3}$$

则

(1) π_1 与 π_2 之间的距离为 $d = |p_1 - p_2|$.

(2) π_1 与 π_2 的等距面的方程为

$$x\cos\alpha + y\cos\beta + z\cos\gamma - \frac{1}{2}(p_1 + p_2) = 0 \tag{2.4}$$

注 方程式 (2.3) 未必是平面 π_2 的法式方程，若原点在两平面的同侧，此时 $p_2 > 0$，方程式 (2.3) 是平面 π_2 的法式方程；若原点在两平面之间，此时 $p_2 < 0$，

方程式 (2.3) 不是平面 π_2 的法式方程.

定理 2.3　设有两相交平面 π_1 与 π_2 的法式方程为

$$\pi_1\text{：}\ x\cos\alpha_1+y\cos\beta_1+z\cos\gamma_1-p_1=0 \tag{2.5}$$

$$\pi_2\text{：}\ x\cos\alpha_2+y\cos\beta_2+z\cos\gamma_2-p_2=0 \tag{2.6}$$

则 π_1 与 π_2 的等分面 (即 π_1 与 π_2 所成二面角的角平分面) 方程为

$$x\cos\alpha_1+y\cos\beta_1+z\cos\gamma_1-p_1=\pm(x\cos\alpha_2+y\cos\beta_2+z\cos\gamma_2-p_2) \tag{2.7}$$

4. 平面不同形式方程之间的转化

有时为了讨论问题的方便，需要对平面方程的不同形式进行转化，显然平面的各种形式的方程通过化简整理都能化为平面的一般方程. 下面讨论一般方程如何转化为其他形式的方程:

(1) 一般方程转化为参数式或点位式方程

对于平面一般方程 π：$Ax+By+Cz+D=0$，由于 A,B,C 不全为零，不妨设 $A\neq 0$，于是

$$x=-\frac{B}{A}y-\frac{C}{A}z-\frac{D}{A}$$

令 $y=u,z=v$，这样把平面的一般方程化为参数式方程

$$\begin{cases} x=-\dfrac{B}{A}u-\dfrac{C}{A}v-\dfrac{D}{A} \\ y=u \\ z=v \end{cases}$$

亦即 $P_0\left(-\dfrac{D}{A},0,0\right)\in\pi,\boldsymbol{v}_1=\left\{-\dfrac{B}{A},1,0\right\},\boldsymbol{v}_2=\left\{-\dfrac{C}{A},0,1\right\}$. 从而平面的点位式方程为

$$\begin{vmatrix} x+\dfrac{D}{A} & y & z \\ -\dfrac{B}{A} & 1 & 0 \\ -\dfrac{C}{A} & 0 & 1 \end{vmatrix}=0$$

(2) 一般方程转化为法式方程

在直角坐标系中，三元一次方程 $Ax+By+Cz+D=0$ 为法式方程的充要条件是

$$A^2+B^2+C^2=1,\quad D\leqslant 0$$

于是取

$$\lambda = \pm\frac{1}{\sqrt{A^2+B^2+C^2}}$$

其中正负号的选择由 $\lambda D \leqslant 0$ 确定，从而平面法式方程为

$$\lambda Ax + \lambda By + \lambda Cz + \lambda D = 0$$

2.1.2 直线的方程

1. 直线的各种形式的方程及其对应的几何条件

直线方程及其对应的几何条件见表 2.2.

表 2.2

确定直线 l 的几何条件		直线 l 的方程及名称		备　注
一点 $P_0(x_0,y_0,z_0)$ 及一个非零向量 $\boldsymbol{v}=\{X,Y,Z\}$	仿射坐标系	对称式	$\dfrac{x-x_0}{X}=\dfrac{y-y_0}{Y}=\dfrac{z-z_0}{Z}$	$P_0(x_0,y_0,z_0)\in l$，$\boldsymbol{v}=\{X,Y,Z\}$ 是平行于直线 l 的非零向量
		参数式	$\begin{cases}x=x_0+tX\\y=y_0+tY\\z=z_0+tZ\end{cases}$	t 为直线 l 上的一点 $P(x,y,z)$ 在一维标架 $[p_0;\boldsymbol{v}]$ 中的坐标，若 $\lvert\boldsymbol{v}\rvert=1$，则 t 表示 P 到 P_0 的有向距离
不重合的两点 P_1,P_2	仿射坐标系	两点式	$\dfrac{x-x_1}{x_2-x_1}=\dfrac{y-y_1}{y_2-y_1}=\dfrac{z-z_1}{z_2-z_1}$	$P_i(x_i,y_i,z_i)\in l\ (i=1,2)$
空间中的两个相交平面 π_1,π_2	仿射坐标系	一般式	$\begin{cases}A_1x+B_1y+C_1z+D_1=0\\A_2x+B_2y+C_2z+D_2=0\end{cases}$	$l=\pi_1\cap\pi_2$，$\pi_i: A_ix+B_iy+C_iz+D_i=0\ (i=1,2)$，$\boldsymbol{v}=\left\{\begin{vmatrix}B_1&C_1\\B_2&C_2\end{vmatrix},\begin{vmatrix}C_1&A_1\\C_2&A_2\end{vmatrix},\begin{vmatrix}A_1&B_1\\A_2&B_2\end{vmatrix}\right\}$ 为直线 l 的一个方向向量

续表

确定直线 l 的几何条件			直线 l 的方程及名称	备　注
空间中的两个相交平面 π_1,π_2	直角坐标系	射影式	$\begin{cases} y=ax+c \\ z=bx+d \end{cases}$	π_1,π_2 分别为过直线 l 且平行于 z 轴，y 轴的平面，亦即直线 l 对于坐标面 xOy，xOz 的射影平面，且 π_1：$y=ax+c$，π_2：$z=bx+d$

2. 直线的射影式方程

空间中任一直线的方程可由经过该直线的两个平面的方程联立的方程组来表示，过一条直线至少存在与其中两个坐标面垂直的平面，在直角坐标系中，这样的平面称为直线对于坐标面的射影平面，由过直线的两个射影平面的方程构成的方程组称为直线的射影式方程.

由于射影平面是垂直于坐标平面的，即平行于坐标轴，于是其一般方程最多含有两个变元，如果 l 存在分别对于坐标面 xOy 与 xOz 的射影平面，那么 l 的射影式方程为

$$l:\ \begin{cases} y=ax+c \\ z=bx+d \end{cases}$$

上面的方程同解变形为

$$l:\ \begin{cases} x=t \\ y=at+c \\ z=bt+d \end{cases}$$

易看出

$$P_0(0,c,d)\in l,\quad \boldsymbol{v}=\{1,a,b\}\mathbin{/\!/} l$$

3. 直线的对称式方程与一般方程之间的转化

直线的对称式方程

$$\frac{x-x_0}{X}=\frac{y-y_0}{Y}=\frac{z-z_0}{Z}$$

与一般方程

$$\begin{cases} A_1x+B_1y+C_1z+D_1=0 \\ A_2x+B_2y+C_2z+D_2=0 \end{cases}$$

是直线的两种常用的表达形式.

(1) 由对称式方程，比较容易得到一般方程.

事实上，由于 X, Y, Z 不全为零，不妨设 $X \neq 0$，于是对称式方程同解变形为

$$\begin{cases} \dfrac{x-x_0}{X} = \dfrac{y-y_0}{Y} \\ \dfrac{x-x_0}{X} = \dfrac{z-z_0}{Z} \end{cases} \iff \begin{cases} y = ax+c \\ z = bx+d \end{cases}$$

其中 $a = \dfrac{Y}{X}, c = y_0 - \dfrac{Y}{X}x_0, b = \dfrac{Z}{X}, d = z_0 - \dfrac{Z}{X}x_0$.

(2) 由一般方程转化为对称式方程，一般有两种方法．一种方法是可先将一般方程化为射影式方程，即从一般方程分别消去两个变量化为射影式方程．如当 $\begin{vmatrix} B_1 & C_1 \\ B_2 & C_2 \end{vmatrix} \neq 0$ 时可化为

$$\begin{cases} y = ax+c \\ z = bx+d \end{cases} \iff \frac{x-0}{1} = \frac{y-c}{a} = \frac{z-d}{b}$$

另一种方法是由一般方程求得直线的一个方向向量

$$\boldsymbol{v} = \left\{ \begin{vmatrix} B_1 & C_1 \\ B_2 & C_2 \end{vmatrix}, \begin{vmatrix} C_1 & A_1 \\ C_2 & A_2 \end{vmatrix}, \begin{vmatrix} A_1 & B_1 \\ A_2 & B_2 \end{vmatrix} \right\}$$

如果 $\begin{vmatrix} B_1 & C_1 \\ B_2 & C_2 \end{vmatrix} \neq 0$，令 $x_0 = 0$，解得直线上的一个点 $(0, y_0, z_0)$，于是直线的一般方程化为对称式方程

$$\frac{x-0}{\begin{vmatrix} B_1 & C_1 \\ B_2 & C_2 \end{vmatrix}} = \frac{y-y_0}{\begin{vmatrix} C_1 & A_1 \\ C_2 & A_2 \end{vmatrix}} = \frac{z-z_0}{\begin{vmatrix} A_1 & B_1 \\ A_2 & B_2 \end{vmatrix}}$$

注 (1) 对直线的对称式方程进行同解变形时，如果分母为零，此时要求分子必须为零，如

$$\frac{x-x_0}{0} = \frac{y-y_0}{0} = \frac{z-z_0}{Z} \iff \begin{cases} x-x_0 = 0 \\ y-y_0 = 0 \end{cases}$$

(2) 由直线的一般方程通过消元得到直线射影式方程，其几何意义就是得到直线对于坐标面的射影平面，比如，设直线

$$l\text{：} \begin{cases} A_1x + B_1y + C_1z + D_1 = 0 \\ A_2x + B_2y + C_2z + D_2 = 0 \end{cases}$$

消去变量 x，得到方程 $f(y,z) = 0$，此方程表示的平面就是 l 对于坐标面 yOz 面

的射影平面.

2.1.3　三元一次不等式的几何意义

平面的方程是三元一次方程，空间中的一点在平面上的充要条件是该点的坐标满足方程. 如果点不在平面上，如何判断点在平面的哪一侧？进而如何判断多点关于一个或者多个平面的相关位置？我们均可通过三元一次不等式的几何意义来解决.

定理 2.4　设平面 π 的方程为 π：$Ax+By+Cz+D=0, P_1(x_1,y_1,z_1)$ 及 $P_2(x_2,y_2,z_2)$ 是不在该平面上的两点，则

(1) $P_1(x_1,y_1,z_1)$ 在平面 π 法向量 $\boldsymbol{n}=\{A,B,C\}$ 指向的一侧

$$\Longleftrightarrow Ax_1+By_1+Cz_1+D>0$$

(2) $P_1(x_1,y_1,z_1)$ 与 $P_2(x_2,y_2,z_2)$ 在平面的同侧

$$\Longleftrightarrow (Ax_1+By_1+Cz_1+D)(Ax_2+By_2+Cz_2+D)>0$$

定理 2.5　设有二相交平面 π_1 与 π_2 的方程为

$$\pi_1:\ A_1x+B_1y+C_1z+D_1=0$$

$$\pi_2:\ A_2x+B_2y+C_2z+D_2=0$$

$P_1(x_1,y_1,z_1)$ 及 $P_2(x_2,y_2,z_2)$ 为均不在两平面上的两点，则

(1) $P_1(x_1,y_1,z_1)$ 与 $P_2(x_2,y_2,z_2)$ 在同一个二面角内

$$\Longleftrightarrow \begin{cases} F_1(P_1)F_1(P_2)>0 \\ F_2(P_1)F_2(P_2)>0 \end{cases}$$

(2) $P_1(x_1,y_1,z_1)$ 与 $P_2(x_2,y_2,z_2)$ 在对顶的二面角内

$$\Longleftrightarrow \begin{cases} F_1(P_1)F_1(P_2)<0 \\ F_2(P_1)F_2(P_2)<0 \end{cases}$$

(3) $P_1(x_1,y_1,z_1)$ 与 $P_2(x_2,y_2,z_2)$ 在相邻的二面角内

$$\Longleftrightarrow \begin{cases} F_1(P_1)F_1(P_2)>0 \\ F_2(P_1)F_2(P_2)<0 \end{cases}$$

或

$$\begin{cases} F_1(P_1)F_1(P_2) < 0 \\ F_2(P_1)F_2(P_2) > 0 \end{cases}$$

其中

$$F_i(P_j) = F_i(x_j, y_j, z_j) = A_i x_j + B_i x_j + C_i x_j + D_i$$

$$P_j(x_j, y_j, z_j) \quad (i, j = 1, 2)$$

定理 2.6 设有两平行平面 π_1 与 π_2 的方程为

$$\pi_1\text{：} Ax + By + Cz + D_1 = 0$$

$$\pi_2\text{：} Ax + By + Cz + D_2 = 0$$

$P_1(x_1, y_1, z_1)$ 不在两平面上，则

(1) $P_1(x_1, y_1, z_1)$ 在两平行平面外部

$$\Longleftrightarrow (Ax_1 + By_1 + Cz_1 + D_1)(Ax_1 + By_1 + Cz_1 + D_2) > 0$$

(2) $P_1(x_1, y_1, z_1)$ 在两平行平面内部

$$\Longleftrightarrow (Ax_1 + By_1 + Cz_1 + D_1)(Ax_1 + By_1 + Cz_1 + D_2) < 0$$

请读者自行证明定理 2.2 ~ 定理 2.4，并思考两个点关于两个平行平面或者两条相交平面之间的相关位置及解析条件.

2.1.4 点、平面、直线间的几何关系及解析条件

1. 点与平面、直线间的几何关系及解析条件

点与平面、直线间的几何关系及解析条件见表 2.3.

表 2.3

	点 $P_1(x_1, y_1, z_1)$	
	位置关系及解析条件	度量关系及解析表示
点 $P_2(x_2, y_2, z_2)$	P_1 与 P_2 不重合： $x_1 = x_2, y_1 = y_2, z_1 = z_2$ 三式中至少有一个不成立	$d(P_1, P_2) =$ $\sqrt{(x_2 - x_1)^2 + (y_2 - y_1)^2 + (z_2 - z_1)^2}$
	P_1 与 P_2 重合： $x_1 = x_2, y_1 = y_2, z_1 = z_2$	$d(P_1, P_2) = 0$

续表

	点 $P_1(x_1,y_1,z_1)$	
	位置关系及解析条件	度量关系及解析表示
直线 $l:\dfrac{x-x_0}{X}=\dfrac{y-y_0}{Y}=\dfrac{z-z_0}{Z}$，$P_1(x_1,y_1,z_1)$，$\boldsymbol{v}=\{X,Y,Z\}$	点 P_1 不在直线 l 上：$(x_1-x_0):(y_1-y_0):(z_1-z_0)\neq X:Y:Z$	$d(P_1,l)=\dfrac{\lvert\overrightarrow{P_0P_1}\times\boldsymbol{v}\rvert}{\lvert\boldsymbol{v}\rvert}=\dfrac{\sqrt{\begin{vmatrix}y_1-y_0 & z_1-z_0\\ Y & Z\end{vmatrix}^2+\begin{vmatrix}z_1-z_0 & x_1-x_0\\ Z & X\end{vmatrix}^2+\begin{vmatrix}x_1-x_0 & y_1-y_0\\ X & Y\end{vmatrix}^2}}{\sqrt{X^2+Y^2+Z^2}}$
	点 P_1 在直线 l 上：$(x_1-x_0):(y_1-y_0):(z_1-z_0)=X:Y:Z$	$d(P_1,l)=0$
平面 $\pi: Ax+By+Cz+D=0$ 或 $\cos\alpha x+\cos\beta y+\cos\gamma z-p=0$	点 P_1 不在平面 π 上：$Ax_1+By_1+Cz_1+D\neq0$	$\delta(P_1)=\cos\alpha x_1+\cos\beta y_1+\cos\gamma z_1-p$，$d(P_1,\pi)=\lvert\delta(P_1)\rvert=\lvert\cos\alpha x_1+\cos\beta y_1+\cos\gamma z_1-p\rvert=\dfrac{\lvert Ax_1+By_1+Cz_1+D\rvert}{\sqrt{A^2+B^2+C^2}}$
	点 P_1 在平面 π 上：$Ax_1+By_1+Cz_1+D=0$	$d(P_1,\pi)=\lvert\delta(P_1)\rvert=0$

2. 平面与平面、直线间的几何关系及解析条件

平面与平面、直线间的几何关系及解析条件见表 2.4.

表 2.4

	平面 $\pi: Ax+By+Cz+D=0$，$\boldsymbol{n}=\{A,B,C\}$	
	位置关系及解析条件	度量关系及解析表示
直线 $l:\dfrac{x-x_0}{X}=\dfrac{y-y_0}{Y}=\dfrac{z-z_0}{Z}$，$P_0(x_0,y_0,z_0)$，$\boldsymbol{v}=\{X,Y,Z\}$	直线 l 平行于平面 π：$AX+BY+CZ=0$ 且 $Ax_0+By_0+Cz_0+D\neq0$	$d(l,\pi)=d(P_0,\pi)=\dfrac{\lvert Ax_0+By_0+Cz_0+D\rvert}{\sqrt{A^2+B^2+C^2}}$，$\sin\angle(l,\pi)=0$

续表

	平面 $\pi: Ax+By+Cz+D=0, \boldsymbol{n}=\{A,B,C\}$	
	位置关系及解析条件	度量关系及解析表示
直线 $l: \dfrac{x-x_0}{X}=\dfrac{y-y_0}{Y}=\dfrac{z-z_0}{Z}$， $P_0(x_0,y_0,z_0)$， $\boldsymbol{v}=\{X,Y,Z\}$	直线 l 在平面 π 上： $AX+BY+CZ=0$ 且 $Ax_0+By_0+Cz_0+D=0$	$d(l,\pi)=0, \sin\angle(l,\pi)=0$
	直线 l 与平面 π 相交： $AX+BY+CZ\neq 0$	$\sin\angle(l,\pi)=\lvert\cos\angle(\boldsymbol{v},\boldsymbol{n})\rvert$ $=\dfrac{\lvert AX+BY+CZ\rvert}{\sqrt{A^2+B^2+C^2}\sqrt{X^2+Y^2+Z^2}}$， $d(l,\pi)=0$
	直线 l 垂直于平面 π： $A:B:C=X:Y:Z$	$d(l,\pi)=0, \sin\angle(l,\pi)=1$
平面 $\pi_1: A_1x+B_1y+C_1z+D_1=0$， $\boldsymbol{n}_1=\{A_1,B_1,C_1\}$	π_1 与 π 平行： $A_1:A=B_1:B=C_1:C\neq D_1:D$	$d(\pi_1,\pi)=d(P_1,\pi)=d(P,\pi_1)$， 其中 $P_1\in\pi_1, P\in\pi$. 若设 $\pi_1: Ax+By+Cz+D'=0$，则 $d(\pi_1,\pi)=\dfrac{\lvert D'-D\rvert}{\sqrt{A^2+B^2+C^2}}$
	π_1 与 π 重合： $A_1:A=B_1:B=C_1:C=D_1:D$	$d(\pi_1,\pi)=0, \cos\angle(\pi_1,\pi)=\pm 1$
	π_1 与 π 相交： $A_1:B_1:C_1\neq A:B:C$	$\cos\angle(\pi_1,\pi)=\pm\cos\angle(\boldsymbol{n}_1,\boldsymbol{n})\rvert$ $=\pm\dfrac{AA_1+BB_1+CC_1}{\sqrt{A^2+B^2+C^2}\sqrt{A_1^2+B_1^2+C_1^2}}$， $d(\pi_1,\pi)=0$
	π_1 与 π 垂直： $AA_1+BB_1+CC_1=0$	$d(\pi_1,\pi)=0, \cos\angle(\pi_1,\pi)=0$

3. 直线与直线间的几何关系及解析条件

直线与直线间的几何关系及解析条件见表 2.5.

表 2.5

	直线 $l_2:\dfrac{x-x_2}{X_2}=\dfrac{y-y_2}{Y_2}=\dfrac{z-z_2}{Z_2}$，$P_2(x_2,y_2,z_2)$，$\boldsymbol{v}_2=\{X_2,Y_2,Z_2\}$	
	位置关系及解析条件	度量关系及解析表示
直线 $l:\dfrac{x-x_1}{X_1}=\dfrac{y-y_1}{Y_1}=\dfrac{z-z_1}{Z_1}$，$P_1(x_1,y_1,z_1)$，$\boldsymbol{v}=\{X_1,Y_1,Z_1\}$	直线 l_1 平行于 l_2：$X_1:Y_1:Z_1=X_2:Y_2:Z_2\neq(x_2-x_1):(y_2-y_1):(z_2-z_1)$	距离：$d(l_1,l_2)=d(P_1,l_2)=d(P_2,l_1)$
	直线 l_1 与 l_2 重合：$X_1:Y_1:Z_1=X_2:Y_2:Z_2=(x_2-x_1):(y_2-y_1):(z_2-z_1)$	$d(l_1,l_2)=0$，$\cos\angle(l_1,l_2)=\pm1$
	直线 l_1 与 l_2 异面：$\Delta=\begin{vmatrix}x_2-x_1 & y_2-y_1 & z_2-z_1\\ X_1 & Y_1 & Z_1\\ X_2 & Y_2 & Z_2\end{vmatrix}\neq0$	异面直线 l_1 与 l_2 的距离：$d(l_1,l_2)=\dfrac{\lvert\Delta\rvert}{\sqrt{\begin{vmatrix}Y_1 & Z_1\\ Y_2 & Z_2\end{vmatrix}^2+\begin{vmatrix}Z_1 & X_1\\ Z_2 & X_2\end{vmatrix}^2+\begin{vmatrix}X_1 & Y_1\\ X_2 & Y_2\end{vmatrix}^2}}$ 夹角同直线 l_1 与 l_2 相交的情形
	直线 l_1 与 l_2 异面垂直：$\Delta\neq0$，$X_1X_2+Y_1Y_2+Z_1Z_2=0$	$\cos\angle(l_1,l_2)=0$，距离同异面情形
	直线 l_1 与 l_2 相交：$\Delta=0$，$X_1:Y_1:Z_1\neq X_2:Y_2:Z_2$	夹角：$\cos\angle(l_1,l_2)=\pm\cos\angle(\boldsymbol{v}_1,\boldsymbol{v}_2)=\pm\dfrac{X_1X_2+Y_1Y_2+Z_1Z_2}{\sqrt{X_1^2+Y_1^2+Z_1^2}\sqrt{X_2^2+Y_2^2+Z_2^2}}$， $d(l_1,l_2)=0$
	直线 l_1 与 l_2 垂直相交：$\Delta=0$，$X_1X_2+Y_1Y_2+Z_1Z_2=0$	$d(l_1,l_2)=0$，$\cos\angle(l_1,l_2)=0$

注：表 2.3 ～ 表 2.5 中的位置关系及解析条件中的坐标是指仿射坐标 (除垂直关系外)，度量关系与解析表示及垂直位置关系中的坐标是指直角坐标.

2.1.5 概念图

平面的方程和直线的方程的概念图，如图 2.1(a) 和 (b) 所示.

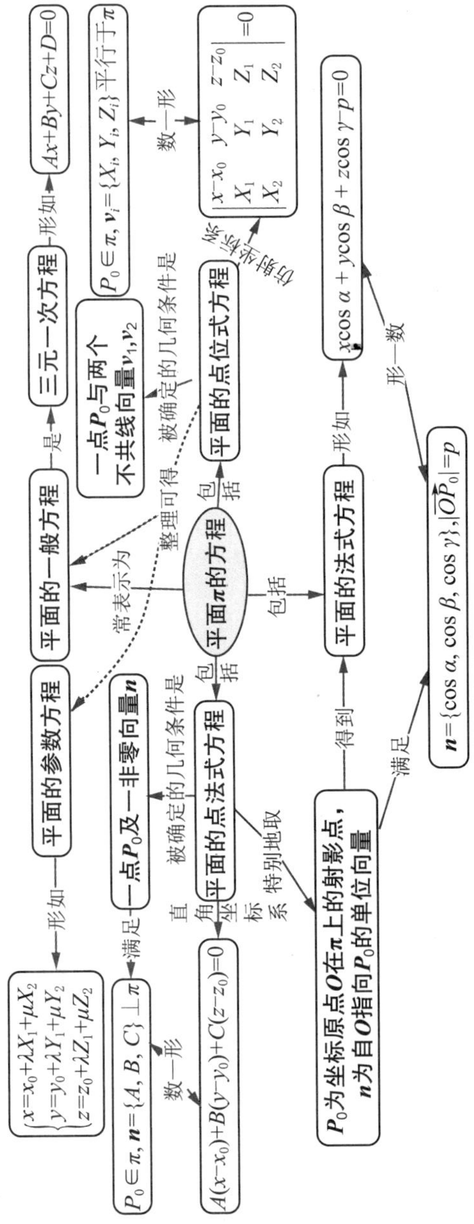

（a）平面方程

图 2.1

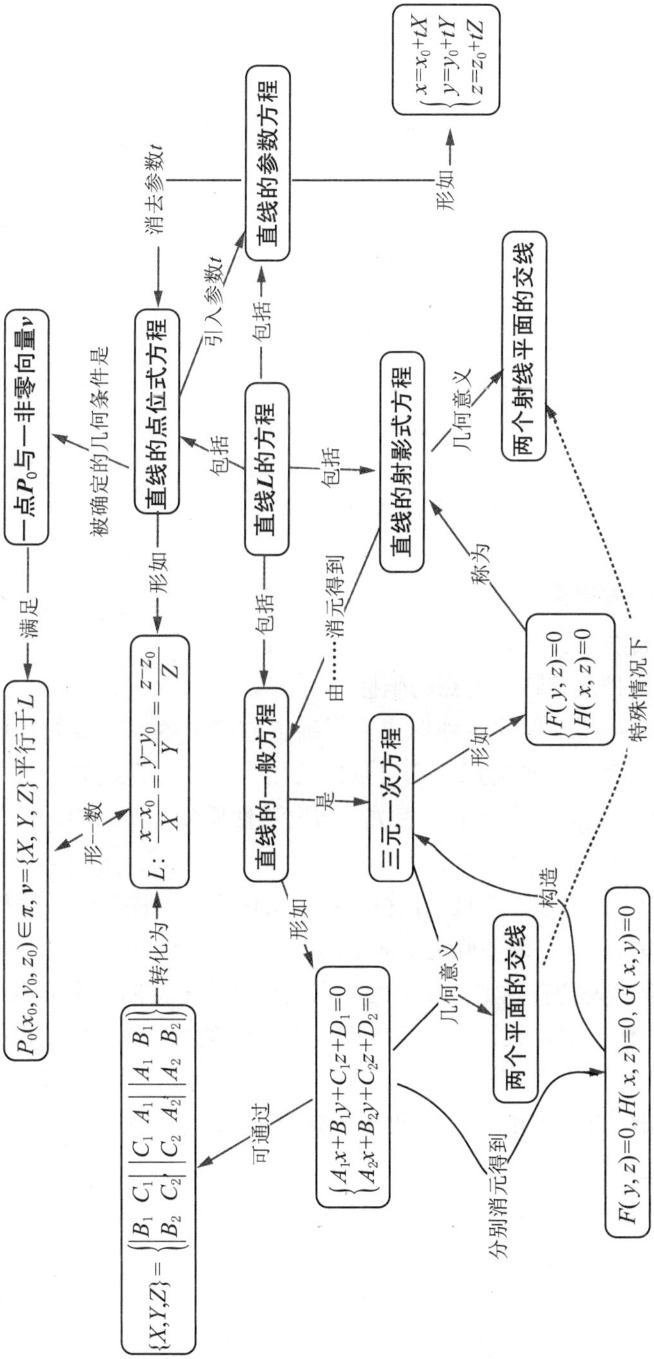
直线L的方程
包括
直线的点位式方程
直线的参数方程
直线的射影式方程
直线的一般方程
被确定的几何条件是
一点P0与一非零向量v
满足
P0(x0, y0, z0)∈π, v={X, Y, Z}平行于L
形如
形一数
L: (x-x0)/X = (y-y0)/Y = (z-z0)/Z
转化为
{X,Y,Z} = {|B1 C1; B2 C2|, |C1 A1; C2 A2|, |A1 B1; A2 B2|}
可通过
A1x+B1y+C1z+D1=0
A2x+B2y+C2z+D2=0
消去参数t
引入参数t
x=x0+tX
y=y0+tY
z=z0+tZ
是
三元一次方程
F(y, z)=0
H(x, z)=0
称为
由……消元得到
几何意义
两个射线平面的交线
两个平面的交线
分别消元得到
构造
F(y, z)=0, H(x, z)=0, G(x, y)=0
特殊情况下

（b）直线方程

图 2.1(续)

2.2 典型例题分析与讲解

2.2.1 求解点、平面、直线的代数形式的问题

几何中把点、平面、直线看作空间中具有某种几何特征的点的集合(轨迹)，求解其代数形式即寻求一个三元方程(组)，使得该方程(组)的解与轨迹上点的坐标是一一对应的. 三元一次方程是平面的一个代数形式，由两个三元一次方程组成的方程组可表示一条空间直线，空间中的一个点可由三个三元一次方程构成的方程组表示，所以点、平面、直线统称为线性图形.

常见的题型有：

① 求解平面的方程.

② 求解空间直线的方程.

③ 求解具有某种几何特征的点的坐标.

熟悉了平面与直线方程的各种形式及明确了方程中各项系数的几何意义后(表 2.1 与表 2.2)，就可以将给定的几何条件转化为平面与直线的代数方程，几何条件往往是通过相关图形之间的位置关系与度量性质体现出来的.

常用的解决方法：

其一是由“形”到“数”的过程，根据已知条件确定方程中的系数及常数项. 比如要确定平面的方程，关键要确定平面上的一点及与平面平行的两不共线向量；要确定直线的方程，关键要确定直线上的一点及与直线平行的一个非零向量. 其二是由“数”到“形”的过程，先设所求直线或者平面的方程，然后根据已知的几何条件确定方程中的系数或常数，称为待定系数法. 利用平面束求平面的方法也属于待定系数法，首先求出含有参数的一族平面的方程，然后根据已知条件确定参数，从而确定平面的方程.

1. 求平面的方程

例 2.1 试求满足下列条件的平面的方程：

(1) 通过直线

$$l_1:\ \frac{x-1}{1}=\frac{y+3}{-5}=\frac{z+1}{-1}$$

并与直线

$$l_2:\ \begin{cases} 2x-y+z-3=0 \\ x+2y-z-5=0 \end{cases}$$

平行.

(2) 试求与坐标原点距离为 6 个单位，并且在 x,y,z 轴上的截距之比 $a:b:c=-1:3:2$ 的平面的方程.

(3) 通过直线 l：$\begin{cases} x+y+2z+2=0 \\ x+y-z=0 \end{cases}$，并与平面 π：$x-2y+z-3=0$ 的交角为 $\dfrac{\pi}{3}$ 的平面的方程.

(4) 证明：两直线

$$\frac{x-1}{3}=\frac{y+2}{-3}=\frac{z-5}{4} \quad 与 \quad \begin{cases} x=3t+7 \\ y=2t+2 \\ z=-2t+1 \end{cases}$$

共面，并求这个平面的方程.

(1) **解法一**　设 $\{X,Y,Z\}$ 为直线 l_2 的一个方向向量，所求平面为 π，由题意得

$$X:Y:Z=\left\{\begin{vmatrix} -1 & 1 \\ 2 & -1 \end{vmatrix}:\begin{vmatrix} 1 & 2 \\ -1 & 1 \end{vmatrix}:\begin{vmatrix} 2 & -1 \\ 1 & 2 \end{vmatrix}\right\}$$

$$=-1:3:5$$

于是 $(1,-3,-1)\in\pi$, $\boldsymbol{v}_1=\{1,-5,-1\}$ 与 $\boldsymbol{v}_2=\{-1,3,5\}$ 为平面 π 的方位向量，由平面的点位式方程可得所求平面的方程为

$$\begin{vmatrix} x-1 & y+3 & z+1 \\ 1 & -5 & -1 \\ -1 & 3 & 5 \end{vmatrix}=0$$

解得

$$\pi:\ 11x+2y+z-4=0$$

解法二　设所求平面的方程为

$$\pi:\ Ax+By+Cz+D=0$$

由题意知

$$\boldsymbol{v}_1 = \{1, -5, -1\} \mathbin{/\!/} \pi$$

$$\boldsymbol{v}_2 = \left\{ \begin{vmatrix} -1 & 1 \\ 2 & -1 \end{vmatrix} : \begin{vmatrix} 1 & 2 \\ -1 & 1 \end{vmatrix} : \begin{vmatrix} 2 & -1 \\ 1 & 2 \end{vmatrix} \right\} = \{-1 : 3 : 5\} \mathbin{/\!/} \pi$$

从而

$$\begin{cases} A - 5B - C = 0 \\ -A + 3B + 5C = 0 \end{cases}$$

解得 $A : B : C = 11 : 2 : 1$.

于是设 π：$11x + 2y + z + D_1 = 0$，而 $(1, -3, -1) \in \pi$，解得 $D_1 = -4$，亦即

$$\pi\text{：} 11x + 2y + z - 4 = 0$$

(2) **解法一** 由题意，设平面 π 的方程为

$$\frac{x}{-1} + \frac{y}{3} + \frac{z}{2} = m$$

整理得

$$-6x + 2y + 3z - 6m = 0$$

由题意

$$d(O, \pi) = 6 \Longrightarrow \frac{|-6m|}{\sqrt{36 + 4 + 9}} = 6 \Longrightarrow m = \pm 7$$

所以平面 π 的方程为

$$-6x + 2y + 3z - 42 = 0 \quad \text{或} \quad -6x + 2y + 3z + 42 = 0$$

解法二 由题意，设平面的法式方程为

$$x \cos\alpha + y \cos\beta + z \cos\gamma - 6 = 0$$

于是其截距式方程为

$$\frac{x}{\dfrac{6}{\cos\alpha}} + \frac{y}{\dfrac{6}{\cos\beta}} + \frac{z}{\dfrac{6}{\cos\gamma}} = 1$$

由 $\dfrac{1}{\cos\alpha} : \dfrac{1}{\cos\beta} : \dfrac{1}{\cos\gamma} = -1 : 3 : 2$，解得

$$\cos\alpha : \cos\beta : \cos\gamma = -1 : \frac{1}{3} : \frac{1}{2} = -6 : 2 : 3$$

再由 $\cos^2\alpha+\cos^2\beta+\cos^2\gamma=1$，解得

$$\cos\alpha=\mp\frac{6}{7},\quad \cos\beta=\pm\frac{2}{7},\quad \cos\gamma=\pm\frac{3}{7}$$

从而所求平面的方程为

$$-\frac{6}{7}x+\frac{2}{7}y+\frac{3}{7}z-6=0 \quad \text{或} \quad \frac{6}{7}x-\frac{2}{7}y-\frac{3}{7}z-6=0$$

(3) **解法一**　设过直线 l 的平面的方程为

$$\lambda(x+y+2z+2)+\mu(x+y-z)=0$$

整理得

$$(\lambda+\mu)x+(\lambda+\mu)y+(2\lambda-\mu)z+2\lambda=0$$

由于

$$\frac{\{\lambda+\mu,\lambda+\mu,2\lambda-\mu\}\cdot\{1,-2,1\}}{\sqrt{2(\lambda+\mu)^2+(2\lambda-\mu)^2}\sqrt{6}}=\pm\cos\frac{\pi}{3}$$

解得 $\lambda:\mu=-1:4$. 于是所求平面的方程为

$$3x+3y-6z-2=0$$

解法二　由题意知，直线 l 的对称式方程为

$$\frac{x-0}{1}=\frac{y+\frac{2}{3}}{-1}=\frac{z+\frac{2}{3}}{0}$$

设 $\boldsymbol{n}=\{A,B,C\}$ 为所求平面的一个法向量，则

$$\begin{cases} A-B=0 \\ \dfrac{\{A,B,C\}\cdot\{1,-2,1\}}{\sqrt{A^2+B^2+C^2}\sqrt{6}}=\pm\cos\dfrac{\pi}{3} \end{cases}$$

解得 $A:B:C=1:1:(-2)$. 于是所求平面的方程为

$$3x+3y-6z-2=0$$

(4) **分析与解**　因为点 $M_1(1,-2,5)$ 与向量 $\boldsymbol{v}_1=\{3,-3,4\}$ 分别为第一条直线上的点与方向向量，而点 $M_2(7,2,1)$ 与向量 $\boldsymbol{v}_2=\{3,2,-2\}$ 为另一直线上的点与方向向量，所以有

$$\begin{vmatrix} 7-1 & 2+2 & 1-5 \\ 3 & -3 & 4 \\ 3 & 2 & -2 \end{vmatrix}=\begin{vmatrix} 6 & 4 & -4 \\ 3 & -3 & 4 \\ 3 & 2 & -2 \end{vmatrix}=0$$

因此两直线共面.

设所求平面为

$$A(x-1)+B(y+2)+C(z-5)=0$$

那么由于两直线在此平面上，所以又有

$$\begin{cases} 3A-3B+4C=0 \\ 3A+2B-2C=0 \end{cases}$$

从而得

$$A:B:C=\begin{vmatrix} -3 & 4 \\ 2 & -2 \end{vmatrix}:\begin{vmatrix} 4 & 3 \\ -2 & 3 \end{vmatrix}:\begin{vmatrix} 3 & -3 \\ 3 & 2 \end{vmatrix}=-2:18:15$$

所以所求平面的方程为

$$-2(x-1)+18(y+2)+15(z-5)=0$$

即

$$2x-18y-15z+37=0$$

我们也可用点位式方程求得此平面为

$$\begin{vmatrix} x-1 & y+2 & z-5 \\ 3 & -3 & 4 \\ 3 & 2 & -2 \end{vmatrix}=0$$

化简整理得

$$2x-18y-15z+37=0$$

2. 求空间直线的方程

例 2.2 试求满足下列条件的直线的方程：

(1) 经过点 $A(11,9,0)$，并与两条直线

$$l_1:\ \frac{x-1}{2}=\frac{y+3}{4}=\frac{z-5}{3},\quad l_2:\ \frac{x}{5}=\frac{y-2}{-1}=\frac{z+1}{2}$$

均相交的直线.

(2) 平行于向量 $\boldsymbol{s}=\{8,7,1\}$，并与两条直线

$$l_1:\ \frac{x+13}{2}=\frac{y-5}{3}=\frac{z}{1},\quad l_2:\ \frac{x-10}{5}=\frac{y+7}{4}=\frac{z}{1}$$

均相交的直线.

(3) 经过点 $A(4,2,-3)$，且与平面 π：$x+y+z-10=0$ 平行，并与直线

$$l\text{：}\begin{cases} x+2y-z-5=0 \\ z-1=0 \end{cases}$$

相交的直线.

(4) 与直线

$$l\text{：}\frac{x-7}{1}=\frac{y-3}{2}=\frac{z-5}{2}$$

相交，与 x 轴的交角为 $60°$，并通过点 $M(2,-3,-1)$ 的直线.

(5) 直线

$$l\text{：}\begin{cases} x+y-z-1=0 \\ x-y+z+1=0 \end{cases}$$

在平面 π：$x+y+z=0$ 上的射影.

(1) **解法一**　设所求直线 l 的方向向量 $\boldsymbol{V}=\{l,m,n\}$，由题意可知

$$\begin{vmatrix} 11-1 & 9+3 & 0-5 \\ 2 & 4 & 3 \\ l & m & n \end{vmatrix}=0 \tag{2.8}$$

$$\begin{vmatrix} 11 & 9-2 & 0+1 \\ 5 & -1 & 2 \\ l & m & n \end{vmatrix}=0 \tag{2.9}$$

由式 (2.8)，式 (2.9) 解得 $l:m:n=6:8:(-1)$，于是所求直线的方程为

$$l\text{：}\frac{x-11}{6}=\frac{y-9}{8}=\frac{z}{-1}$$

解法二　由题意可知，过 A 及 l_1 的平面 π_1 的方程为

$$\begin{vmatrix} x-11 & y-9 & z-0 \\ 2 & 4 & 3 \\ 10 & 12 & -5 \end{vmatrix}=0$$

整理得 $7x-5y+2z-32=0$.

同理，可求出过 A 及 l_2 的平面 π_2 的方程为

$$\begin{vmatrix} x-11 & y-9 & z-0 \\ 5 & -1 & 2 \\ 11 & 7 & 1 \end{vmatrix}=0$$

整理得

$$15x-17y-46z-12=0$$

于是所求直线 l 的方程为

$$l:\ \begin{cases} 7x-5y+2z-32=0 \\ 15x-17y-46z-12=0 \end{cases}$$

(2) **解法一** 由题意知，所求直线 l 既在 l 与 l_1 所确定的平面 π_1 上，又在 l 与 l_2 所确定的平面 π_2 上，且

$$\pi_1:\ \begin{vmatrix} x+13 & y-5 & z \\ 2 & 3 & 1 \\ 8 & 7 & 1 \end{vmatrix}=0$$

$$\pi_2:\ \begin{vmatrix} x-10 & y+7 & z \\ 5 & 4 & 1 \\ 8 & 7 & 1 \end{vmatrix}=0$$

整理得

$$l:\ \begin{cases} 2x-3y+5z+41=0 \\ x-y-z-17=0 \end{cases}$$

解法二 由题意可知，所求直线 l 与 l_1, l_2 分别交于

$$P_1(2t_1-13, 3t_1+5, t_1) \quad 与 \quad P_2(5t_2+10, 4t_2-7, t_2)$$

又由于 $\overrightarrow{P_1P_2} \parallel \boldsymbol{s}=\{8,7,1\}$，即

$$\frac{5t_2-2t_1+23}{8}=\frac{4t_2-3t_1-12}{7}=\frac{t_2-t_1}{1}$$

由上式解得 $t_1=-\dfrac{35}{2}$, $t_2=-\dfrac{58}{3}$，于是 $P_1\left(-48,-\dfrac{95}{2},-\dfrac{35}{2}\right)$. 从而 l 的方程为

$$l:\ \frac{x+48}{8}=\frac{y+\dfrac{95}{2}}{7}=\frac{z+\dfrac{35}{2}}{1}$$

(3) **解法一** 设 $\boldsymbol{v}=\{l,m,n\}$ 为所求直线的一个方向向量，由题意可知，直线 l 的方程为

$$\frac{x-6}{-2}=\frac{y-0}{1}=\frac{z-1}{0}$$

于是

$$\begin{cases} l+m+n=0 \\ \begin{vmatrix} 6-4 & 0-2 & 1-(-3) \\ -2 & 1 & 0 \\ l & m & n \end{vmatrix}=0 \end{cases}$$

解得

$$l: m:n=(-3):1:2$$

于是所求直线的方程为

$$\frac{x-4}{-3}=\frac{y-2}{1}=\frac{z+3}{2}$$

解法二　由题意可知，所求直线为 π_1 与 π_2 的交线，其中 π_1 为过点 A 且与平面 π 平行的平面，π_2 为过点 A 且过直线 l 的平面.

设 π_1：$x+y+z+\lambda=0$，将 $x=4,y=2,z=-3$ 代入上式，得 $\lambda=-3$. 于是解得

$$\pi_1: x+y+z-3=0$$

又 π_2 过点 A 且过直线 l：$\dfrac{x-6}{-2}=\dfrac{y-0}{1}=\dfrac{z-1}{0}$，于是其方程为

$$\begin{vmatrix} x-4 & y-2 & z+3 \\ -2 & 1 & 0 \\ 6-4 & 0-2 & 1-(-3) \end{vmatrix}=0$$

整理得

$$2x+4y+z-13=0$$

于是所求直线的方程为

$$\begin{cases} x+y+z-3=0 \\ 2x+4y+z-13=0 \end{cases}$$

(4) **解法一**　设 $\boldsymbol{v}=\{l,m,n\}$ 是所求直线 l 的一个方向向量，由题意得

$$\begin{vmatrix} 2-7 & -3-3 & -1-5 \\ 1 & 2 & 2 \\ l & m & n \end{vmatrix}=0$$

整理得

$$m-n=0 \tag{2.10}$$

又由于

$$\frac{\{l,m,n\}\cdot\{1,0,0\}}{\sqrt{l^2+m^2+n^2}}=\pm\cos 60^\circ$$

整理得

$$m^2+n^2=3l^2 \tag{2.11}$$

由式 (2.10)，式 (2.11) 解得

$$l:m:n=\pm\sqrt{6}:3:3$$

于是所求直线 l 的方程为

$$\frac{x-2}{\sqrt{6}}=\frac{y+3}{3}=\frac{z+1}{3} \quad 或 \quad \frac{x-2}{-\sqrt{6}}=\frac{y+3}{3}=\frac{z+1}{3}$$

解法二 设所求直线的方程为

$$\frac{x-2}{\pm\cos 60^\circ}=\frac{y+3}{a}=\frac{z+1}{b}$$

于是

$$a^2+b^2=\frac{3}{4} \tag{2.12}$$

而且

$$\begin{vmatrix} 2-7 & -3-3 & -1-5 \\ 1 & 2 & 2 \\ \cos 60^\circ & a & b \end{vmatrix}=0$$

整理得

$$a=b \tag{2.13}$$

由式 (2.12)，式 (2.13) 解得 $a=b=\pm\frac{\sqrt{6}}{4}$, 于是所求直线的方程为

$$\frac{x-2}{\pm 2}=\frac{y+3}{\sqrt{6}}=\frac{z+1}{\sqrt{6}}$$

(5) **分析与解** 直线 l 在平面 π 上的射影即为过 l 与 π 垂直的平面 π' 与 π 的交线.

由题意易求得 π' 的方程为

$$\begin{vmatrix} x-0 & y-1 & z-0 \\ 0 & 1 & 1 \\ 1 & 1 & 1 \end{vmatrix}=0$$

整理得 π'：$y-z-1=0$，所以，直线 l 在平面 π 上的射影直线的方程为

$$\begin{cases} x+y+z=0 \\ y-z-1=0 \end{cases}$$

3. 求解具有某种几何特征的点的坐标

求解具有某种几何特征的一点的坐标，通常也有两种方法：一种是设出所求点的直角坐标，联立方程组；另一种是先把轨迹的方程改写为参数式，然后确定符合条件的参数，再确定点的坐标.

另外对于某些特殊点的坐标可通过相关点的坐标来求解，如要求点关于直线或平面的对称点，可先求点在直线或平面上的射影点. 一点在一直线 (平面) 上的射影点就是过该点与直线 (平面) 垂直的平面 (直线) 与直线 (平面) 的交点，而交点的坐标就是由直线与平面的方程联立而成的方程组的解，因为点与其对称点的中点就是射影点，于是由中点坐标公式可解得其对称点的坐标.

例 2.3　试求满足下列条件的点的坐标：

(1) 点 $M(-4,-6,1)$ 关于平面 π：$2x+3y-z-15=0$ 的对称点的坐标.

(2) 点 $P(2,0,-1)$ 关于直线 l：$\begin{cases} x-y-4z+12=0 \\ 2x+y-2z+3=0 \end{cases}$ 的对称点的坐标.

(3) 在 y 轴上求一点，使其到直线 l：$\begin{cases} x+y-1=0 \\ z=0 \end{cases}$ 和平面 π：$x+2y-z+3=0$ 的距离相等.

(4) 求两直线

$$l_1:\begin{cases} x=a_1+a_2t_1 \\ y=b_1+b_2t_1 \\ z=c_1+c_2t_1 \end{cases} \quad 与 \quad l_2:\begin{cases} x=a_2+a_1t_2 \\ y=b_2+b_1t_2 \\ z=c_2+c_1t_2 \end{cases}$$

的交点，其中 $a_1:b_1:c_1\neq a_2:b_2:c_2$.

(1) **解法一**　设 $M(-4,-6,1)$ 关于 π 的对称点为 $P(x,y,z)$，则

$$\begin{cases} (x+4):(y+6):(z-1)=2:3:(-1) \\ 2\times\dfrac{x-4}{2}+3\times\dfrac{-6+y}{2}-\dfrac{1+z}{2}-15=0 \end{cases}$$

解得 $x=8,y=12,z=-5$.

解法二 由题意得，过 $M(-4,-6,1)$ 且与平面 π 垂直的直线 l 的参数方程为

$$l:\ \begin{cases} x=-4+2t \\ y=-6+3t \\ z=1-t \end{cases}$$

将其代入平面的方程中，解得 $t=3$，于是 M 在平面 π 的射影点为 $(2,3,-2)$.

设 $M(-4,-6,1)$ 关于 π 的对称点为 $P(x,y,z)$，于是由中点坐标公式

$$\frac{x-4}{2}=2,\quad \frac{y-6}{2}=3,\quad \frac{z+1}{2}=-2$$

解得 $x=8,y=12,z=-5$.

解法三 由题意得，过 $M(-4,-6,1)$ 且与平面 π 垂直的直线 l 的参数方程为

$$l:\ \begin{cases} x=-4+2t \\ y=-6+3t \\ z=1-t \end{cases}$$

于是设 $M(-4,-6,1)$ 关于 π 的对称点为 $P(-4+2t,-6+3t,1-t)$，并且

$$|\overrightarrow{MP}|=2d(M,\pi)$$

亦即

$$\sqrt{(2t)^2+(3t)^2+(t)^2}=2\frac{|2\times(-4)+3\times(-6)-1\times 1-15|}{\sqrt{4+9+1}}$$

解得 $t=\pm 6$，于是求得 $P_1(8,12,-5)$ 或 $P_2(-16,-24,7)$.

又由于

$$2\times(-4)+3\times(-6)-1-15=-42<0$$

$$2\times(-16)+3\times(-24)-7-15=-126<0$$

从而 $M(-4,-6,1)$ 与 $P_2(-16,-24,7)$ 位于平面 π 的同侧，不符合题意舍去，于是所求点为 $P_1(8,12,-5)$.

(2) **解法一** 设 $P(2,0,-1)$ 关于 l 的对称点为 $P'(x,y,z)$. 由题意得，l 的方向向量

$$\begin{aligned}\boldsymbol{v}&=\left\{\begin{vmatrix} -1 & -4 \\ 1 & -2 \end{vmatrix},\begin{vmatrix} -4 & 1 \\ -2 & 2 \end{vmatrix},\begin{vmatrix} 1 & -1 \\ 2 & 1 \end{vmatrix}\right\} \\ &=\{2,-2,1\}\end{aligned}$$

于是

$$\begin{cases} 2(x-2)-2(y-0)+(z+1)=0 \\ \dfrac{2+x}{2}-\dfrac{y}{2}-4\times\dfrac{-1+z}{2}+12=0 \\ 2\times\dfrac{2+x}{2}+\dfrac{y}{2}-2\times\dfrac{-1+z}{2}+3=0 \end{cases}$$

解得 $x=0, y=2, z=7$.

解法二　由题意得，过 $P(2,0,-1)$ 且与 l 垂直的平面的方程为

$$2x-2y+z-3=0$$

于是由方程组

$$\begin{cases} 2x-2y+z-3=0 \\ x-y-4z+12=0 \\ 2x+y-2z+3=0 \end{cases}$$

解得 $P(2,0,-1)$ 在 l 上的射影点的坐标 $(1,1,3)$，设 $P(2,0,-1)$ 关于 l 的对称点为 $P'(x,y,z)$，于是由中点坐标公式

$$\frac{x+2}{2}=1,\quad \frac{y+0}{2}=1,\quad \frac{z-1}{2}=3$$

解得 $x=0, y=2, z=7$.

(3) **解**　设 $P(0,k,0)$ 为 y 轴上一点，由题意得

$$d(P,l)=d(P,\pi)$$

且

$$l:\ \frac{x}{-1}=\frac{y-1}{1}=\frac{z-0}{0}$$

从而

$$\frac{\sqrt{\begin{vmatrix} k-1 & 0 \\ 1 & 0 \end{vmatrix}^2+\begin{vmatrix} 0 & 0 \\ 0 & -1 \end{vmatrix}^2+\begin{vmatrix} 0 & k-1 \\ -1 & 1 \end{vmatrix}^2}}{\sqrt{1^2+1^2}}=\frac{|2k+3|}{\sqrt{1^2+2^2+(-1)^2}}$$

即

$$\sqrt{(k-1)^2}=\frac{|2k+3|}{\sqrt{3}}$$

解得 $k=-9+5\sqrt{3}$ 或 $k=-9-5\sqrt{3}$.

(4) **解** 为了求 l_1 与 l_2 的公共点，令

$$\begin{cases} a_1+a_2t_1=a_2+a_1t_2 \\ b_1+b_2t_1=b_2+b_1t_2 \\ c_1+c_2t_1=c_2+c_1t_2 \end{cases}$$

解得 $t_1=t_2=1$，代入 l_1 或 l_2 的参数方程得两直线 l_1 与 l_2 的公共点为 $(a_1+a_2,b_1+b_2,c_1+c_2)$.

2.2.2 有关点、平面、直线间的位置关系的问题

1. 线性图形位置关系的判定

常见的题型有两种：其一是给定具体方程，判断位置关系，即对于问题中已知直线、平面的代数形式，首先将其转化为与表格中一致的直线的对称式方程与平面的一般方程，然后利用表 2.3 ~ 表 2.5 中位置关系及解析条件，就可以判断线性图形的位置关系．其二是给定含有参数的线性图形的位置关系，结合已知的几何条件，确定方程 (组) 中的待定参数，进而得到图形的代数形式．

例 2.4 试判断下列各对图形的位置关系或者根据所给图形的位置关系确定参数的取值：

(1) $\dfrac{x-1}{2}=\dfrac{y+2}{1}=\dfrac{z-2}{-4}$，$\dfrac{x-9}{6}=\dfrac{y-2}{3}=\dfrac{z+1}{1}$.

(2) 直线 l：$\dfrac{x-a}{X}=\dfrac{y-b}{Y}=\dfrac{z-c}{Z}$ 中的参数 a,b,c 及 X,Y,Z 满足什么条件才能与 x 轴相交、平行、重合、异面？

(3) 直线 g：$\begin{cases} x-2y+z-9=0 \\ 3x+ly+z+m=0 \end{cases}$ 在 xOy 坐标平面上.

(4) $5x+y-3z-m=0$ 与 $2x+ly-3z+1=0$ 表示互相垂直的两个平面.

(1) **解** 由于

$$\begin{vmatrix} 2 & 1 & -4 \\ 6 & 3 & 1 \\ 9-1 & 2-(-2) & -1-2 \end{vmatrix}=0$$

且

$$2:1:(-4)\neq 6:3:1$$

可知两直线相交.

(2) **解**　x 轴的对称式方程是 $\frac{x}{1}=\frac{y}{0}=\frac{z}{0}$，于是

$$\Delta=\begin{vmatrix}a & b & c\\ X & Y & Z\\ 1 & 0 & 0\end{vmatrix}=bZ-cY$$

分情形讨论：

当 $bZ-cY\neq 0$ 时，直线 l 与 x 轴异面；

当 $bZ-cY=0$ 且 $X:Y:Z\neq 1:0:0$，亦即当 $bZ-cY=0, Y^2+Z^2\neq 0$ 时，直线 l 与 x 轴相交；

当 $bZ-cY=0$ 且 $X:Y:Z=1:0:0\neq a:b:c$，亦即当 $Y=Z=0$, $a\in\mathbf{R}, b^2+c^2\neq 0$ 时，直线 l 与 x 轴平行；

当 $bZ-cY=0$ 且 $X:Y:Z=1:0:0=a:b:c$，亦即当 $b=c=Y=Z=0, a\in\mathbf{R}$ 时，直线 l 与 x 轴重合.

(3) **解法一**　令 $z=0$，代入原方程组，得

$$\begin{cases}x-2y=9\\ 3x+ly=-m\end{cases}$$

由于直线 g 在 xOy 面上，从而上述方程组有无穷多解，亦即

$$\frac{1}{3}=\frac{-2}{l}=\frac{-9}{m}$$

解得 $l=-6, m=-27$.

解法二　由于直线 g 在 xOy 面上，从而直线 g 对于 yOz 面的射影平面方程为

$$z=0 \tag{2.14}$$

从方程组

$$\begin{cases}x-2y+z-9=0\\ 3x+ly+z+m=0\end{cases}$$

中消去 x，得到直线 g 对于 yOz 面的射影平面方程为

$$(l+6)y-2z+m+27=0 \tag{2.15}$$

于是式 (2.14) 与式 (2.15) 同解，从而

$$\begin{cases}l+6=0\\ m+27=0\end{cases}$$

解得 $l=-6, m=-27$.

(4) **解** 由

$$5\times 2+1\times l+3\times 3=0$$

解得 $l=-19, m\in\mathbf{R}$.

例 2.5 已知直线 $l_1:\dfrac{x-1}{-2}=\dfrac{y+1}{\lambda}=\dfrac{2z-3}{2}$，$l_2:\begin{cases}x=-1+2t\\ y=t\\ z=1\end{cases}$.

(1) 当 λ 为何值时，l_1 与 l_2 垂直？

(2) 当 λ 为何值时，l_1 与 l_2 相交？并求过 l_1 与 l_2 的交点且同时垂直于 l_1 与 l_2 的直线方程.

解 将直线 l_1 的方程化为标准方程，得

$$l_1:\frac{x-1}{-2}=\frac{y+1}{\lambda}=\frac{z-\frac{3}{2}}{1}$$

对直线 l_1，有 $M_1\left(1,-1,\dfrac{3}{2}\right),\boldsymbol{v}_1=(-2,\lambda,1)$；

对直线 l_2，有 $M_2(-1,0,1),\boldsymbol{v}_2=(2,1,0)$.

(1) 当且仅当 $\boldsymbol{v}_1\perp\boldsymbol{v}_2$ 时，l_1 与 l_2 垂直. 于是，有

$$\boldsymbol{v}_1\cdot\boldsymbol{v}_2=-4+\lambda=0$$

即 $\lambda=4$.

(2) 易知 $\boldsymbol{v}_1$，$\boldsymbol{v}_2$ 不平行. 所以，l_1 与 l_2 相交当且仅当三向量 $\boldsymbol{v}_1$，$\boldsymbol{v}_2$，$\overrightarrow{M_1M_2}$ 共面，即

$$\left(\boldsymbol{v}_1,\boldsymbol{v}_2,\overrightarrow{M_1M_2}\right)=\begin{vmatrix}-2&\lambda&1\\2&1&0\\-2&1&-\dfrac{1}{2}\end{vmatrix}=5+\lambda=0$$

故 $\lambda=-5$. 再求 l_1 与 l_2 的交点.

将直线 l_1 的方程写成参数形式，得

$$l_1:\begin{cases}x=1-2s\\ y=-1-5s\\ z=\dfrac{3}{2}+s\end{cases}$$

令 $\begin{cases} 1-2s=-1+2t \\ -1-5s=t \\ \dfrac{3}{2}+s=1 \end{cases}$ 得 $s=-\dfrac{1}{2}, t=\dfrac{3}{2}$.

故 l_1 与 l_2 交点为 $M_0\left(2,\dfrac{3}{2},1\right)$.

最后求过 l_1 与 l_2 的交点且同时垂直于 l_1 与 l_2 的直线方程.

因为 l_1 与 l_2 相交，则它们在同一平面 π 内. 所求直线 l 垂直于平面 π，故直线 l 的方向向量为

$$\boldsymbol{v}=\boldsymbol{v}_1\times\boldsymbol{v}_2=(-2,-5,1)\times(2,1,0)=(-1,2,8)$$

所求直线 l 的方程为 $\dfrac{x-2}{-1}=\dfrac{y-\dfrac{3}{2}}{2}=\dfrac{z-1}{8}$.

例 2.6　试求过点 $M_0(3,0,2)$ 且与 $l_1:\begin{cases} x-y-z=0 \\ 2x+y-1=0 \end{cases}$ 垂直相交的直线方程.

解法一　直线 l_1 的方向向量为 $\boldsymbol{v}=\boldsymbol{v}_1\times\boldsymbol{v}_2=(1,-1,-1)\times(2,1,0)=(1,-2,3)$.

过点 M_0 且垂直于 l_1 的平面 π 的方程为

$$\pi:(x-3)-2y+3(z-2)=0$$

即 $\pi:x-2y+3z-9=0$.

联立方程组 $\begin{cases} x-y-z=0 \\ 2x+y-1=0 \\ x-2y+3z-9=0 \end{cases}$ 解得直线 l_1 与平面 π 的交点为 $M(1,-1,2)$.

由两点式得，所求直线 l 的方程为 $\dfrac{x-3}{-2}=\dfrac{y}{-1}=\dfrac{z-2}{0}$. 即 $l:\dfrac{x-3}{2}=\dfrac{y}{1}=\dfrac{z-2}{0}$.

解法二　直线 l_1 的方向向量为 $\boldsymbol{v}=\boldsymbol{v}_1\times\boldsymbol{v}_2=(1,-1,-1)\times(2,1,0)=(1,-2,3)$.

解方程组 $\begin{cases} x-y-z=0 \\ 2x+y-1=0 \end{cases}$ 得 $x=\dfrac{1+z}{3}, y=\dfrac{1-2z}{3}$.

令 $z=-1$ 得点 $M_1(0,1,-1)$. 故直线 l_1 的参数方程为

$$l_1:\begin{cases}x=t\\y=1-2t\\z=-1+3t\end{cases}$$

设所求直线 l 与 l_1 直线的交点为 $M(t_0,1-2t_0,-1+3t_0)$. 因为 $\boldsymbol{v}\perp\overrightarrow{M_0M}$，故 $\boldsymbol{v}\cdot\overrightarrow{M_0M}=(t_0-3)-2(1-2t_0)+3(-3+3t_0)=0$，解得 $t_0=1$，故 $M(1,-1,2)$.

由两点式得，所求直线 l 的方程为 $\dfrac{x-3}{-2}=\dfrac{y}{-1}=\dfrac{z-2}{0}$. 即 $l:\dfrac{x-3}{2}=\dfrac{y}{1}=\dfrac{z-2}{0}$.

2. 点与平面的相关位置及解析条件

基本题型：

① 两个点关于两个相交平面的位置关系.

② 两个点关于两个平行平面的位置关系.

根据三元不等式的几何意义 (定理 2.4～定理 2.6)，可以判断一个点或者多个点关于平面的相关位置，进而能够判断若干个点关于多个平面的相关位置. 因为两个以上点或者两个以上平面的情况比较复杂，所以通过两个点关于两个平面的情况阐述解决此类问题的基本思想与方法.

例 2.7 试判断点 $M(2,-1,1)$ 与 $N(1,2,3)$ 关于下列平面的位置关系：

(1) π_1：$3x-y+2z-3=0,\pi_2$：$x-2y-z+4=0$.

(2) π_1：$x+y-2z-1=0,\pi_2$：$x+y-2z+4=0$.

(1) **解** 由题意易判断 π_1 与 π_2 相交，由于

$$F_1(M)=3\times2-1\times(-1)+2\times1-3=6>0$$

$$F_1(N)=3\times1-1\times2+2\times3-3=4>0$$

$$F_2(M)=1\times2-2\times(-1)-1\times1+4=7>0$$

$$F_2(N)=1\times1-2\times2-1\times3+4=-2<0$$

于是

$$\begin{cases}F_1(M)F_1(N)>0\\F_2(M)F_2(N)<0\end{cases}$$

由定理 2.5 可知，$M(2,-1,1)$ 与 $N(1,2,3)$ 在两相交平面的相邻二面角内.

(2) **解**　由题意易判断 π_1 与 π_2 平行，由于

$$F_1(M)=1\times2+1\times(-1)-2\times1-1=-2<0$$

$$F_1(N)=1\times1+1\times2-2\times3-1=-4<0$$

$$F_2(M)=1\times2+1\times(-1)-2\times1+4=3>0$$

$$F_2(N)=1\times1+1\times2-2\times3+4=1>0$$

于是

$$\begin{cases}F_1(M)F_2(M)<0\\ F_1(N)F_2(N)<0\end{cases}$$

由定理 2.6 可知，$M(2,-1,1)$ 与 $N(1,2,3)$ 均在两平行平面的内侧.

2.2.3　求等分与等距轨迹的方程

线性图形的等分轨迹包括两相交平面的二面角的角平分面、两相交直线的角平分线，等距轨迹包括两平行 (相交) 平面的等距面、两平行直线的等距面与等距线等.

求解上述轨迹的方程，主要方法：

其一是根据线性图形的距离与夹角公式，结合已知条件，列出等式；

其二是对特殊问题也可采用特殊方法. 如求两平行平面的等距面可利用平面法式方程的几何意义，即定理 2.2 中式 (2.4) 的结论；求两平行直线的等距线或者等距面可利用两直线上两点的中点坐标，得到等距线或者等距面上一点而写出其方程；求相交平面 (直线) 等分面 (等分线) 时，可分别单位化两不共线平面的法向量 (直线的方向向量)，对不共线的两单位向量作和或差，得到平分两向量夹角的向量，从而获得所求平面的法向量或者所求直线的方向向量，最终建立其轨迹的方程.

例 2.8　试求下列平行平面或者直线的等距平面：

(1) π_1：$x+y-2z-1=0$, π_2：$x+y-2z+3=0$.

(2) l_1：$\dfrac{x-1}{1}=\dfrac{y+1}{-2}=\dfrac{z-2}{3}$, l_2：$\dfrac{x}{1}=\dfrac{y-1}{-2}=\dfrac{z+3}{3}$.

(1) **解法一**　由题意知 π_1 的法式方程为

$$\frac{x}{\sqrt6}+\frac{y}{\sqrt6}-\frac{2z}{\sqrt6}-\frac{1}{\sqrt6}=0$$

将平面 π_2 方程变形为

$$\frac{x}{\sqrt{6}}+\frac{y}{\sqrt{6}}-\frac{2z}{\sqrt{6}}-\left(-\frac{3}{\sqrt{6}}\right)=0$$

于是由定理 2.2 中的公式 (2.4) 得两平行平面的等距面方程为

$$\frac{x}{\sqrt{6}}+\frac{y}{\sqrt{6}}-\frac{2z}{\sqrt{6}}-\frac{1}{2}\left(\frac{1}{\sqrt{6}}-\frac{3}{\sqrt{6}}\right)=0$$

化简得

$$x+y-2z+1=0$$

解法二 设所求等距面的方程为

$$x+y-2z+D=0$$

由平行平面的距离公式得

$$\frac{|D+1|}{\sqrt{1+1+4}}=\frac{|D-3|}{\sqrt{1+1+4}}$$

解得 $D=1$，于是所求等距面的方程为

$$x+y-2z+1=0$$

解法三 设所求等距面为 π，对 $\forall P(x,y,z)\in\pi$，由题意得

$$\begin{cases} d(P,\pi_1)=d(P,\pi_2) \\ (x+y-2z-1)(x+y-2z+3)<0 \end{cases}$$

$$\Longleftrightarrow \begin{cases} \dfrac{|x+y-2z-1|}{\sqrt{1+1+4}}=\dfrac{|x+y-2z+3|}{\sqrt{1+1+4}} \\ (x+y-2z-1)(x+y-2z+3)<0 \end{cases}$$

于是解得所求等距面的方程为

$$\pi\text{：}\ x+y-2z+1=0$$

(2) **解法一** 由题意知

$$P_1(1,-1,2)\in l_1,\quad P_2(0,1,-3)\in l_2$$

于是 P_1,P_2 的中点 $P\left(\dfrac{1}{2},0,-\dfrac{1}{2}\right)$ 在所求的等距面 π 上，且

$$\boldsymbol{v}_1=\overrightarrow{P_1P_2}=\{-1,2,-5\}$$

$$\boldsymbol{v}_2 = \overrightarrow{P_1P_2} \times \{1, -2, 3\} = \{-4, -2, 0\}$$

是等距面 π 的方位向量，于是 π 的方程为

$$\begin{vmatrix} x - \frac{1}{2} & y - 0 & z + \frac{1}{2} \\ 1 & -2 & 3 \\ -4 & -2 & 0 \end{vmatrix} = 0$$

整理得

$$-3x + 6y + 5z + 4 = 0$$

解法二　设所求等距面为 π，对 $\forall P(x, y, z) \in \pi$，由点到直线的距离公式得

$$d(P, l_1) = d(P, l_2)$$

$$\Longleftrightarrow \frac{\sqrt{\begin{vmatrix} y+1 & z-2 \\ -2 & 3 \end{vmatrix}^2 + \begin{vmatrix} z-2 & x-1 \\ 3 & 1 \end{vmatrix}^2 + \begin{vmatrix} x-1 & y+1 \\ 1 & -2 \end{vmatrix}^2}}{\sqrt{1+4+9}}$$

$$= \frac{\sqrt{\begin{vmatrix} y-1 & z+3 \\ -2 & 3 \end{vmatrix}^2 + \begin{vmatrix} z+3 & x \\ 3 & 1 \end{vmatrix}^2 + \begin{vmatrix} x & y-1 \\ 1 & -2 \end{vmatrix}^2}}{\sqrt{1+4+9}}$$

整理得

$$-3x + 6y + 5z + 4 = 0$$

例 2.9　试求由两个平面 π_1：$2x - y + 2z - 3 = 0$ 与 π_2：$3x + 2y - 6z - 1 = 0$ 构成的二面角的角平分面的方程，并在此二面角内有点 $M(1, 2, -3)$.

解法一　设所求平面为 π，由题意可知 $\forall P(x, y, z) \in \pi \Longleftrightarrow d(P, \pi_1) = d(P, \pi_2)$，且 P 与 M 位于同一个二面角或对顶的二面角内

$$\Longleftrightarrow \frac{|2x - y + 2z - 3|}{\sqrt{2^2 + 1^2 + 2^2}} = \frac{|3x + 2y - 6z - 1|}{\sqrt{3^2 + 2^2 + 6^2}} \tag{2.16}$$

且

$$\begin{cases} F_1(P)F_1(M) \geqslant 0 \\ F_2(P)F_2(M) \geqslant 0 \end{cases} \tag{2.17}$$

或

$$\begin{cases} F_1(P)F_1(M) \leqslant 0 \\ F_2(P)F_2(M) \leqslant 0 \end{cases} \tag{2.18}$$

从而，由式 (2.16) 解得

$$5x-13y+32z-18=0 \quad \text{或} \quad 23x-y-4z-24=0$$

又由于 $F_1(M)=-9<0$, $F_2(M)=24>0$，代入式 (2.17) 及式 (2.18) 中即得

$$F_1(P)=2x-y+2z-3 \quad \text{与} \quad F_2(P)=3x+2y-6z-1$$

异号．于是所求平面 π 的方程为

$$\pi\text{：}\ 23x-y-4z-24=0$$

解法二 设所求平面为 π，对 $\forall P(x,y,z)\in\pi$ 有

$$d(P,\pi_1)=d(P,\pi_2)$$

从而

$$\frac{|2x-y+2z-3|}{\sqrt{9}}=\frac{|3x+2y-6z-1|}{\sqrt{49}}$$

解得

$$\pi'\text{：}\ 5x-13y+32z-18=0 \quad \text{或} \quad \pi''\text{：}\ 23x-y-4z-24=0$$

取 π'' 上一点 $P_0(0,0,-6)$，令

$$F_1(x,y,z)=2x-y+2z-3$$
$$F_2(x,y,z)=3x+2y-6z-1$$

于是

$$\begin{cases} F_1(M)F_1(P_0)=-9\times(-15)>0 \\ F_2(M)F_2(P_0)=24\times 35>0 \end{cases}$$

从而 P_0 与 M 在同一个二面角内，所以 π''：$23x-y-4z-24=0$ 为所求平面的方程．

注 解法一和解法二中关于 $F_i(P),F_i(M)$ 的记法同定理 2.5 中的表示．另此题如果只是求解两相交平面的二面角的平分面，还有两种方法．

解法三　易求得 π_1 与 π_2 的法式方程

$$\pi_1\text{：}\ \frac{2x}{3}-\frac{y}{3}+\frac{2z}{3}-1=0 \quad \text{与} \quad \pi_2\text{：}\ \frac{3x}{7}+\frac{2y}{7}-\frac{6z}{7}-\frac{1}{7}=0$$

由定理 2.3 中式 (2.7) 得二面角的角平分面方程为

$$\frac{2x}{3}-\frac{y}{3}+\frac{2z}{3}-1=\pm\left(\frac{3x}{7}+\frac{2y}{7}-\frac{6z}{7}-\frac{1}{7}\right)$$

整理得

$$5x-13y+32z-18=0 \quad \text{或} \quad 23x-y-4z-24=0$$

解法四　易求得 π_1 与 π_2 的单位法向量

$$\boldsymbol{n}_1^0=\left\{\frac{2}{3},-\frac{1}{3},\frac{2}{3}\right\},\quad \boldsymbol{n}_2^0=\left\{\frac{3}{7},\frac{2}{7},-\frac{6}{7}\right\}$$

于是

$$\boldsymbol{n}_1^0+\boldsymbol{n}_2^0=\left\{\frac{23}{21},-\frac{1}{21},-\frac{4}{21}\right\}$$

$$\boldsymbol{n}_1^0-\boldsymbol{n}_2^0=\left\{\frac{5}{21},-\frac{13}{21},\frac{32}{21}\right\}$$

分别为所求角平分面的法向量，再由方程组

$$\begin{cases}2x-y+2z-3=0\\3x+2y-6z-1=0\end{cases}$$

求得交线上一点 $\left(0,-10,-\dfrac{7}{2}\right)$，由平面的点法式方程，易求得角平分面的方程为

$$5x-13y+32z-18=0 \quad \text{或} \quad 23x-y-4z-24=0$$

例 2.10　求两相交直线

$$l_1\text{：}\ \frac{x}{0}=\frac{y}{1}=\frac{z}{1},\qquad l_2\text{：}\ \frac{x}{1}=\frac{y}{0}=\frac{z}{1}$$

的交角的平分线方程.

解法一　显然两直线 l_1 与 l_2 相交于原点 $O(0,0,0)$，且分别有方向向量 $\boldsymbol{v}_1=\{0,1,1\}$ 与 $\boldsymbol{v}_2=\{1,0,1\}$，当取 $\boldsymbol{v}_1$ 与 $\boldsymbol{v}_2$ 的单位向量

$$\boldsymbol{v}_1^0=\left\{0,\frac{1}{\sqrt{2}},\frac{1}{\sqrt{2}}\right\},\quad \boldsymbol{v}_2^0=\left\{\frac{1}{\sqrt{2}},0,\frac{1}{\sqrt{2}}\right\}$$

那么 l_1 与 l_2 所成角的两条角平分线的方向向量为

$$\boldsymbol{v}=\boldsymbol{v}_1^0+\boldsymbol{v}_2^0=\left\{\frac{1}{\sqrt{2}},\frac{1}{\sqrt{2}},\frac{2}{\sqrt{2}}\right\}=\left\{\frac{\sqrt{2}}{2},\frac{\sqrt{2}}{2},\sqrt{2}\right\}$$

与

$$\boldsymbol{v}'=\boldsymbol{v}_1^0-\boldsymbol{v}_2^0=\left\{-\frac{1}{\sqrt{2}},\frac{1}{\sqrt{2}},0\right\}=\left\{-\frac{\sqrt{2}}{2},\frac{\sqrt{2}}{2},0\right\}$$

所以两条角平分线的方程为

$$\frac{x}{\frac{\sqrt{2}}{2}}=\frac{y}{\frac{\sqrt{2}}{2}}=\frac{z}{\sqrt{2}} \quad 与 \quad \frac{x}{-\frac{\sqrt{2}}{2}}=\frac{y}{\frac{\sqrt{2}}{2}}=\frac{z}{0}$$

即

$$\frac{x}{1}=\frac{y}{1}=\frac{z}{2} \quad 与 \quad \frac{x}{-1}=\frac{y}{1}=\frac{z}{0}$$

解法二 两直线交角的平分线在空间可以看成是两个轨迹图形的交线，其一是 l_1 与 l_2 所在的平面，其二是到 l_1 与 l_2 等距离的点的轨迹，也就是两个互相垂直的平面. 因此我们有下面的解法:

l_1 与 l_2 所在的平面方程为

$$\begin{vmatrix} x & y & z \\ 0 & 1 & 1 \\ 1 & 0 & 1 \end{vmatrix}=0$$

即

$$x+y-z=0$$

设 $M(x,y,z)$ 是与直线 l_1 和 l_2 等距离轨迹上的点，那么

$$\frac{|\overrightarrow{OM}\times\boldsymbol{v}_1|}{|\boldsymbol{v}_1|}=\frac{|\overrightarrow{OM}\times\boldsymbol{v}_2|}{|\boldsymbol{v}_2|}$$

所以得

$$(y-z)^2+2x^2=(z-x)^2+2y^2$$

化简整理得

$$(x-y)(x+y+2z)=0$$

或写成

$$x-y=0 \quad 与 \quad x+y+2z=0$$

这是两个互相垂直的平面，所以 l_1 与 l_2 所成角的平分线方程是

$$\begin{cases} x+y-z=0 \\ x-y=0 \end{cases} \quad 与 \quad \begin{cases} x+y-z=0 \\ x+y+2z=0 \end{cases}$$

例 2.11 已知两条异面直线 l_1 与 l_2，证明：连接 l_1 上任一点和 l_2 上任一点的线段的中点轨迹是公垂线段的垂直平分面.

证法一 取 l_1 为 z 轴，l_1 与 l_2 的公垂线为 x 轴，x 轴的正半轴与 l_2 相交于点 $P(d,0,0)$，公垂线段 OP 的垂直平分面经过点 $\left(\dfrac{d}{2},0,0\right)$，且与公垂线垂直，因此，$(1,0,0)$ 为其法向量. 所以，公垂线段的垂直平分面的方程为 $x=\dfrac{d}{2}$.

设 l_2 的方向向量为 $\boldsymbol{s}_2=(m,n,p)$，它满足 $1\cdot m+0\cdot n+0\cdot p=0$，即 $m=0$，l_2 的方程为 $\dfrac{x-d}{0}=\dfrac{y}{n}=\dfrac{z}{p}$，于是 l_2 上任一点 M_2 的坐标为 (d,nt,pt)，而 l_1 上任一点 M_1 的坐标为 $(0,0,z)$，因此，M_1M_2 的中点坐标为 $\left(\dfrac{d}{2},\dfrac{nt}{2},\dfrac{pt+z}{2}\right)$，由于 t,z 是可以任意取的实数，所以中点轨迹为 $x=\dfrac{d}{2}$，即连接 l_1 上任一点和 l_2 上任一点的线段的中点轨迹是公垂线段的垂直平分面.

证法二 设公垂线与 l_i 交点为 $P_i(x_i,y_i,z_i)$,l_i 的方向向量为 $\boldsymbol{s}_i=(x_i,y_i,z_i)(i=1,2)$，则 l_i 的参数方程为

$$\begin{cases} x=x_i+m_it_i \\ y=y_i+n_it_i \\ z=z_i+p_it_i \end{cases} \qquad (t_i(i=1,2)为l_i的参数)$$

于是，l_1 与 l_2 上任意点连线的中点坐标为

$$x=\frac{x_1+x_2}{2}+\frac{m_1}{2}t_1+\frac{m_2}{2}t_2$$

$$y=\frac{y_1+y_2}{2}+\frac{n_1}{2}t_1+\frac{n_2}{2}t_2$$

$$z=\frac{z_1+z_2}{2}+\frac{p_1}{2}t_1+\frac{p_2}{2}t_2$$

这正是过线段 P_1P_2 中点 $\left(\dfrac{x_1+x_2}{2},\dfrac{y_1+y_2}{2},\dfrac{z_1+z_2}{2}\right)$ 且平行于 l_1 与 l_2 的平面的参数方程，即连接 l_1 上任一点和 l_2 上任一点的线段的中点轨迹是公垂线段的垂直平分面.

2.3 习 题 详 解

1. 试求下列各平面的向量形式点法式方程:

(1) 经过坐标原点，并与 x 轴垂直.

(2) 经过不共线三点 $P_i(i=1,2,3)$.

解 (1) $\boldsymbol{r}\cdot\boldsymbol{i}=0$.

(2) $(\boldsymbol{r}-\boldsymbol{r}_1)\cdot[(\boldsymbol{r}_2-\boldsymbol{r}_1)\times(\boldsymbol{r}_3-\boldsymbol{r}_1)]=0$，其中 $\overrightarrow{OP_i}=\boldsymbol{r}_i(i=1,2,3)$.

2. 试求下列各平面的坐标形式方程:

(1) 坐标原点在所求平面上的投影为 $P(2,9,-6)$.

(2) 经过点 $(3,1,-2)$ 和 z 轴.

(3) 经过 $M_1(3,-1,2)$ 与 $M_2(-1,3,-2)$ 两点所连线段的中点，并与 $\overrightarrow{M_1M_2}$ 垂直.

(4) 经过 $P_1(1,2,-1)$ 与 $P_2(-3,2,1)$ 两点，并且在 y 轴上的截距是 3.

解 (1) $2x+9y-6z-121=0$.

(2) $x-3y=0$.

(3) $x-y+z=0$.

(4) $x-y+2z+3=0$.

3. 试将下列各平面的方程化为坐标形式法线式方程:

(1) $x-2y+2z-3=0$.

(2) $4x-4y-7z=0$.

(3) $x-y+1=0$.

(4) $x-2=0$.

解 (1) $\dfrac{x}{3}-\dfrac{2y}{3}+\dfrac{2z}{3}-1=0$.

(2) $\dfrac{4x}{9}-\dfrac{4y}{9}-\dfrac{7z}{9}=0$.

(3) $-\dfrac{\sqrt{2}x}{2}+\dfrac{\sqrt{2}y}{2}-\dfrac{\sqrt{2}}{2}=0$.

(4) $x-2=0$.

4. 试将平面的参数式方程

$$\begin{cases} x=3+u-v \\ y=-1+2u+v \quad (-\infty<u,v<+\infty) \\ z=5u-2v \end{cases}$$

化为一般式方程和截距式方程.

解　由题意可得

$$\begin{vmatrix} x-3 & y+1 & z \\ 1 & 2 & 5 \\ -1 & 1 & -2 \end{vmatrix}=0$$

解得平面一般方程为

$$\pi\text{：}\ 3x+y-z-8=0$$

于是截距式方程为

$$\frac{x}{\frac{8}{3}}+\frac{y}{8}+\frac{z}{-8}=1$$

5. 设平面的法线式方程为 $x\cos\alpha+y\cos\beta+z\cos\gamma-p=0$，平面在三条坐标轴上的截距分别是 a,b,c，试证：

$$\frac{1}{a^2}+\frac{1}{b^2}+\frac{1}{c^2}=\frac{1}{p^2}$$

证法一　由平面的法式方程

$$x\cos\alpha+y\cos\beta+z\cos\gamma-p=0$$

可得其截距式方程

$$\frac{x}{\frac{p}{\cos\alpha}}+\frac{y}{\frac{p}{\cos\beta}}+\frac{z}{\frac{p}{\cos\gamma}}=1$$

由题意可得

$$a=\frac{p}{\cos\alpha},\quad b=\frac{p}{\cos\beta},\quad c=\frac{p}{\cos\gamma}$$

于是

$$\frac{1}{a^2}+\frac{1}{b^2}+\frac{1}{c^2}=\frac{1}{p^2}(\cos^2\alpha+\cos^2\beta+\cos^2\gamma)=\frac{1}{p^2}$$

证法二　由题意知，平面与三坐标轴交于三点 $A(a,0,0),B(0,b,0),C(0,0,c)$，

于是四面体 $O\text{-}ABC$ 的体积为

$$V_{O\text{-}ABC}=\frac{1}{6}|abc| \tag{2.19}$$

并且 $\overrightarrow{AB}=\{-a,b,0\},\overrightarrow{AC}=\{-a,0,c\}$，于是 $\triangle ABC$ 的面积为

$$S_{\triangle ABC}=\frac{1}{2}|\overrightarrow{AB}\times\overrightarrow{AC}|=\frac{1}{2}\sqrt{(bc)^2+(ac)^2+(ab)^2}$$

所以

$$V_{O\text{-}ABC}=\frac{1}{3}pS_{\triangle ABC}=\frac{1}{6}p\sqrt{(bc)^2+(ac)^2+(ab)^2} \tag{2.20}$$

由式 (2.19)，式 (2.20) 得

$$(abc)^2=p^2(a^2b^2+c^2b^2+a^2c^2)$$

亦即

$$\frac{1}{a^2}+\frac{1}{b^2}+\frac{1}{c^2}=\frac{1}{p^2}$$

6. 试求与坐标原点距离为 6 个单位，并且在 x,y,z 轴上的截距之比 $a:b:c=-1:3:2$ 的平面的方程.

解法见例 2.1(2).

7. 设 $abcd\neq 0$，试求由坐标平面与平面 $ax+by+cz+d=0$ 围成的四面体的体积.

解 由题意知，平面

$$\pi\text{：}\ ax+by+cz+d=0$$

的截距式方程为

$$\frac{x}{-\dfrac{d}{a}}+\frac{y}{-\dfrac{d}{b}}+\frac{z}{-\dfrac{d}{c}}=1$$

于是 π 与三坐标面围成的四面体的体积为

$$V=\frac{1}{6}\left|-\frac{d}{a}\frac{d}{b}\frac{d}{c}\right|=\frac{1}{6}\left|\frac{d^3}{abc}\right|$$

8. 试求满足下列条件的直线的向量形式方程：

(1) 经过点 P_0，并与 z 轴平行.

(2) 经过坐标原点，并与平面 $(\boldsymbol{r}-\boldsymbol{r}_0)\cdot\boldsymbol{r}_0=0$ 垂直.

(3) 经过点 P_0，并与两个平面 π_1：$\boldsymbol{r}\cdot\boldsymbol{n}_1+d_1=0$ 和 π_2：$\boldsymbol{r}\cdot\boldsymbol{n}_2+d_2=0$ ($\boldsymbol{n}_1$ 不平行于 $\boldsymbol{n}_2$) 平行.

解　(1) $\boldsymbol{r}=\overrightarrow{OP_0}+t\boldsymbol{k}$.

(2) $\boldsymbol{r}=t\boldsymbol{r}_0$.

(3) $\boldsymbol{r}=\overrightarrow{OP_0}+t(\boldsymbol{n}_1\times\boldsymbol{n}_2)$.

9. 试求满足下列条件的直线的坐标形式方程：

(1) 经过点 $A(1,-1,-3)$，并平行于直线

$$l:\ \begin{cases}x=-1+3t\\ y=3-2t\\ z=2+5t\end{cases}\quad (t\ 为参数)$$

(2) 经过点 $A(-1,2,9)$，并垂直于平面 π：$3x+2y-z-5=0$.

解　(1) $\dfrac{x-1}{3}=\dfrac{y+1}{-2}=\dfrac{z+3}{5}$.

(2) $\dfrac{x+1}{3}=\dfrac{y-2}{2}=\dfrac{z-9}{-1}$.

10. 试将下列直线的方程化为对称式方程和射影式方程：

(1) $\begin{cases}x+y-z=3\\ 3x-3y+5z=3\end{cases}$.

(2) $\begin{cases}2x+y-z-1=0\\ 3x-y-2z-3=0\end{cases}$.

(1) **解法一**　由于

$$\boldsymbol{v}=\left\{\begin{vmatrix}1 & -1\\ -3 & 5\end{vmatrix},\begin{vmatrix}-1 & 1\\ 5 & 3\end{vmatrix},\begin{vmatrix}1 & 1\\ 3 & -3\end{vmatrix}\right\}$$
$$=\{2,-8,-6\}=2\{1,-4,-3\}$$

再令 $z=0$，由 $\begin{cases}x+y=3\\ 3x-3y=3\end{cases}$ 解得

$$\begin{cases}x=2\\ y=1\end{cases}$$

所以直线 l 的对称式方程为

$$l:\ \frac{x-2}{1}=\frac{y-1}{-4}=\frac{z}{-3}$$

即得 l 的射影式方程为

$$l\colon\ \begin{cases} y=-4x+9 \\ z=-3x+6 \end{cases}$$

解法二 由方程组

$$l\colon\ \begin{cases} x+y-z=3 \\ 3x-3y+5z=3 \end{cases}$$

分别消去 x,y 得

$$3y-4z=3,\quad 3x+z=6$$

于是得直线 l 的射影式方程为

$$l\colon\ \begin{cases} 3y-4z=3 \\ 3x+z=6 \end{cases}$$

而

$$\begin{cases} 3y-4z=3 \\ 3x+z=6 \end{cases} \Longleftrightarrow \begin{cases} \dfrac{y-1}{4}=\dfrac{z}{3} \\ \dfrac{z}{3}=\dfrac{x-2}{-1} \end{cases}$$

所以直线 l 的对称式方程为

$$l\colon\ \frac{x-2}{-1}=\frac{y-1}{4}=\frac{z}{3}$$

(2) **解** 由 (1) 的两种解法可得 l 的对称式方程与射影式方程分别为

$$l\colon\ \frac{x}{-3}=\frac{y+\dfrac{1}{3}}{1}=\frac{z+\dfrac{4}{3}}{-5}$$

与

$$l\colon\ \begin{cases} x+3y+1=0 \\ 5x-3z-4=0 \end{cases}$$

11. 试求满足下列条件的点的坐标：

(1) 点 $M(-4,-6,1)$ 关于平面 π：$2x+3y-z-15=0$ 的对称点的坐标.

(2) 点 $P(2,0,-1)$ 关于直线 l：$\begin{cases} x-y-4z+12=0 \\ 2x+y-2z+3=0 \end{cases}$ 的对称点的坐标.

解法见例 2.3(1) 和 (2).

12. 试求满足下列条件的平面的方程：

(1) 通过直线 l：$\dfrac{x+1}{2}=\dfrac{y}{-1}=\dfrac{z-2}{3}$ 与点 $M(2,0,-1)$.

(2) 通过直线

$$l_1\text{：}\ \frac{x-1}{1}=\frac{y+3}{-5}=\frac{z+1}{-1}$$

并与直线

$$l_2\text{：}\ \begin{cases} 2x-y+z-3=0 \\ x+2y-z-5=0 \end{cases}$$

平行.

(3) 通过直线 l：$\dfrac{x-1}{2}=\dfrac{y+2}{-3}=\dfrac{z-2}{2}$，并与平面 π_1：$3x+2y-z-5=0$ 垂直.

(1) **解法一**　由题意得，所求平面 π 的方程为

$$\begin{vmatrix} x+1 & y & z-2 \\ 2 & -1 & 3 \\ 2-(-1) & 0-0 & -1-2 \end{vmatrix}=0$$

整理得 π：$x+5y+z-1=0$.

解法二　易求得直线 l 的一般方程为

$$l\text{：}\ \begin{cases} x+2y+1=0 \\ 3y+z-2=0 \end{cases}$$

于是设通过直线 l 的平面的方程为

$$\pi\text{：}\ \lambda(x+2y+1)+\mu(3y+z-2)=0$$

又由于 $M(2,0,-1)\in\pi$，将 $x=2, y=0, z=-1$ 代入上面的方程，得 $\lambda=\mu$，于是

$$\pi\text{：}\ x+5y+z-1=0$$

(2) 解法见例 2.1(1).

(3) **解法一**　由题意，所求平面 π 的方程为

$$\begin{vmatrix} x-1 & y+2 & z-2 \\ 2 & -3 & 2 \\ 3 & 2 & -1 \end{vmatrix}=0$$

整理得

$$\pi\text{：}\ x-8y-13z+9=0$$

解法二 易求得直线 l 的一般方程为

$$l\text{：}\begin{cases} 3x+2y+1=0 \\ 2y+3z-2=0 \end{cases}$$

于是设通过直线 l 的平面的方程为

$$\pi\text{：}\lambda(3x+2y+1)+\mu(2y+3z-2)=0$$

整理得

$$3\lambda x+(2\lambda+2\mu)y+3\mu z+\lambda-2\mu=0$$

又由于 π_1：$3x+2y-z-5=0$ 与 π 垂直，于是

$$9\lambda+4\lambda+4\mu-3\mu=0$$

解得

$$\mu=-13\lambda$$

于是

$$\pi\text{：}x-8y-13z+9=0$$

13. 确定 l,m 的值，使得

(1) 直线 g：$\begin{cases} x-2y+z-9=0 \\ 3x+ly+z+m=0 \end{cases}$ 在 xOy 坐标平面上.

(2) 直线 g：$\begin{cases} x=2+2t \\ y=-5-4t \\ z=-1+3t \end{cases}$ (t 为参数) 与平面 π：$lx+my+6z-7=0$ 垂直.

(1) 解法见例 2.4(3).

(2) **解** 由题意得

$$l:m:6=2:(-4):3$$

解得

$$m=-8,\quad l=4$$

14. 判断下列各对平面的位置关系：

(1) $2x-y-2z-5=0$ 与 $x+3y-z-1=0$.

(2) $6x+2y-4z+3=0$ 与 $9x+3y-6z-3=0$.

解 (1) 由于 $2:(-1):(-2)\neq 1:3:(-1)$，于是两平面相交.

(2) 由于 $\dfrac{6}{9}=\dfrac{2}{3}=\dfrac{-4}{-6}\neq\dfrac{3}{-3}$，于是两平面平行.

15. 在下列条件下确定 l,m 的值：

(1) $lx+y-3z+1=0$ 与 $7x-2y+mz=0$ 表示两个平行的平面.

(2) $5x+y-3z-m=0$ 与 $2x+ly-3z+1=0$ 表示互相垂直的两个平面.

解　(1) 由题意得

$$\frac{l}{7}=-\frac{1}{2}=-\frac{3}{m}$$

解得

$$l=-\frac{7}{2},\quad m=6$$

(2) 由题意得

$$5\times 2+1\times l+3\times 3=0$$

解得

$$l=-19,\quad m\in \mathbf{R}$$

16. 判断在下列各组中两条直线的位置关系，若相交，则求出它们的交点：

(1) $\dfrac{x-1}{2}=\dfrac{y+2}{1}=\dfrac{z-2}{-4}$, $\dfrac{x-9}{6}=\dfrac{y-2}{3}=\dfrac{z+1}{1}$.

(2) $\dfrac{x-2}{1}=\dfrac{y+3}{-2}=\dfrac{z}{4}$, $\begin{cases}2x+5y+2z-30=0\\2y+z-11=0\end{cases}$.

(3) $\dfrac{x+3}{-1}=\dfrac{y}{1}=\dfrac{z-1}{2}$, $\begin{cases}x=6+2t\\y=1+5t\ \ (t\text{ 为参数}).\\z=-1\end{cases}$

解　(1) 由于

$$\begin{vmatrix}2 & 1 & -4\\6 & 3 & 1\\9-1 & 2-(-2) & -1-2\end{vmatrix}=0$$

且

$$2:1:(-4)\neq 6:3:1$$

可知两直线相交，设交于 $P_0(x_0,y_0,z_0)$.

将 $x=1+2t, y=-2+t, z=2-4t$ 代入

$$\frac{x-9}{6}=\frac{y-2}{3}=\frac{z+1}{1}$$

得到 $t=1$.

于是 $x_0=3, y_0=-1, z_0=-2$，即 $P_0(3,-1,-2)$.

(2) 由

$$\begin{cases} 2x+5y+2z-30=0 \\ 2y+z-11=0 \end{cases}$$

解得直线的对称式方程为

$$\frac{x-4}{1}=\frac{y-0}{-2}=\frac{z-11}{4}$$

又由于

$$1:(-2):4 \neq (4-2):[0-(-3)]:(11-0)$$

从而两直线平行.

(3) 由题意可知，两直线的对称式方程为

$$l_1\text{：}\ \frac{x+3}{-1}=\frac{y}{1}=\frac{z-1}{2}, \quad l_2\text{：}\ \frac{x-6}{2}=\frac{y-1}{5}=\frac{z+1}{0}$$

由于

$$\begin{vmatrix} -1 & 1 & 2 \\ 2 & 5 & 0 \\ 6-(-3) & 1-0 & -1-1 \end{vmatrix} = -72 \neq 0$$

并且 $-1:1:2 \neq 2:5:0$，所以 l_1 与 l_2 异面.

17. 确定 λ 的值，使得下列两条直线相交：

(1) $\begin{cases} 3x-y+2z-6=0 \\ x+4y-\lambda z-15=0 \end{cases}$, z 轴.

(2) $\dfrac{x-1}{1}=\dfrac{y+1}{2}=\dfrac{z-1}{\lambda}$, $x+1=y-1=z$.

(1) **解法一** 由题意知直线的对称式方程为

$$l\text{：}\ \frac{x-3}{\lambda-8}=\frac{y-3}{2+3\lambda}=\frac{z}{13}$$

z 轴的方程为

$$\frac{x-0}{0}=\frac{y-0}{0}=\frac{z-0}{1}$$

由 l 与 z 轴相交得

$$\begin{vmatrix} -3 & -3 & 0 \\ 0 & 0 & 1 \\ \lambda-8 & 2+3\lambda & 13 \end{vmatrix} = 0$$

且

$$(\lambda-8):(2+3\lambda):13 \neq 0:0:1$$

解得 $\lambda=-5$.

解法二　令 $x=0, y=0$，代入直线 l 方程中，得

$$\begin{cases} 2z-6=0 \\ -\lambda z-15=0 \end{cases}$$

若直线 l 与 z 轴相交，则方程有唯一解，于是解得 $\lambda=-5$.

(2) **解**　若 l_1 与 l_2 相交，则

$$1:2:\lambda \neq 1:1:1$$

且

$$\begin{vmatrix} 1 & 2 & \lambda \\ 1 & 1 & 1 \\ 2 & -2 & 1 \end{vmatrix} = 0$$

解得 $\lambda=\dfrac{5}{4}$.

18. 试求满足下列条件的直线方程:

(1) 经过点 $A(11,9,0)$，并与两条直线

$$l_1\text{：}\ \frac{x-1}{2}=\frac{y+3}{4}=\frac{z-5}{3},\quad l_2\text{：}\ \frac{x}{5}=\frac{y-2}{-1}=\frac{z+1}{2}$$

均相交的直线.

(2) 平行于向量 $\boldsymbol{s}=\{8,7,1\}$，并与两条直线

$$l_1\text{：}\ \frac{x+13}{2}=\frac{y-5}{3}=\frac{z}{1},\quad l_2\text{：}\ \frac{x-10}{5}=\frac{y+7}{4}=\frac{z}{1}$$

均相交的直线.

(3) 经过点 $A(2,-1,3)$，并与直线 l：$\dfrac{x-1}{-1}=\dfrac{y}{0}=\dfrac{z-2}{2}$ 垂直相交的直线.

(4) 经过点 $A(4,2,-3)$，并与平面 π：$x+y+z-10=0$ 平行，同时与直线

$$l\text{：}\begin{cases} x+2y-z-5=0 \\ z-1=0 \end{cases}$$

相交的直线.

(1) 解法见例 2.2(1).

(2) 解法见例 2.2(2).

(3) **解法一** 设 $\boldsymbol{v}=\{l,m,n\}$ 为所求直线的一个方向向量，于是

$$\begin{cases} (-1)l+0\times m+2\times n=0 \\ \begin{vmatrix} 2-1 & -1-0 & 3-2 \\ -1 & 0 & 2 \\ l & m & n \end{vmatrix}=0 \end{cases}$$

解得 $l:m:n=6:(-5):3$，于是所求直线的方程为

$$\frac{x-2}{6}=\frac{y+1}{-5}=\frac{z-3}{3}$$

解法二 由题意知 A 不在直线 l 上，设过直线 l 及点 A 的平面为 π_1，其方程为

$$\begin{vmatrix} x-1 & y & z-2 \\ -1 & 0 & 2 \\ 2-1 & -1-0 & 3-2 \end{vmatrix}=0$$

整理得

$$2x+3y+z-4=0$$

设过点 A 且与直线 l 垂直的平面为 π_2，其方程为

$$-1(x-2)+0\times(y+1)+2(z-3)=0$$

整理得

$$x-2z+4=0$$

而所求直线为平面 π_1 与 π_2 的交线，于是，所求直线的方程为

$$\begin{cases} 2x+3y+z-4=0 \\ x-2z+4=0 \end{cases}$$

(4) 解法见例 2.2(3).

19. 试求下列点到平面的距离：

(1) 点 $A(0,2,1)$， 平面 π：$2x-3y+5z-1=0$.

(2) 点 $A(-1,2,4)$， 平面 π：$x-y+1=0$.

解　(1) $d(A,\pi)=\dfrac{|2\times 0-3\times 2+5\times 1-1|}{\sqrt{2^2+3^2+5^2}}=\dfrac{\sqrt{38}}{19}$.

(2) $d(A,\pi)=\dfrac{|-1-2+1|}{\sqrt{1^2+1^2}}=\sqrt{2}$.

20. 试在 z 轴上求一点，使得它到点 $M(1,-2,0)$ 与平面 π：$3x-2y+6z-9=0$ 的距离相等.

解　设 $A(0,0,k)$ 为 z 轴上所求点，由题意得

$$\sqrt{(1-0)^2+(-2-0)^2+(0-k)^2}=\frac{|3\times 0-2\times 0+6\times k-9|}{\sqrt{3^2+2^2+6^2}}$$

解得

$$k=-2\quad 或\quad k=-\frac{82}{13}$$

于是所求 z 轴上的点为 $(0,0,-2)$ 或 $\left(0,0,-\dfrac{82}{13}\right)$.

21. 试求过 x 轴，并与点 $M(5,4,13)$ 相距为 8 个单位的平面坐标形式的方程.

解　由于所求平面 π 过 x 轴，故设其方程为

$$\pi：By+Cz=0$$

又 $d(M,\pi)=8$，亦即

$$\frac{|4B+13C|}{\sqrt{B^2+C^2}}=8$$

解得 $\dfrac{B}{C}=\dfrac{35}{12}$ 或 $\dfrac{B}{C}=-\dfrac{9}{12}$，从而平面的方程为

$$\pi：35y+12z=0$$

或

$$\pi：-9y+12z=0$$

22. 试求下列点到直线的距离：

(1) 点 $A(-1,-3,5)$，直线 l：$\dfrac{x-1}{2}=\dfrac{y-1}{3}=\dfrac{z+1}{-3}$.

(2) 点 $A(1,0,2)$，直线 l：$\begin{cases}2x-y-2z+1=0\\ x+y-4z-2=0\end{cases}$.

解 (1) $d(A,l)$

$$=\frac{\sqrt{\begin{vmatrix}-3-1 & 5+1\\ 3 & -3\end{vmatrix}^2+\begin{vmatrix}5+1 & -1-1\\ -3 & 2\end{vmatrix}^2+\begin{vmatrix}-1-1 & -3-1\\ 2 & 3\end{vmatrix}^2}}{\sqrt{2^2+3^2+(-3)^2}}$$

$$=\frac{\sqrt{418}}{11}.$$

(2) 由题意知，直线 l 的对称式方程为

$$l\text{：}\ \frac{x-\frac{1}{3}}{2}=\frac{y-\frac{5}{3}}{2}=\frac{z-0}{1}$$

从而

$$d(A,l)=\frac{\sqrt{\begin{vmatrix}-\frac{5}{3} & 2\\ 2 & 1\end{vmatrix}^2+\begin{vmatrix}2 & \frac{2}{3}\\ 1 & 2\end{vmatrix}^2+\begin{vmatrix}\frac{2}{3} & -\frac{5}{3}\\ 2 & 2\end{vmatrix}^2}}{\sqrt{4+4+1}}=\frac{\sqrt{65}}{3}$$

23. 试在 y 轴上求一点，使其到直线 l：$\begin{cases}x+y-1=0\\ z=0\end{cases}$ 和平面 π：$x+2y-z+3=0$ 的距离相等.

解法见例 2.3(3).

24. 试求下列各对异面直线的公垂线方程：

(1) $\dfrac{x-1}{1}=\dfrac{y}{-3}=\dfrac{z}{3}$, $\dfrac{x}{2}=\dfrac{y}{1}=\dfrac{z}{-2}$.

(2) $\begin{cases}x+y-1=0\\ z=0\end{cases}$, $\begin{cases}x-z+1=0\\ 2y+z-2=0\end{cases}$.

解 (1) 由题意易求得公垂线的一个方向向量为

$$\boldsymbol{v}=\left\{\begin{vmatrix}-3 & 3\\ 1 & -2\end{vmatrix},\begin{vmatrix}3 & 1\\ -2 & 2\end{vmatrix},\begin{vmatrix}1 & -3\\ 2 & 1\end{vmatrix}\right\}=\{3,8,7\}$$

于是过公垂线及其中一条直线的两平面方程分别为

$$\pi_1\text{：}\begin{vmatrix}x-1 & y & z\\ 1 & -3 & 3\\ 3 & 8 & 7\end{vmatrix}=0,\quad \pi_2\text{：}\begin{vmatrix}x & y & z\\ 2 & 1 & -2\\ 3 & 8 & 7\end{vmatrix}=0$$

整理得公垂线 l 的方程为

$$l:\ \begin{cases} 45x-2y-17z-45=0 \\ 23x-20y+13z=0 \end{cases}$$

(2) 由题意得

$$l_1:\ \frac{x}{-1}=\frac{y-1}{1}=\frac{z-0}{0},\quad l_2:\ \frac{x+1}{2}=\frac{y-1}{-1}=\frac{z-0}{2}$$

仿照 (1) 的做法，可得公垂线 l 的方程为

$$l:\ \begin{cases} x-y+1=0 \\ x-2y-2z+3=0 \end{cases}$$

25. 试求下列各对异面直线之间的距离：

(1) $\dfrac{x}{2}=\dfrac{y+2}{-2}=\dfrac{z-1}{-1}$, $\dfrac{x-1}{4}=\dfrac{y-3}{2}=\dfrac{z+1}{-1}$.

(2) $\begin{cases} x+y-z+1=0 \\ x+y=0 \end{cases}$, $\begin{cases} x-2y+3z=0 \\ 2x-y+3z-3=0 \end{cases}$.

解　(1) $$d(l_1,l_2)=\frac{\left\|\begin{matrix} 1-0 & 3-(-2) & -1-1 \\ 2 & -2 & -1 \\ 4 & 2 & -1 \end{matrix}\right\|}{\sqrt{\begin{vmatrix} -2 & -1 \\ 2 & -1 \end{vmatrix}^2+\begin{vmatrix} -1 & 2 \\ -1 & 4 \end{vmatrix}^2+\begin{vmatrix} 2 & -2 \\ 4 & 2 \end{vmatrix}^2}}$$

$$=\frac{15}{41}\sqrt{41}.$$

(2) 由题意知

$$l_1:\ \frac{x}{1}=\frac{y}{-1}=\frac{z-1}{0},\quad l_2:\ \frac{x-3}{-1}=\frac{y}{1}=\frac{z+1}{1}.$$

于是

$$d(l_1,l_2)=\frac{\left\|\begin{matrix} 3-0 & 0-0 & -1-1 \\ -1 & 1 & 1 \\ 1 & -1 & 0 \end{matrix}\right\|}{\sqrt{\begin{vmatrix} 1 & 1 \\ -1 & 0 \end{vmatrix}^2+\begin{vmatrix} 1 & -1 \\ 0 & 1 \end{vmatrix}^2+\begin{vmatrix} -1 & 1 \\ 1 & -1 \end{vmatrix}^2}}$$

$$= \frac{3}{\sqrt{2}} = \frac{3}{2}\sqrt{2}$$

26. 试求下列两个平面的交角：

(1) $2x - y + z - 6 = 0$ 与 $x + y + 2z - 5 = 0$.

(2) $x - y + \sqrt{2}z - 8 = 0$ 与 $x = 0$.

(3) $x + y - 11 = 0$ 与 $3x + 8 = 0$.

解 (1) 设 θ 为两平面的夹角，由题意得 $\boldsymbol{n}_1 = \{2, -1, 1\}, \boldsymbol{n}_2 = \{1, 1, 2\}$ 为两平面的法向量，从而 $\theta = \angle(\boldsymbol{n}_1, \boldsymbol{n}_2)$ 或 $\pi - \angle(\boldsymbol{n}_1, \boldsymbol{n}_2)$.

而

$$\cos\angle(\boldsymbol{n}_1, \boldsymbol{n}_2) = \frac{\boldsymbol{n}_1 \cdot \boldsymbol{n}_2}{|\boldsymbol{n}_1||\boldsymbol{n}_2|} = \frac{3}{\sqrt{4+1+1}\sqrt{4+1+1}} = \frac{1}{2}$$

于是 $\theta = \dfrac{\pi}{3}$ 或 $\dfrac{2}{3}\pi$.

(2) 由题意知，$\boldsymbol{n}_1 = \{1, -1, \sqrt{2}\}, \boldsymbol{n}_2 = \{1, 0, 0\}$. 从而

$$\cos\angle(\boldsymbol{n}_1, \boldsymbol{n}_2) = \frac{1}{\sqrt{1+1+2}\sqrt{1}} = \frac{1}{2}$$

于是得两平面的夹角为 $\dfrac{\pi}{3}$ 或 $\dfrac{2}{3}\pi$.

(3) 由题意知，$\boldsymbol{n}_1 = \{1, 1, 0\}, \boldsymbol{n}_2 = \{3, 0, 0\}$. 而

$$\cos\angle(\boldsymbol{n}_1, \boldsymbol{n}_2) = \frac{3}{\sqrt{2}\sqrt{3^2}} = \frac{\sqrt{2}}{2}$$

于是得两平面的夹角为 $\dfrac{\pi}{4}$ 或 $\dfrac{3}{4}\pi$.

27. 试求下列平面的方程：

(1) 通过 z 轴，并与平面

$$\pi: \ 2x + y - \sqrt{5}z - 7 = 0$$

的交角是 $\dfrac{\pi}{3}$ 的平面.

(2) 通过 $M_1(0, 0, 1)$ 与 $M_2(3, 0, 0)$ 两点，并与坐标平面 xOy 的交角是 $\dfrac{\pi}{3}$ 的平面.

(3) 通过 $M_1(3, -1, 4)$ 与 $M_2(1, 0, -3)$ 两点，并垂直于平面

$$\pi: \ 2x + 5y + z + 1 = 0$$

的平面.

(4) 与平面

$$\pi: 3x + 6y - 9z - 7 = 0$$

平行，并在三条坐标轴上截距之和等于 7 的平面.

(1) **解**　设所求平面的方程为

$$\pi: Ax + By = 0$$

由题意知

$$\cos\frac{\pi}{3} = \pm\frac{\{A, B, 0\}\cdot\{2, 1, -\sqrt{5}\}}{\sqrt{A^2 + B^2}\sqrt{4 + 1 + 5}}$$

解得

$$A : B = 1 : 3 \quad 或 \quad A : B = -3 : 1$$

于是所求平面的方程为

$$\pi: x + 3y = 0 \quad 或 \quad \pi: -3x + y = 0$$

(2) **解法一**　设所求平面方程为

$$Ax + By + Cz + D = 0$$

由题意可知

$$\begin{cases} C + D = 0 \\ 3A + D = 0 \\ \dfrac{\{A, B, C\}\cdot\{0, 0, 1\}}{\sqrt{A^2 + B^2 + C^2}} = \pm\cos\dfrac{\pi}{3} \end{cases}$$

解得 $A : B : C : D = -1 : (\pm\sqrt{26}) : (-3) : 3$，于是所求平面的方程为

$$\pi: -x + \sqrt{26}y - 3z + 3 = 0 \quad 或 \quad \pi: -x - \sqrt{26}y - 3z + 3 = 0$$

解法二　由题意可知，过 M_1, M_2 的直线 l 方程为

$$l: \begin{cases} y = 0 \\ x + 3z - 3 = 0 \end{cases}$$

于是，设过直线 l 的平面的方程为

$$\lambda y + \mu(x + 3z - 3) = 0$$

又由于

$$\cos\frac{\pi}{3} = \pm\frac{\{\mu, \lambda, 3\mu\}\cdot\{0, 0, 1\}}{\sqrt{\mu^2 + \lambda^2 + 9\mu^2}}$$

解得 $\lambda:\mu=\pm\sqrt{26}:1$，于是，所求平面的方程为

$$\pi:\ -x+\sqrt{26}y-3z+3=0 \quad \text{或} \quad \pi:\ -x-\sqrt{26}y-3z+3=0$$

(3) **解** 由题意知，所求平面 π' 过 M_1,M_2 两点，且与 π：$2x+5y+z+1=0$ 垂直，从而 π' 的方程为

$$\pi':\ \begin{vmatrix} x-3 & y+1 & z-4 \\ 2 & 5 & 1 \\ 3-1 & -1-0 & 4-(-3) \end{vmatrix}=0$$

整理得 π'：$3x-y-z-6=0$.

(4) **解** 由题意设所求平面的方程为

$$3x+6y-9z+\lambda=0$$

亦即

$$\frac{x}{\frac{-\lambda}{3}}+\frac{y}{\frac{-\lambda}{6}}+\frac{z}{\frac{\lambda}{9}}=1$$

而且由题意 $-\dfrac{\lambda}{3}-\dfrac{\lambda}{6}+\dfrac{\lambda}{9}=7$，解得 $\lambda=-18$. 从而所求平面的方程为

$$x+2y-3z-6=0$$

28. 试求由两个平面 π_1：$2x-y+2z-3=0$ 与 π_2：$3x+2y-6z-1=0$ 构成的二面角的角平分面的方程，并在此二面角内有点 $M(1,2,-3)$.

解法见例 2.9.

29. 试求经过点 $A(1,-5,3)$，并与 x 轴，y 轴，z 轴的交角分别是 $60°,45°,120°$ 的直线方程.

解 设

$$\boldsymbol{v}=\{\cos\alpha,\cos\beta,\cos\gamma\}$$

为所求直线 l 的一个单位方向向量，于是 α,β,γ 为 $\boldsymbol{v}$ 的方向角，由题意可知

$$\alpha=60°\text{或}120°,\quad \beta=45°\text{或}135°,\quad \gamma=120°\text{或}60°$$

从而所求直线有四条，其方向向量分别为

$$\boldsymbol{v}_1=\{\cos 60°,\cos 45°,\cos 120°\}$$

$$\boldsymbol{v}_2=\{\cos 60°,\cos 45°,\cos 60°\}$$

$$\boldsymbol{v}_3 = \{\cos 60^\circ, \cos 135^\circ, \cos 120^\circ\}$$

$$\boldsymbol{v}_4 = \{\cos 120^\circ, \cos 45^\circ, \cos 120^\circ\}$$

所以所求直线的方程为

$$l_1\text{：}\ \frac{x-1}{1} = \frac{y+5}{\sqrt{2}} = \frac{z-3}{-1}$$

$$l_2\text{：}\ \frac{x-1}{1} = \frac{y+5}{\sqrt{2}} = \frac{z-3}{1}$$

$$l_3\text{：}\ \frac{x-1}{1} = \frac{y+5}{-\sqrt{2}} = \frac{z-3}{-1}$$

$$l_4\text{：}\ \frac{x-1}{-1} = \frac{y+5}{\sqrt{2}} = \frac{z-3}{-1}$$

30. 判断下列直线与平面的位置关系，若相交，则求出它们的交点坐标与交角.

(1) 直线 l：$\begin{cases} 3x+4y-3z+3=0 \\ 3x-8y+3z-9=0 \end{cases}$，平面 π：$x-2y+z-1=0$.

(2) 直线 l：$\begin{cases} x=-2+3t \\ y=5+4t \\ z=t \end{cases}$　(t 为参数)，平面 π：$3x-2y-z+15=0$.

解　(1) 由题意得，直线 l 的对称式方程为

$$l\text{：}\ \frac{x-1}{2} = \frac{y-0}{3} = \frac{z-2}{6}$$

由于

$$1\times 2 - 2\times 3 + 1\times 6 = 2 \neq 0$$

从而 l 与 π 相交. 将 $x=1+2t, y=3t, z=2+6t$ 代入 $x-2y+z-1=0$ 中，解得 $t=-1$，于是交点是 $(-1,-3,-4)$.

(2) 由于 $3\times 3 - 2\times 4 - 1\times 1 = 0$，于是直线 l 与平面 π 平行或直线 l 在平面 π 上. 又由于

$$3\times(-2) - 2\times 5 - 0 + 15 = -1 \neq 0$$

亦即 $P_0(-2,5,0)\in l$，但 P_0 不属于平面 π，于是直线 l 与平面 π 平行.

31. 试求与直线 l：$\dfrac{x-7}{1} = \dfrac{y-3}{2} = \dfrac{z-5}{2}$ 相交，与 x 轴的交角为 60°，并通

过点 $M(2,-3,-1)$ 的直线方程.

解法一 设 $\boldsymbol{v}=\{l,m,n\}$ 是所求直线 l 的一个方向向量，由题意得

$$\begin{vmatrix} 2-7 & -3-3 & -1-5 \\ 1 & 2 & 2 \\ l & m & n \end{vmatrix}=0$$

整理得

$$m-n=0 \tag{2.21}$$

又由于

$$\frac{\{l,m,n\}\cdot\{1,0,0\}}{\sqrt{l^2+m^2+n^2}}=\pm\cos 60^\circ$$

整理得

$$m^2+n^2=3l^2 \tag{2.22}$$

由式 (2.21)，式 (2.22) 解得

$$l:m:n=\pm\sqrt{6}:3:3$$

于是所求直线 l 的方程为

$$\frac{x-2}{\sqrt{6}}=\frac{y+3}{3}=\frac{z+1}{3} \quad 或 \quad \frac{x-2}{-\sqrt{6}}=\frac{y+3}{3}=\frac{z+1}{3}$$

解法二 设所求的直线方程为

$$\frac{x-2}{\pm\cos 60^\circ}=\frac{y+3}{a}=\frac{z+1}{b}$$

于是

$$a^2+b^2=\frac{3}{4} \tag{2.23}$$

而且

$$\begin{vmatrix} 2-7 & -3-3 & -1-5 \\ 1 & 2 & 2 \\ \cos 60^\circ & a & b \end{vmatrix}=0$$

整理得

$$a=b \tag{2.24}$$

由式 (2.23)，式 (2.24) 解得 $a=b=\pm\dfrac{\sqrt{6}}{4}$，于是所求直线的方程为

$$\frac{x-2}{\pm 2}=\frac{y+3}{\sqrt{6}}=\frac{z+1}{\sqrt{6}}$$

32. 试求通过两个平面 π_1：$4x-y+3z-1=0$ 与 π_2：$x+5y-z+2=0$ 的交线，并满足下列条件的平面方程：

(1) 通过坐标原点.

(2) 与 y 轴平行.

(3) 与平面 π：$2x-y+5z-3=0$ 垂直.

分析与解　设通过平面 π_1 与平面 π_2 交线的平面 π' 方程为

$$\pi'\text{：}\lambda(4x-y+3z-1)+\mu(x+5y-z+2)=0$$

整理得

$$\pi'\text{：}(4\lambda+\mu)x+(5\mu-\lambda)y+(3\lambda-\mu)z+2\mu-\lambda=0$$

解　(1) 由于 $O(0,0,0)\in\pi'$，即 $-\lambda+2\mu=0$. 解得

$$\lambda:\mu=2:1$$

从而

$$\pi'\text{：}9x+3y+5z=0$$

(2) 由平面 π' 与 y 轴平行，可得

$$\begin{cases}-\lambda+5\mu=0\\-\lambda+2\mu\neq 0\end{cases}$$

解得 $\lambda:\mu=5:1$，从而

$$\pi'\text{：}21x+14z-3=0$$

(3) 由于平面 π' 与平面 π：$2x-y+5z-3=0$ 垂直，从而

$$\{4\lambda+\mu,-\lambda+5\mu,3\lambda-\mu\}\cdot\{2,-1,5\}=0$$

解得 $\lambda:\mu=1:3$，从而

$$\pi'\text{：}7x+14y+5=0$$

33. 试求通过直线 l：$\begin{cases}x+y+2z+2=0\\x+y-z=0\end{cases}$，并与平面 π：$x-2y+z-3=0$ 的交角为 $\dfrac{\pi}{3}$ 的平面的方程.

解法见例 2.1(3).

34. 试求经过直线 l：$\dfrac{x-5}{3}=\dfrac{y}{-1}=\dfrac{z-\frac{9}{2}}{2}$，并在 x 轴和 y 轴上的截距相等的平面的方程.

解法一 由题意易求得直线 l 的一般方程

$$l:\ \begin{cases} -x-3y+5=0 \\ 2y+z-\dfrac{9}{2}=0 \end{cases}$$

于是设经过直线 l 的平面 π 的方程为

$$\pi:\ \lambda(-x-3y+5)+\mu\left(2y+z-\frac{9}{2}\right)=0$$

整理得

$$\pi:\ -\lambda x+(2\mu-3\lambda)y+\mu z=\frac{9}{2}\mu-5\lambda$$

由于平面 π 在 x 轴和 y 轴上的截距相等，于是

$$-\lambda=2\mu-3\lambda$$

解得 $\lambda:\mu=1:1$，从而

$$\pi:\ 2x+2y-2z-1=0$$

解法二 由题意，设所求平面 π 的方程为

$$Ax+Ay+Cz+D=0$$

由题意得

$$\begin{cases} 3A-A+2C=0 \\ 5A+0+\dfrac{9}{2}C+D=0 \end{cases}$$

解得 $A:C:D=2:(-2):(-1)$，从而

$$\pi:\ 2x+2y-2z-1=0$$

第3章　特殊曲面

3.1　知识概要

3.1.1　空间曲线与曲面的一般理论

1. 曲线与曲面方程的含义

曲面 S 在解析几何中可看作是空间中满足一定条件或者具有某种几何特征的点的集合，即 $S=\{P|$ 点 P 具有某种几何性质 $\}$. 设有三元方程 $F(x,y,z)=0$，其解集为 $S'=\{(x,y,z)|F(x,y,z)=0\}$. 在空间取定一坐标系后，如果作为点集的集合 S 的代数形式 (点的坐标表示形式)，就是三元方程 $F(x,y,z)=0$ 的解集 S'，此时称方程 $F(x,y,z)=0$ 为曲面 S 的普通方程.

其实曲面与其方程是同一个集合的两种不同表现形式，在几何上表现为一个曲面，在代数上表现为一个三元方程. 而空间中的一条曲线 Γ 可以看作任意两个过 Γ 的曲面 S_1：$F_1(x,y,z)=0$ 与 S_2：$F_2(x,y,z)=0$ 的交线，因此称由两个三元方程构成的方程组 $\begin{cases} F_1(x,y,z)=0 \\ F_2(x,y,z)=0 \end{cases}$ 为曲线 Γ 的普通方程，并且表示形式不是唯一的.

曲线与曲面的代数形式除了普通方程外，还有参数方程，表 3.1 列出了曲线与曲面的代数形式.

表 3.1

图　形	方程(代数形式)	
	普通方程	参数方程
曲面 S	$S:F(x,y,z)=0$	$S:\begin{cases} x=x(u,v) \\ y=y(u,v) \\ z=z(u,v) \end{cases}$ $(a<u<b,c<v<d)$

续表

<table>
<tr><td rowspan="2">图　形</td><td colspan="2">方程(代数形式)</td></tr>
<tr><td>普通方程</td><td>参数方程</td></tr>
<tr><td>曲线 Γ</td><td>$\Gamma:\begin{cases}F_1(x,y,z)=0\\F_2(x,y,z)=0\end{cases}$</td><td>$\Gamma:\begin{cases}x=x(t)\\y=y(t)\quad(t_1<t<t_2)\\z=z(t)\end{cases}$</td></tr>
</table>

注 (1) 同一个空间形式有不同的代数形式，同解的方程 (组) 表示的图形是相同的.

(2) 一般地，曲面的参数方程中有两个参数，即坐标变量表示成两个自变量的函数，而曲线的参数方程中只有一个参数.

(3) 曲线的普通方程是由两个三元方程构成的方程组，这一点在将曲线的参数方程转化为普通方程的过程中，特别容易忽视. 在对曲线的参数方程消参数求得其普通方程的过程中，消参得到的任何一个方程均是通过曲线的一个曲面的普通方程，任取两个方程联立构成的方程组才是空间曲线的普通方程.

2. 空间曲线的射影式方程

定义 3.1 在空间直角坐标系中，称以空间曲线 Γ 为准线，母线平行于坐标轴的柱面为曲线 Γ 对于与坐标轴垂直的坐标平面的射影柱面.

设曲线 Γ 的普通方程为

$$\Gamma:\ \begin{cases}F_1(x,y,z)=0\\F_2(x,y,z)=0\end{cases}$$

分别消去方程组中的 x,y,z，得到三个方程 $f(x,y)=0,g(x,z)=0,h(y,z)=0$，它们分别就是曲线 Γ 对于坐标面 xOy,xOz,yOz 的射影柱面，这是代数方程消元的几何意义，特别地，对三元一次方程组的消元得到的是直线的射影平面.

任取曲线 Γ 三个射影柱面方程中的两个方程，联立而成的方程组称为 Γ 的射影式方程. 利用空间曲线的射影柱面来表示曲线，有利于我们认识并绘制空间曲线的形状，这一点将在第 4 章空间区域的作图中详细阐述.

3.1.2 特殊曲面及其方程的特征

1. 球面及其方程的特征

球面及其方程的特征见表 3.2.

表 3.2　球面及其方程的特征

<table>
<tr><th>几何特征</th><th>坐标系的选取</th><th colspan="2">代数方程</th></tr>
<tr><td rowspan="3">到定点 A 距离为定长 R 的点的轨迹称为球面. 定长 R 称为球面的半径，定点 A 称为曲面的球心</td><td rowspan="2">建立空间直角坐标系，使得 $A(a,b,c)$，即以 $A(a,b,c)$ 为球心，半径为 R 的球面</td><td>标准方程</td><td>$(x-a)^2+(y-b)^2+(z-c)^2=R^2$</td></tr>
<tr><td>参数方程</td><td>$\begin{cases}x=R\cos\theta\cos\varphi\\y=R\cos\theta\sin\varphi\\z=R\sin\theta\end{cases}$
$\left(0\leqslant\varphi<2\pi,-\frac{\pi}{2}\leqslant\theta\leqslant\frac{\pi}{2}\right)$</td></tr>
<tr><td>建立空间直角坐标系，使得 $A(-f,-g,-h)$，即以 $A(-f,-g,-h)$ 为球心，半径为 $\sqrt{f^2+g^2+h^2-d}$ 的球面</td><td colspan="2">$x^2+y^2+z^2+2fx+2gy+2hz+d=0$
其中 $f^2+g^2+h^2-d>0$</td></tr>
</table>

定理 3.1　在空间直角坐标系下，三元方程 $F(x,y,z)=0$ 为一球面的方程 $\Longleftrightarrow$ 该方程同解于平方项系数相等且交叉项消失的三元二次方程

$$x^2+y^2+z^2+2fx+2gy+2hz+d=0 \tag{3.1}$$

其中 $f^2+g^2+h^2-d>0$.

2. 柱面及其方程的特征

柱面及其方程的特征见表 3.3.

定理 3.2　在空间坐标系下，方程 $F(x,y,z)=0$ 表示一个母线平行于 z 轴的柱面 $\Longleftrightarrow$ 该方程同解于一个不含变量 z 的方程 $f(x,y)=0$，其中

$$\Gamma:\ \begin{cases}f(x,y)=0\\z=0\end{cases}$$

为柱面上的一条准线.

注　定理 3.2 中的准线 Γ 可以是任意一个平行于 xOy 面的平面与柱面的交线，即任一不含 z 的方程 $f(x,y)=0$ 均表示一个以 $\Gamma:\ \begin{cases}f(x,y)=0\\z=k\end{cases}$ 为准线，母线平行于 z 轴的柱面，反之也是成立的.

3. 锥面及其方程的特征

锥面及其方程的特征见表 3.4.

表 3.3 柱面及其方程的特征

柱面 S	几何特征	坐标系与准线的选取	代数方程
一般柱面	由一族平行于定方向 $\boldsymbol{v}$ 且始终与一空间定曲线 Γ 相交的直线构成的曲面称为柱面. $\boldsymbol{v}$ 称为柱面的方向, Γ 称为柱面的准线. 平行直线族中的每一条直线称为直母线	选取仿射坐标系, 使得 $\Gamma:\begin{cases}F_1(x,y,z)=0\\F_2(x,y,z)=0\end{cases}$ 或 $\Gamma:\begin{cases}x=x(t)\\y=y(t)\\z=z(t)\end{cases}$ $(t_1<t<t_2)$ $\boldsymbol{v}=\{X,Y,Z\}$	$l_{P_1}:\dfrac{x-x_1}{X}=\dfrac{y-y_1}{Y}=\dfrac{z-z_1}{Z}$, 其中 $P_1\in\Gamma$, 即 $\begin{cases}F_1(x_1,y_1,z_1)=0\\F_2(x_1,y_1,z_1)=0\end{cases}$ 消去参数 x_1,y_1,z_1, 得到关于 x,y,z 即为柱面的普通方程
			参数方程 $l_1:\begin{cases}x=x(t)+\lambda X\\y=y(t)+\lambda Y\\z=z(t)+\lambda Z\end{cases}$ $(t_1<t<t_2,-\infty<\lambda<+\infty)$
母线平行于坐标轴的柱面	由一族平行于坐标轴的直线构成的曲面	选取定方向为 z 轴方向, 建立仿射坐标系, 选取柱面与 xOy 面的交线 Γ 为准线, 即 Γ: $\begin{cases}F(x,y,0)=0\\z=0\end{cases}$ $\boldsymbol{v}=\{0,0,1\}$	$S:f(x,y)=0$ 其中 $f(x,y)=F(x,y,0)$ 表示母线平行于 z 轴的柱面
圆柱面	以平面圆 Γ 为准线, 母线垂直于圆所在平面的柱面	选取空间直角坐标系, 使得 $\Gamma:\begin{cases}x^2+y^2=R^2\\z=0\end{cases}$ $\boldsymbol{v}=\{0,0,1\}$	$S:x^2+y^2=R^2$
	到定直线距离为定长 R 的点的轨迹	以定直线为 z 轴建立空间直角坐标系	$S:x^2+y^2=R^2$
	两条距离为 R 的平行直线 l_1,l_2, l_1 绕 l_2 旋转一周形成的曲面	以 l_2 为 z 轴建立直角坐标系	$C_k:\begin{cases}z=k\\x^2+y^2+(z-k)^2=R^2\end{cases}$ 表示一族半径为 R, 平行于 xOy 面的圆, 圆心在 z 轴上

表 3.4　锥面及其方程的特征

锥面 S	几何特征	坐标系与准线的选取	代数方程
一般锥面	由一族过定点 A，并且始终与空间曲线 Γ 相交的直线构成的曲面称为锥面. A 称为锥面的顶点，Γ 称为锥面的准线	选取仿射坐标系，使得 $\Gamma:\begin{cases}F_1(x,y,z)=0\\F_2(x,y,z)=0\end{cases}$ 或 $\Gamma:\begin{cases}x=x(t)\\y=y(t)\\z=z(l)\end{cases}$ $(t_1<t<t_2)$ $A=\{a,b,c\}$	$l_{P_1}:\dfrac{x-a}{x_1-a}=\dfrac{y-b}{y_1-b}=\dfrac{z-c}{z_1-c}$ 其中 $P_1\in\Gamma$，即 $\begin{cases}F_1(x_1,y_1,z_1)=0\\F_2(x_1,y_1,z_1)=0\end{cases}$ 消去参数 x_1,y_1,z_1，得到关于 x,y,z 即为锥面的普通方程
			参数方程 $l_1:\begin{cases}x=a+\lambda(x(t)-a)\\y=b+\lambda(y(t)-a)\\z=c+\lambda(z(t)-a)\end{cases}$ $(t_1<t<t_2,-\infty<\lambda<\infty)$
顶点在原点的锥面	由一族过原点的直线构成的曲面	选取定点 A 为坐标原点建立仿射坐标系	$S:F(x,y,z)=0$，$F(x,y,z)=0$ 是一个关于 x,y,z 的齐次方程
		选取定点 A 为坐标原点建立仿射坐标系；选取锥面与平行于 xOy 面的平面交线 Γ 为准线，即 $\Gamma:\begin{cases}f(x,y)=0\\z=k(k\neq0)\end{cases}$ $A(0,0,0)$	$S:f\left(\dfrac{kx}{z},\dfrac{ky}{z}\right)=0$ 表示一个以 $\Gamma:\begin{cases}f(x,y)=0\\z=k(k\neq0)\end{cases}$ 为准线，以 $A(0,0,0)$ 为顶点的锥面
圆柱面	以平面圆 Γ 为准线，顶点 A 在过圆心且垂直于圆所在平面的直线 l 上的锥面，半顶角为 θ	选取直线 l 为 z 轴，顶点 A 为坐标原点建立空间直角坐标系，即 $\Gamma:\begin{cases}x^2+y^2=k^2\tan^2\theta\\z=k\end{cases}$ $A(0,0,0)$	$S:x^2+y^2=\tan^2\theta\, z^2$
	到定直线相交于定角 θ 的直线构成的曲面	以定直线为 z 轴建立空间直角坐标系	$S:x^2+y^2=\tan^2\theta\, z^2$
	两条相交且夹角为 θ 的直线 l_1,l_2,l_1 绕 l_2 旋转一周形成的曲面	以 l_2 为 z 轴建立直角坐标系	$C_k:\begin{cases}z=k\\x^2+y^2=k^2\tan^2\theta\end{cases}$ $(k\in\mathbf{R})$ 表示一族半径为 $\lvert k\rvert\tan\theta$，平行于 xOy 面的圆，圆心在 z 轴上

定理 3.3 在空间坐标系下，三元方程 $F(x,y,z)=0$ 表示顶点在原点的锥面 $\Longleftrightarrow$ 该方程同解于一个关于 x,y,z 的 $n(n>0)$ 次齐次方程，即对任意的 t，有 $F(tx,ty,tz)=t^nF(x,y,z)$.

定理 3.4 在空间坐标系下，$F(x,y,z)=0$ 表示以曲线

$$\Gamma:\ \begin{cases} f(x,y)=0 \\ z=k(k\neq 0) \end{cases}$$

为准线，顶点在坐标原点的锥面 $\Longleftrightarrow$ 该方程同解于 $f\left(\frac{kx}{z},\frac{ky}{z}\right)=0$，且当 $z=0$ 时，

$$\begin{cases} F(x,y,z)=0 \\ z=0 \end{cases}$$

的解是 $x=y=z=0$.

注 定理 3.4 说明，对于当 $z\neq 0$ 时，能够同解变形为 $f\left(\frac{kx}{z},\frac{ky}{z}\right)=0$ 的曲面 S：$F(x,y,z)=0$，只有当曲面 S 与 xOy 交于坐标原点时，该方程表示顶点在原点的锥面，并且 Γ：$\begin{cases} f(x,y)=0 \\ z=k(k\neq 0) \end{cases}$ 为曲面 S：$F(x,y,z)=0$ 的一条准线. 这是我们在确定锥面上一条准线方程应该注意的一个问题.

4. 旋转曲面及其方程的特征

旋转曲面及其方程的特征见表 3.5.

表 3.5 旋转曲面及其方程的特征

旋转曲面 S	几何特征	坐标系与母线的选取	代数方程
一般旋转曲面	一条空间曲线 Γ 绕一条直线 l 旋转一周所形成的曲面称为旋转曲面. l 称为旋转轴，Γ 称为旋转曲面的母线 旋转曲面又可看作由一族平行的圆构成的曲面，这些圆的圆心在一条直线上	建立直角坐标系，使得 l：$\frac{x-x_0}{X}=\frac{y-y_0}{Y}=\frac{z-z_0}{Z}$ Γ：$\begin{cases} F_1(x,y,z)=0 \\ F_2(x,y,z)=0 \end{cases}$ 或 Γ：$\begin{cases} x=x(t) \\ y=y(t) \\ z=z(t) \end{cases}$ $(t_1<t<t_2)$	C_{P_1}： $\begin{cases} X(x-x_1)+Y(y-y_1)+Z(z-z_1)=0 \\ (x-a)^2+(y-b)^2+(z-c)^2=(x_1-a)^2+(y_1-b)^2+(z_1-c)^2 \end{cases}$ 其中 $P_1\in\Gamma$，即 $\begin{cases} F_1(x_1,y_1,z_1)=0 \\ F_2(x_1,y_1,z_1)=0 \end{cases}$ 消去参数 x_1,y_1,z_1，得到关于 x,y,z 即为旋转曲面的普通方程

续表

<table>
<tr><th>旋转曲面 S</th><th>几何特征</th><th>坐标系与母线的选取</th><th>代数方程</th></tr>
<tr><td rowspan="2">旋转轴为坐标轴，母线是坐标面上的曲线的旋转面</td><td rowspan="2">由一族平行于坐标面的圆构成的曲面，圆心在与坐标面垂直的坐标轴上．两条距离为 R 的平行直线 l_1, l_2，l_1 绕 l_2 旋转一周形成的曲面</td><td rowspan="2">选取旋转轴为 z 轴，建立仿射坐标系，选取旋转曲面与 yOz 面的交线 Γ 为母线，即 $l: \frac{x}{0}=\frac{y}{0}=\frac{z}{1}$
$\Gamma: \begin{cases} f(y,z)=0 \\ x=0 \end{cases}$ 或
$\Gamma: \begin{cases} x=0 \\ y=y(t) \\ z=z(t) \end{cases}$
$(t_1<t<t_2)$</td><td>$S: f(\pm\sqrt{x^2+y^2}, z)=0$ 表示 $\Gamma: \begin{cases} f(y,z)=0 \\ x=0 \end{cases}$ 绕 z 轴旋转一周形成的旋转曲面</td></tr>
<tr><td>$S: \begin{cases} x=\lvert y(t)\rvert\cos\theta \\ y=\lvert y(t)\rvert\sin\theta \\ z=z(t) \end{cases}$
$(0\leqslant\theta<2\pi, t_1<t<t_2)$</td></tr>
</table>

定理 3.5　在空间直角坐标系下，三元方程 $F(x,y,z)=0$ 表示一个以 z 轴为旋转轴的旋转曲面 $\Longleftrightarrow$ 该方程同解于形如 $f(\pm\sqrt{x^2+y^2}, z)$ 的方程，其中

$$\Gamma: \begin{cases} f(x,z)=0 \\ y=0 \end{cases} \quad \text{或} \quad \Gamma: \begin{cases} f(y,z)=0 \\ x=0 \end{cases}$$

为旋转曲面在 xOz(或者 yOz) 面上的一条母线．

注　定理 3.5 说明，当坐标面上的曲线 Γ 绕此坐标面中的一个坐标轴旋转时，形成的旋转曲面的方程可以这样得到：保留曲线 Γ 在坐标面里的方程与旋转轴同名的坐标，而以其他两个坐标平方和的平方根代替方程中的另一坐标．

3.1.3　概念图

特殊曲面及其代数方程的概念图，如图 3.1 所示．

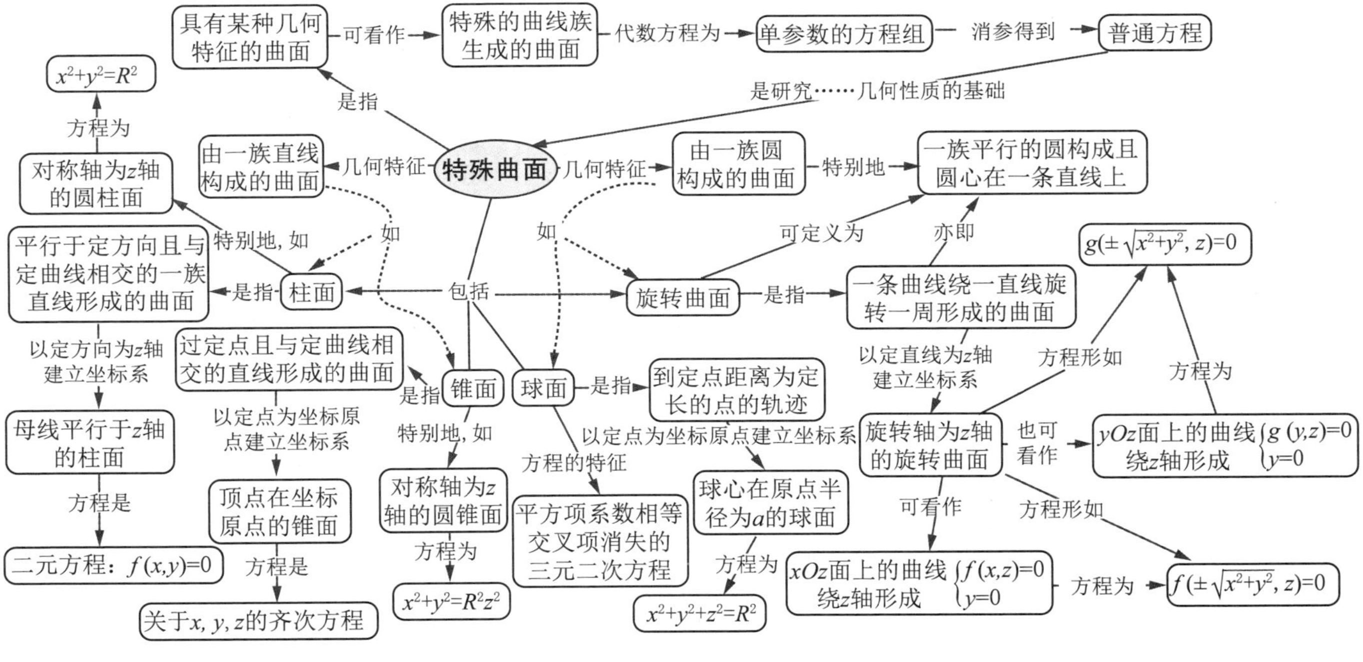

图 3.1 特殊曲面及其代数方程

3.2　典型例题分析与讲解

解析几何所要研究的主要内容有两个方面：一是已知图形的几何性质或形状，建立该图形的方程；二是已知坐标 x, y 和 z 间的一个方程 (组)，研究这个方程 (组) 所表示的图形的几何性质与形状．本章主要根据这两个中心内容，对一些具有明显几何特征的曲面，如球面、柱面、锥面及旋转曲面，阐述研究的基本方法和具有广泛应用的基本结果．

所涉及的基本问题有两大类：

(1) 求解空间曲面或曲线的代数形式问题，是一个由“形”到“数”的过程；

(2) 阐述某些代数形式的几何意义，是一个由“数”到“形”的过程．

3.2.1　求解给定轨迹的方程问题

表 3.1 列出了空间曲面及曲线的代数方程的基本形式，包括普通方程与参数方程，表 3.2 ~ 表 3.5 给出了各种球面、柱面、锥面及旋转曲面方程的基本形式．根据表格中给定的几何条件容易建立对应的代数方程，但需要注意表格中的方程一般是在给定的坐标系中的．有的轨迹方程的求解问题中，没有给出坐标系，所以应该首先建立适当的坐标系．所谓适当的原则是应该使求得的代数方程简洁且容易求出，如果给定图形的几何性质涉及与距离、夹角等相关的度量性质时，应建立直角坐标系；如果仅涉及位置关系时，建立仿射坐标系即可．其次要利用轨迹中给定的点、线、面或者向量作为建立坐标系的基本要素．

1. 求解曲线族生成曲面方程的一般方法

从求解一般的柱面、锥面及旋转曲面方程的过程中可以看出，这些特殊曲面可看作由一族具有某种几何特征的曲线如直线或圆构成，而这些简单的平面曲线的代数形式容易表达或者识别．曲线族生成曲面的代数形式通常可以这样求得：首先明确与曲线族中的每一条曲线均相交的曲线 $\varGamma$，即准线 (对旋转曲面而言是母线) 的方程

$$\varGamma:\ \begin{cases} F_1(x,y,z)=0 \\ F_2(x,y,z)=0 \end{cases} \tag{3.2}$$

然后写出过 $\varGamma$ 上任意一点 $P_1(x_1,y_1,z_1)$ 的曲线族中曲线的表达式，即含有参数

x_1, y_1, z_1 的方程组

$$\Gamma_{P_1}\text{：}\begin{cases} G_1(x,y,z,x_1,y_1,z_1)=0 \\ G_2(x,y,z,x_1,y_1,z_1)=0 \end{cases} \tag{3.3}$$

由于 $P_1(x_1,y_1,z_1)\in\Gamma$，于是有

$$\Gamma\text{：}\begin{cases} F_1(x_1,y_1,z_1)=0 \\ F_2(x_1,y_1,z_1)=0 \end{cases} \tag{3.4}$$

最后从式 (3.3) 及式 (3.4) 中消去参数 x_1, y_1, z_1，得到关于曲面的方程.

例 3.1 试求下列轨迹的方程：

(1) 经过点 $(3,1,-3),(-2,4,1),(-5,0,0)$，并且球心在 $2x+y-z+3=0$ 上的球面.

(2) 准线 Γ：$\begin{cases} x=y^2+z^2 \\ x=2z \end{cases}$，母线垂直于准线所在平面的柱面.

(3) 准线 Γ：$\begin{cases} x^2+y^2+(z-5)^2=9 \\ z=4 \end{cases}$，顶点在坐标原点的锥面.

(4) 抛物线 Γ：$\begin{cases} y^2=2x \\ z=0 \end{cases}$，绕其准线旋转所得的旋转曲面.

(1) **解法一** 设所求球面 S 的球心为 (a,b,c). 由题意得

$$\begin{cases} 2a+b-c+3=0 \\ (a-3)^2+(b-1)^2+(c+3)^2=(a+2)^2+(b-4)^2+(c-1)^2 \\ (a-3)^2+(b-1)^2+(c+3)^2=(a+5)^2+b^2+c^2 \end{cases}$$

解得

$$a=1,\quad b=-2,\quad c=3$$

从而

$$S\text{：}(x-1)^2+(y+2)^2+(z-3)^2=49$$

解法二 设所求球面 S 的方程为

$$S\text{：}x^2+y^2+z^2+fx+gy+hz+d=0$$

由题意得

$$\begin{cases} 9+1+9+3f+g-3h+d=0 \\ 4+16+1-2f+4g+h+d=0 \\ 25-5f+d=0 \end{cases}$$

解得

$$g=\frac{18-17f}{13},\quad h=\frac{29f-20}{13},\quad d=5f-25$$

于是 S 的球心坐标为 $\left(-\frac{f}{2},\frac{17f-18}{26},\frac{20-29f}{26}\right)$，又由于

$$2\times\left(-\frac{f}{2}\right)+\frac{17f-18}{26}-\frac{20-29f}{26}+3=0$$

解得 $f=-2$．从而解得 S 的球心坐标为 $(1,-2,3)$．所求的球面 S 的方程为

$$(x-1)^2+(y+2)^2+(z-3)^2=49$$

(2) **解**　由题意可知，$\boldsymbol{v}=\{1,0,-2\}$ 为母线的方向，设 $M_1(x_1,y_1,z_1)\in\Gamma$，过 M_1 的母线方程为

$$\frac{x-x_1}{1}=\frac{y-y_1}{0}=\frac{z-z_1}{-2} \tag{3.5}$$

且

$$\begin{cases} x_1=y_1^2+z_1^2 \\ x_1=2z_1 \end{cases} \tag{3.6}$$

从式 (3.5)，式 (3.6) 中消去 x_1,y_1,z_1 得

$$4x^2+25y^2+z^2+4xz-20x-10z=0$$

(3) **解法一**　方程

$$\begin{cases} x^2+y^2+(z-5)^2=9 \\ z=4 \end{cases} \iff \begin{cases} x^2+y^2=8 \\ z=4 \end{cases}$$

于是

$$\Gamma:\ \begin{cases} x^2+y^2=8 \\ z=4 \end{cases}$$

由定理 3.4 得

$$S:\ 2x^2+2y^2=z^2$$

解法二 设 $M_1(x_1,y_1,z_1)$ 为准线 Γ 上任一点，过 M_1 的母线方程为

$$\frac{x-0}{0-x_1}=\frac{y-0}{0-y_1}=\frac{z-0}{z_1} \tag{3.7}$$

且

$$\Gamma:\ \begin{cases} x_1^2+y_1^2+(z_1-5)^2=9 \\ z_1=4 \end{cases} \tag{3.8}$$

从式 (3.7)，式 (3.8) 中消去 x_1,y_1,z_1 得

$$S:\ 2x^2+2y^2=z^2$$

(4) **解法一** 由题意知旋转轴 l 的方程为

$$l:\ \begin{cases} x=-1 \\ z=0 \end{cases}$$

亦即

$$l:\ \frac{x+1}{0}=\frac{y}{1}=\frac{z-0}{0}$$

设 $M_1(x_1,y_1,z_1)$ 为 Γ 上任一点，过 M_1 的纬圆的方程为

$$\begin{cases} y=y_1 \\ (x+1)^2+y^2+z^2=(x_1+1)^2+y_1^2+z_1^2 \end{cases} \tag{3.9}$$

且

$$\begin{cases} y_1^2=2x_1 \\ z_1=0 \end{cases} \tag{3.10}$$

从式 (3.9)，式 (3.10) 中消去 x_1,y_1,z_1 得

$$4x^2+4z^2-y^4-4y^2+8x=0$$

解法二 设抛物线 Γ 的准线为 l，由题意知方程为

$$l:\ \begin{cases} x=-1 \\ z=0 \end{cases}$$

作坐标系的平移变换，令

$$\begin{cases} x'=x+1 \\ y'=y \\ z'=z \end{cases}$$

于是在新坐标系中

$$\Gamma: \begin{cases} y'^2 = 2(x'-1) \\ z' = 0 \end{cases}, \quad l: \begin{cases} x' = 0 \\ z' = 0 \end{cases}$$

由定理 3.5 得

$$\Gamma: \begin{cases} y'^2 = 2(x'-1) \\ z' = 0 \end{cases}$$

绕 y' 轴旋转一周所生成的旋转面方程为

$$y'^2 = 2(\pm\sqrt{x'^2+z'^2} - 1)$$

整理得

$$4(x'^2+z'^2) = (y'^2+2)^2$$

亦即

$$S: 4x^2+4z^2-y^4-4y^2+8x=0$$

例 3.2　设有两条互相垂直相交的直线 l_1 与 l_2，其中 l_1 绕 l_2 做螺旋运动，即 l_1 一方面绕 l_2 做等速转动，另一方面又沿 l_2 做等速直线运动，在运动中 l_1 保持与 l_2 垂直相交，这样由 l_1 产生的曲面称为**正螺旋面**，试建立正螺旋面方程.

解法一　以直线 l_2 为 z 轴建立空间直角坐标系，设 l_1 的初始位置 $(t=0)$ 与 x 轴重合，角速度为 ω，线速度为 ν，则对 l_2 上任一点 $M_1(0,0,k)$，过 M_1 且与 l_2 垂直的直线方程为

$$\frac{x-0}{a} = \frac{y-0}{b} = \frac{z-k}{0} \tag{3.11}$$

且

$$\begin{cases} k = \nu t \\ \dfrac{b}{a} = \tan(\omega t) \end{cases} \tag{3.12}$$

从式 (3.11)，式 (3.12) 中消去 a, b, k 得

$$\frac{y}{x} = \tan\left(\frac{\omega}{\nu}z\right)$$

于是正螺旋面的方程为 $y = \tan\left(\dfrac{\omega}{\nu}z\right)\cdot x$.

解法二　以直线 l_2 为 z 轴建立空间直角坐标系，设 l_1 的初始位置 $(t=0)$ 与 x 轴重合，角速度为 ω，线速度为 ν，所求正螺旋面为 S，则

$$\forall P(x,y,z) \in S \Longleftrightarrow P \in l_t$$

其中 l_t 为 l_1 经过时间 t 后的位置.

于是 l_t 经过 $P_0(0,0,\nu t)$，且以 $\boldsymbol{v}=\{1,\tan(\omega t),0\}$ 为其方向向量，直线族 l_t 构成的曲面就是所求的正螺旋面，参数方程为

$$S:\ \begin{cases} x=\mu \\ y=\mu\tan(\omega t) \\ z=\nu t \end{cases} \quad (\mu\in(-\infty,+\infty),t\in(-\infty,+\infty))$$

2. 求圆柱面及圆锥面方程的一般方法

圆柱面是一种特殊的柱面，可以看作以平面圆为准线，母线垂直于圆所在平面的柱面；也可看作两条平行线，一条绕另一条旋转所得的旋转曲面；又可以看作到定直线距离为定长的点的轨迹. 圆锥面是一种特殊的锥面，可以看作以平面圆为准线，顶点在垂直于圆且过圆心的直线上的锥面；同时可看作两条相交，一条绕另一条旋转所得的旋转曲面；又可以看作与定直线相交于成定角的直线构成的曲面.

所以求解圆柱面及圆锥面的方法很多，可以利用求柱面及锥面方程的一般方法，也可以利用求旋转曲面方程的方法，又可以利用点到直线的距离公式及两条相交直线的夹角公式求解.

例 3.3 试求经过三条平行直线：

$$l_1:\ x=y=z,\quad l_2:\ x+1=y=z-1,\quad l_3:\ x-1=y+1=z$$

的圆柱面的方程.

解法一 取与 $l_i(i=1,2,3)$ 垂直的平面

$$\pi:\ x+y+z=0$$

其与 l_i 的交点分别为 $O(0,0,0),A(-1,0,1),B(1,-1,0)$.

设 $C(a,b,c)$ 为 π 上由 O,A,B 三点所确定的圆的圆心，于是

$$\begin{cases} a^2+b^2+c^2=(a+1)^2+b^2+(c-1)^2 \\ a^2+b^2+c^2=(a-1)^2+(b+1)^2+c^2 \\ a+b+c=0 \end{cases}$$

解得

$$a=0,\quad b=-1,\quad c=1$$

于是所求柱面的准线方程为

$$\Gamma:\ \begin{cases} x+y+z=0 \\ x^2+(y+1)^2+(z-1)^2=2 \end{cases}$$

设 $M_1(x_1,y_1,z_1)$ 为 Γ 上任一点，S 上过 M_1 的母线方程为

$$\frac{x-x_1}{1}=\frac{y-y_1}{1}=\frac{z-z_1}{1} \tag{3.13}$$

且

$$\begin{cases} x_1+y_1+z_1=0 \\ x_1^2+(y_1+1)^2+(z_1-1)^2=2 \end{cases} \tag{3.14}$$

从式 (3.13)，式 (3.14) 中消去 x_1,y_1,z_1 得

$$S:\ 2x^2+2y^2+2z^2-2xy-2yz-2xz+2x+4y-6z-1=0$$

解法二　设所求圆柱面为 S,l 为 S 的对称轴，于是

$$\forall P(x,y,z)\in l \Longleftrightarrow d(P,l_1)=d(P,l_2)=d(P,l_3)$$

$$\Longleftrightarrow \sqrt{\begin{vmatrix} y & z \\ 1 & 1 \end{vmatrix}^2+\begin{vmatrix} z & x \\ 1 & 1 \end{vmatrix}^2+\begin{vmatrix} x & y \\ 1 & 1 \end{vmatrix}^2}$$

$$=\sqrt{\begin{vmatrix} y & z-1 \\ 1 & 1 \end{vmatrix}^2+\begin{vmatrix} z-1 & x+1 \\ 1 & 1 \end{vmatrix}^2+\begin{vmatrix} x+1 & y \\ 1 & 1 \end{vmatrix}^2}$$

$$=\sqrt{\begin{vmatrix} y+1 & z \\ 1 & 1 \end{vmatrix}^2+\begin{vmatrix} z & x-1 \\ 1 & 1 \end{vmatrix}^2+\begin{vmatrix} x-1 & y+1 \\ 1 & 1 \end{vmatrix}^2}$$

解得 l 的方程为

$$l:\ \begin{cases} x-z+1=0 \\ x-y-1=0 \end{cases}$$

亦即

$$l:\ \frac{x-0}{1}=\frac{y+1}{1}=\frac{z-1}{1}$$

由圆柱面的几何特征得

$$\forall M(x,y,z)\in S \Longleftrightarrow d(M,l)=d(O,l)$$

亦即

$$\sqrt{\begin{vmatrix} y+1 & z-1 \\ 1 & 1 \end{vmatrix}^2+\begin{vmatrix} z-1 & x \\ 1 & 1 \end{vmatrix}^2+\begin{vmatrix} x & y \\ 1 & 1 \end{vmatrix}^2}=\sqrt{\begin{vmatrix} 1 & -1 \\ 1 & 1 \end{vmatrix}^2+\begin{vmatrix} -1 & 0 \\ 1 & 1 \end{vmatrix}^2+\begin{vmatrix} 0 & 1 \\ 1 & 1 \end{vmatrix}^2}$$

即

$$S\text{：}2x^2+2y^2+2z^2-2xy-2yz-2xz+2x+4y-6z-1=0$$

例 3.4 设圆柱面被 xOy 坐标面截得的曲线为 $\begin{cases} \dfrac{x^2}{4}+y^2=1 \\ z=0 \end{cases}$，试求这个圆柱面的方程.

分析与解 xOy 面截圆柱面得到的是椭圆，说明这是一个斜截面，截得的椭圆中心应在圆柱面的轴线上，而椭圆的短半轴长应等于圆柱面的半径. 因此圆柱面的轴线通过原点 O，而半径为 1. 由于圆柱面被它的轴线与半径完全确定，因此只要再求出轴线的方向，圆柱面也就确定了.

设圆柱面的轴线的方向向量为 $\boldsymbol{v}=(l,m,n)$，那么根据圆柱面的特征性质，圆柱面上的任何点到轴线的距离均等于圆柱面的半径. 现取截线椭圆的两顶点 $A(2,0,0)$ 与 $B(0,1,0)$，那么它们到轴线的距离均为 1，从而有

$$\frac{\left|\overrightarrow{OA}\times\boldsymbol{v}\right|}{|\boldsymbol{v}|}=1,\quad \frac{\left|\overrightarrow{OB}\times\boldsymbol{v}\right|}{|\boldsymbol{v}|}=1$$

即

$$\frac{|(2,0,0)\times(l,m,n)|}{|(l,m,n)|}=1,\quad \frac{|(0,1,0)\times(l,m,n)|}{|(l,m,n)|}=1$$

从而有

$$\frac{\sqrt{4n^2+4m^2}}{\sqrt{l^2+m^2+n^2}}=1,\quad \frac{\sqrt{n^2+l^2}}{\sqrt{l^2+m^2+n^2}}=1$$

化简求得 $l:m:n=\pm\sqrt{3}:0:1$.

设圆柱面上的任意点为 (x,y,z)，那么有

$$\frac{\left|(x,y,z)\times(\pm\sqrt{3},0,1)\right|}{\left|(\pm\sqrt{3},0,1)\right|}=1$$

化简整理得 $x^2+4y^2+3z^2\pm2\sqrt{3}xz-4=0$，即为所求柱面方程.

例 3.5 过 x 轴与 y 轴分别作平面，使它们的交角为定角 α，求这样的两平面交线所生成的曲面方程.

分析与解　本题是一个直线族生成的曲面问题，其解题的基本思路是：写出母线族方程与母线族中参数的约束条件，再消去参数就可得到所求方程.

过 x 轴、y 轴的平面方程分别为

$$my + nz = 0, \quad lx + pz = 0$$

所以交线方程为

$$\begin{cases} my + nz = 0 \\ lx + pz = 0 \end{cases} \tag{3.15}$$

其中参数 m, n, l, p 必须满足条件

$$\frac{|(0, m, n) \cdot (l, 0, p)|}{\sqrt{m^2 + n^2}\sqrt{l^2 + p^2}} = \cos\alpha$$

即

$$\frac{n^2p^2}{(m^2 + n^2)(l^2 + p^2)} = \cos^2\alpha$$

即

$$\left(\frac{m^2}{n^2}+1\right)\left(\frac{l^2}{p^2}+1\right)\cos^2\alpha = 1 \tag{3.16}$$

由式 (3.15) 得

$$\frac{m}{n} = -\frac{z}{y}, \quad \frac{l}{p} = -\frac{z}{x}$$

代入式 (3.16) 得所求曲面方程为

$$\left(\frac{z^2}{y^2}+1\right)\left(\frac{z^2}{x^2}+1\right)\cos^2\alpha = 1$$

即

$$\left(y^2+z^2\right)\left(z^2 + x^2\right)\cos^2\alpha = x^2y^2$$

也可化为

$$\left(x^2+y^2+z^2\right)z^2 = x^2y^2\tan^2\alpha$$

这是一个顶点在原点的四次锥面.

例 3.6　试求顶点是 $A(1, 2, 3)$，对称轴与平面 π：$2x + y - z + 1 = 0$ 垂直，母线和轴成 $30°$ 角的圆锥面方程.

解法一 设所求圆锥面为 S，由题意得

$$\forall P(x,y,z)\in S \iff \frac{\overrightarrow{AP}\cdot \boldsymbol{v}}{|\overrightarrow{AP}||\boldsymbol{v}|}=\pm\cos 30^\circ$$

亦即

$$\frac{2(x-1)+(y-2)-(z-3)}{\sqrt{(x-1)^2+(y-2)^2+(z-3)^2}\cdot\sqrt{4+1+1}}=\pm\frac{\sqrt{3}}{2}$$

解得

$$S\text{：}(x-1)^2+7(y-2)^2+7(z-3)^2-8(x-1)(y-2)+8(x-1)(z-3)+4(y-2)(z-3)=0$$

亦即

$$S\text{：}x^2+7y^2+7z^2-8xy+4yz+8xz-10x-32y-58z+124=0$$

解法二 由题意知，顶点 A 到平面 π 的距离

$$d(A,\pi)=\frac{|1\times 2+2\times 1-3+1|}{\sqrt{4+1+1}}=\frac{\sqrt{6}}{3}$$

设平面 π 与圆锥面 S 的交线圆上的点与 A 的距离为 d，则

$$\frac{\frac{\sqrt{6}}{3}}{d}=\cos 30^\circ \Longrightarrow d=\frac{2\sqrt{2}}{3}$$

从而交线圆 $\varGamma$ 的方程为

$$\varGamma\text{：}\begin{cases}(x-1)^2+(y-2)^2+(z-3)^2=\dfrac{8}{9}\\ 2x+y-z+1=0\end{cases}$$

于是，设 $M_1(x_1,y_1,z_1)$ 为准线 $\varGamma$ 上任一点，M_1 的母线方程为

$$\frac{x-1}{x_1-1}=\frac{y-2}{y_1-2}=\frac{z-3}{z_1-3} \tag{3.17}$$

且

$$\varGamma\text{：}\begin{cases}(x_1-1)^2+(y_1-2)^2+(z_1-3)^2=\dfrac{8}{9}\\ 2x_1+y_1-z_1+1=0\end{cases} \tag{3.18}$$

从式 (3.17)，式 (3.18) 中消去 x_1,y_1,z_1 得

$$S\text{：}x^2+7y^2+7z^2-8xy+4yz+8xz-10x-32y-58z+124=0$$

例 3.7　求与两个球面

$$x^2+y^2+z^2=16 \quad 与 \quad x^2+(y-9)^2+z^2=4$$

都相切的圆锥面方程.

分析与解　两个球面的球心分别为 $O_1(0,0,0), O_2(0,9,0)$, 而两球面的半径分别为 $R=4, r=2$，显然这两个球是相离的. 因此，与它们相切的锥面应该有两个，即两个球可以在锥面的同一腔内，也可以在锥面的两个不同腔内这两种情况. 第一种情况下，锥面顶点 S_1 外分线段 O_1O_2，定比为 $\lambda=(-R):r=-2$；第二种情况下，锥面顶点 S_2 内分线段 O_1O_2，定比为 $\lambda=R:r=2$（图 3.2）.

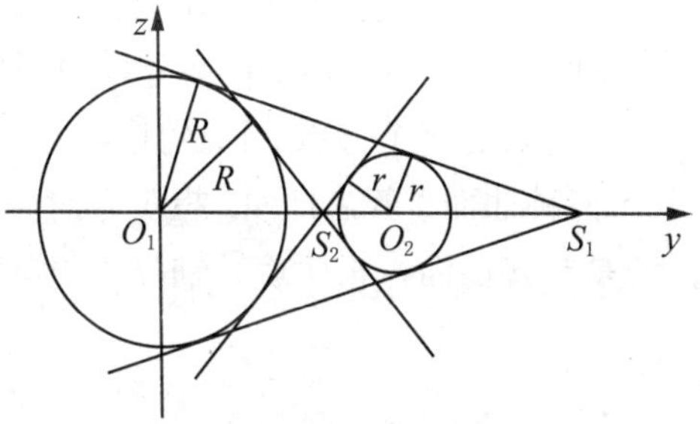

图 3.2

设圆锥面顶点 S_1 的坐标为 (x_0,y_0,z_0)，那么

$$x_0=z_0=0, \quad y_0=\frac{-2\times 9}{1-2}=18$$

所以 $S_1(0,18,0)$. 同理可求得另一圆锥面的顶点为 $S_2(0,6,0)$.

设圆锥面 S_1 的半顶角为 θ_1，那么显然有

$$\cos\theta_1=\frac{\sqrt{18^2-4^2}}{18}=\frac{\sqrt{77}}{9}$$

所以圆锥面 S_1 的方程为 $\dfrac{|(x,y-18,z)\cdot(0,1,0)|}{\sqrt{x^2+(y-18)^2+z^2}}=\dfrac{\sqrt{77}}{9}$,化简得 $77x^2-4(y-18)^2+77z^2=0$.

再设圆锥面 S_2 的半顶角为 θ_2，那么有

$$\cos\theta_2=\frac{\sqrt{6^2-4^2}}{6}=\frac{\sqrt{5}}{3}$$

所以圆锥面 S_2 的方程为 $\dfrac{|(x,y-6,z)\cdot(0,1,0)|}{\sqrt{x^2+(y-6)^2+z^2}}=\dfrac{\sqrt{5}}{3}$，化简得 $5x^2-4(y-6)^2+$

$5z^2 = 0$.

3.2.2 有关代数方程几何意义的应用问题

有关代数方程几何意义的应用问题包括识别代数方程所表示的图形及证明代数方程具有某种几何性质等问题.

1. 识别方程所表示的图形的问题

识别方程所表示的图形的问题相对比较简单，对于特殊曲面，如球面、母线平行坐标轴的柱面、顶点在原点的锥面及旋转轴为坐标轴的旋转曲面，依据定理 3.1 ~ 定理 3.5，这些曲面的方程具有某种特定的形式，所以容易识别其表示的图形，同时也能依据方程指出图形上的重要轨迹的方程，如一条准线或母线的方程. 对于特殊曲线，可以根据经过它的两个特殊曲面的几何特征来判断.

例 3.8 下列方程表示何种曲面? 若是柱面，指明方向与一条准线；若是锥面，指明顶点与一条准线；若是旋转曲面，指明旋转轴与一条母线.

(1) $4x^2 - y = 0$.

(2) $2x^2 + y^2 - z^2 = 0$.

(3) $\dfrac{x^2}{4} - y^2 + \dfrac{z^2}{4} = 1$.

(1) **解** 由定理 3.2，得

$$4x^2 - y = 0$$

表示抛物柱面. 母线的方向 $\boldsymbol{v} = \{0,0,1\}$，且

$$\Gamma:\ \begin{cases} 4x^2 - y = 0 \\ z = 0 \end{cases}$$

为抛物柱面的一条准线.

(2) **分析与解** 由定理 3.3 可知，一个关于 $x-a, y-b, z-c$ 的 n 次齐次方程表示一个顶点在 (a,b,c) 的锥面. 对于锥面，可取一个不过顶点的平面 π，它与锥面的交线 Γ 可作为锥面的一条准线，但是需要保证锥面不含有与 π 平行的母线. 这一点可由过顶点与 π 平行的平面与锥面相交的情况来判断，如果仅相交于顶点，那么 Γ 可作为锥面的一条准线，如果相交于直线，锥面含有与 π 平行的母线，那么 Γ 不能作为锥面的一条准线.

解法一 方程 $2x^2 + y^2 - z^2 = 0$ 是一个关于 x, y, z 的二次齐次方程，因此表

示一个顶点在原点的锥面 S，又由于

$$\Gamma:\ \begin{cases} 2x^2+y^2-z^2=0 \\ z=0 \end{cases}$$

表示一个点 $O(0,0,0)$，于是取一个与 xOy 面平行且不过顶点 O 的平面 $z=k$ $(k\neq 0)$，其与锥面的交线

$$\Gamma_k:\ \begin{cases} 2x^2+y^2-z^2=0 \\ z=k(k\neq 0) \end{cases}$$

可作为 S 的准线.

解法二　将方程变形为 $2\left(\dfrac{x}{z}\right)^2+\left(\dfrac{y}{z}\right)^2$，具备 $f\left(\dfrac{k}{z}x,\dfrac{k}{z}y\right)=0$ 的形式.

由定理 3.4 可知，方程表示一个顶点在原点的锥面，并且

$$\Gamma:\ \begin{cases} 2x^2+y^2=1 \\ z=1 \end{cases}$$

为锥面上的一条准线.

(3) **分析与解**

方程

$$\frac{x^2}{4}-y^2+\frac{z^2}{4}=1 \Longleftrightarrow \frac{(\pm\sqrt{x^2+z^2})^2}{4}-y^2=1$$

符合 $f\left(\pm\sqrt{x^2+z^2},y\right)=0$ 的形式，于是由定理 3.5，方程

$$\frac{x^2}{4}-y^2+\frac{z^2}{4}=1$$

表示以

$$\begin{cases} \dfrac{x^2}{4}-y^2=1 \\ z=0 \end{cases} \quad \left(\text{或}\begin{cases} \dfrac{z^2}{4}-y^2=1 \\ x=0 \end{cases}\right)$$

为母线，绕 y 轴旋转一周所成的旋转曲面.

2. 证明代数方程表示某种曲面或曲线

证明方程 (组) 表示某种曲面或曲线，关键要抓住曲线或曲面的几何特征及代数方程，一般有两种方法：

其一是从给定方程入手，将给定的方程 (组) 进行有目的的同解变形，所谓的有目的是指将代数方程转化为几何意义明显的代数式，并且能够体现所证明轨迹的几何特征；其二是从分析所证明轨迹的几何特征出发，寻求确定轨迹方程的几

何条件及代数形式，然后根据这些几何条件确定与给定方程同解的轨迹方程，从而证明方程表示的轨迹所具有的几何特征.

比如要证明一个方程表示一个柱面，我们知道柱面其实就是平行直线族构成的曲面，所以应该将方程同解变形为平行直线族的方程，而含有参数的三元一次方程组是直线族曲面的代数形式，要证明直线族的平行性，只要证明方程组所确定的直线的方向向量平行于一个与参数无关的非零向量即可. 另一种方法是首先确定柱面上的一条准线的方程，然后以确定的曲线为准线，以待定的含有参数的非零向量为方向求得柱面的方程，利用所求出的方程与给定的方程同解，通过验证非零向量的存在性，确定方程表示的曲面是否为柱面.

例 3.9 试证曲线

$$\begin{cases} x = 3\sin t \\ y = 4\sin t \quad (0 \leqslant t < 2\pi) \\ z = 5\cos t \end{cases}$$

是一个圆，并求该圆的圆心坐标及半径的长.

解 由曲线的参数方程

$$\varGamma\colon \begin{cases} x = 3\sin t \\ y = 4\sin t \quad (0 \leqslant t < 2\pi) \\ z = 5\cos t \end{cases}$$

得 $\varGamma$ 的普通方程

$$\varGamma\colon \begin{cases} x^2 + y^2 + z^2 = 25 \\ 4x = 3y \end{cases}$$

由于平面

$$\pi\colon 4x = 3y$$

经过球面

$$S\colon x^2 + y^2 + z^2 = 25$$

的球心 $O(0,0,0)$，于是 $\varGamma$ 为球面上的大圆，以 $O(0,0,0)$ 为球心，半径为 5.

例 3.10 方程 $x^2 + y^2 + z^2 + 2yz - 1 = 0$ 表示的曲面是柱面.

分析与证明 要证明方程 $F(x,y,z) = 0$ 表示柱面，思路是将 $F(x,y,z,) = 0$ 同解变形为含参数 λ 的方程组

$$\varGamma_\lambda\colon \begin{cases} F_1(x,y,z,\lambda) = 0 \\ F_2(x,y,z,\lambda) = 0 \end{cases}$$

然后说明 Γ_λ 为一组平行的直线，亦即意味着

$$F_i(x,y,z,\lambda)=A_i(\lambda)+B_i(\lambda)+C_i(\lambda)+D_i(\lambda),\quad i=1,2$$

为两个三元一次方程，并且比值

$$\begin{vmatrix}B_1(\lambda) & C_1(\lambda)\\ B_2(\lambda) & C_2(\lambda)\end{vmatrix}:\begin{vmatrix}C_1(\lambda) & A_1(\lambda)\\ C_2(\lambda) & A_2(\lambda)\end{vmatrix}:\begin{vmatrix}A_1(\lambda) & B_1(\lambda)\\ A_2(\lambda) & B_2(\lambda)\end{vmatrix}$$

与 λ 无关.

证法一　将方程

$$x^2+y^2+z^2+2yz-1=0 \tag{3.19}$$

变形为

$$x^2-1=-(y+z)^2$$

引入参数 λ,μ，于是方程式 (3.19) 与方程组

$$\begin{cases}\lambda(x-1)=-\mu(y+z)\\ \mu(x+1)=\lambda(y+z)\end{cases} \tag{3.20}$$

当 λ,μ 不全为零时同解，整理方程组 (3.20) 为

$$l_{\lambda,\mu}\text{：}\begin{cases}\lambda x+\mu y+\mu z-\lambda=0\\ \mu x-\lambda y-\lambda z+\mu=0\end{cases}$$

由于

$$\left\{\begin{vmatrix}\mu & \mu\\ -\lambda & -\lambda\end{vmatrix},\begin{vmatrix}\mu & \lambda\\ -\lambda & \mu\end{vmatrix},\begin{vmatrix}\lambda & \mu\\ \mu & -\lambda\end{vmatrix}\right\}=\{0,\mu^2+\lambda^2,-(\lambda^2+\mu^2)\}\,/\!/\,\{0,1,-1\}$$

于是方程组 (3.20) 表示一族平行的直线，从而方程式 (3.19) 表示一个方向 $\boldsymbol{v}=\{0,1,-1\}$ 的柱面.

证法二　要证明方程 $F(x,y,z)=0$ 表示柱面，只需找到

$$\Gamma\text{：}\begin{cases}F(x,y,z)=0\\ Ax+By+Cz+D=0\end{cases}\qquad \text{及}\quad \boldsymbol{v}=\{l,m,n\}$$

若 Γ 为准线，$\boldsymbol{v}$ 为方向的柱面方程与 $F(x,y,z)=0$ 同解，则可证明 $F(x,y,z)=0$ 表示一个柱面.

取平面 π：$z=0$，设其与曲面 S：$x^2+y^2+z^2+2yz-1=0$ 的交线为 Γ，于是

$$\Gamma\text{：}\begin{cases}x^2+y^2=1\\ z=0\end{cases}$$

易求得以 Γ 为准线，$\boldsymbol{v}=\{l,m,n\}$ 为方向的柱面 S' 的方程为

$$n^2x^2+n^2y^2+(l^2+m^2)z^2-2nlxz-2nmyz-n^2=0 \tag{3.21}$$

要使方程式 (3.19) 与方程式 (3.21) 同解，只需

$$\begin{cases} nl=0 \\ n^2=l^2+m^2=-nm\neq 0 \end{cases}$$

于是解得 $l=0,n=-m\neq 0$，亦即

$$l:m:n=0:1:(-1)$$

于是方程式 (3.19) 表示一个以 Γ 为准线，母线平行于 $\boldsymbol{v}=\{0,1,-1\}$ 的柱面.

例 3.11 证明：在直角坐标系下，方程 $xy+yz+xz=0$ 表示一个顶点在原点的圆锥面，并求其半顶角.

证法一 设方程

$$xy+yz+xz=0$$

表示的曲面为 S，该方程与 $y(x+z)=-xz$ 同解，从而与方程组

$$\begin{cases} \lambda(x+z)=\mu x \\ \mu y=-\lambda z \end{cases} \iff \begin{cases} (\lambda-\mu)x+\lambda z=0 \\ \mu y+\lambda z=0 \end{cases}$$

同解，其中参数 λ,μ 不全为零．由于 $(\lambda-\mu):0:\lambda\neq 0:\mu:\lambda$，否则 $\lambda=\mu=0$.

于是 S 是由一族过原点的直线形成的曲面，这族直线的方向向量

$$\boldsymbol{v}=\{-\lambda\mu,-\lambda^2+\lambda\mu,\lambda\mu-\mu^2\} \quad 且 \quad \cos\theta=\frac{\boldsymbol{v}\cdot\boldsymbol{v}_0}{|\boldsymbol{v}||\boldsymbol{v}_0|}=\frac{\sqrt{3}}{3}$$

其中 $\boldsymbol{v}_0=\{1,1,1\}$.

从而这族直线与过原点的直线 l：$\dfrac{x}{1}=\dfrac{y}{1}=\dfrac{z}{1}$ 成定角 θ．又由于 S 与平面

$$\pi：x+y+z=k, \quad k\neq 0$$

的交线

$$\Gamma：\begin{cases} x+y+z=k \\ xy+yz+xz=0 \end{cases} \iff \begin{cases} x+y+z=k \\ x^2+y^2+z^2=k^2 \end{cases}$$

是圆，所以 S 是一个顶点在原点的圆锥面，半顶角 $\theta=\arccos\dfrac{\sqrt{3}}{3}$.

证法二 由于方程

$$xy+yz+xz=0$$

与方程组

$$\begin{cases} x+y+z=k \\ x^2+y^2+z^2=k^2 \end{cases}$$

同解，k 为任意实数.

当 $k=0$ 时，上述方程组表示原点，$k\neq 0$ 时，表示一族与

$$l:\ \frac{x}{1}=\frac{y}{1}=\frac{z}{1}$$

垂直的圆 C_k，圆心为 $O_k\left(\frac{k}{3},\frac{k}{3},\frac{k}{3}\right)$，半径为 $\frac{\sqrt{6}|k|}{3}$.

十是 $xy+yz+xz=0$ 表示以 l 为轴的旋转曲面.

对 S 上的任一点 P，总存在某个参数 k，使得 $P\in C_k$，使得

$$\frac{|\overrightarrow{O_kP}|}{|\overrightarrow{OP}|}=\frac{\sqrt{6}}{3}$$

所以 S 可看作一条与 l 交于原点，夹角 θ 满足 $\sin\theta=\frac{\sqrt{6}}{3}$ 的直线绕 l 旋转一周所得，亦即 S 是一个顶点在原点的圆锥面，半顶角 $\theta=\arcsin\frac{\sqrt{6}}{3}$.

说明　由证法一及证法二的分析可知，圆锥面的对称轴为 l：$\frac{x}{1}=\frac{y}{1}=\frac{z}{1}$，三条坐标轴在圆锥面上，且

$$\Gamma:\ \begin{cases} x+y+z=k \\ x^2+y^2+z^2=k^2 \end{cases}\quad (k\neq 0)$$

为圆锥面的一条准线，因此，可利用求 x 轴绕 l 旋转一周生成旋转曲面方程的方法证明方程表示圆锥面，也可以利用求以 Γ 为准线，坐标原点为顶点的锥面方程的方法证明方程表示圆锥面，请读者自行证明.

例 3.12　证明：以平面 $ax+by+cz=0$ 截割锥面 $xy+yz+zx=0$，当 $\frac{1}{a}+\frac{1}{b}+\frac{1}{c}=0$ 时，截得的两直线互相垂直.

证明　因为平面 $ax+by+cz=0$ 过原点，即通过锥面 $xy+yz+zx=0$ 的顶点，所以平面截锥面的截线为两直线，它的方程是

$$\begin{cases} ax+by+cz=0 \\ xy+yz+zx=0 \end{cases} \Rightarrow \begin{cases} ax+by+cz=0 \\ xy-\frac{1}{c}(ax+by)(x+y)=0 \end{cases}$$

$$\Rightarrow \begin{cases} ax+by+cz=0 \\ ax^2+(a+b-c)xy+by^2=0 \end{cases}$$

因为 $\dfrac{1}{a}+\dfrac{1}{b}+\dfrac{1}{c}=0$，所以 $c=-\dfrac{ab}{a+b}$，代入上式得

$$\begin{cases} ax+by-\dfrac{ab}{a+b}z=0 \\ ax^2+(\dfrac{(a+b)^2+ab}{a+b})xy+by^2=0 \end{cases}$$

$$\Rightarrow \begin{cases} a(a+b)x+b(a+b)y-abz=0 \\ a(a+b)x^2+\left[(a+b)^2+ab\right]xy+b(a+b)y^2=0 \end{cases}$$

$$\Rightarrow \begin{cases} a(a+b)x+b(a+b)y-abz=0 \\ [(a+b)x+by]\,[ax+(a+b)y]=0 \end{cases}$$

所以两直线为

$$\begin{cases} a(a+b)x+b(a+b)y-abz=0 \\ (a+b)x+by=0 \end{cases} \text{与} \begin{cases} a(a+b)x+b(a+b)y-abz=0 \\ ax+(a+b)y=0 \end{cases}$$

这两直线的方向向量分别为

$$\boldsymbol{v}_1=\{ab,-a(a+b),-b(a+b)\}$$

$$\boldsymbol{v}_2=\{b(a+b),-ab,a(a+b)\}$$

而

$$\begin{aligned} \boldsymbol{v}_1\cdot\boldsymbol{v}_2 &= ab^2(a+b)+a^2b(a+b)-ab(a+b)^2 \\ &= ab(a+b)\,[b+a-(a+b)]=0 \end{aligned}$$

所以截得的两直线相互垂直.

3.3 习 题 详 解

1. 试将下列参数式方程化为一般式方程:

(1) $\begin{cases} x = u\cos v \\ y = u\sin v \\ z = \pm\sqrt{1-u^2} \end{cases}$ $(-1 \leqslant u \leqslant 1, 0 \leqslant v < 2\pi)$.

(2) $\begin{cases} x = 2u + v \\ y = u + 2v \\ z = v \end{cases}$ $(-\infty < u, v < +\infty)$.

(3) $\begin{cases} x = 3\sin t \\ y = 4\cos t \\ z = 5\cos t \end{cases}$ $(0 \leqslant t < 2\pi)$.

(4) $\begin{cases} x = \dfrac{a(1-t^2)}{1+t^2} \\ y = \dfrac{b(1-t^2)}{1+t^2} \\ z = \dfrac{2ct}{1+t^2} \end{cases}$ $(-\infty < t < +\infty)$.

解　(1) $x^2 + y^2 + z^2 = 1$.

(2) $x - 2y + 3z = 0$.

(3) $\begin{cases} \dfrac{x^2}{9} + \dfrac{y^2}{16} = 1 \\ 5y = 4z \end{cases}$.

(4) $\begin{cases} bx = ay \\ \dfrac{x^2}{a^2} + \dfrac{z^2}{c^2} = 1 \end{cases}$.

2. 在空间中，试求到一个定点和一个定平面 (定点不在定平面上) 的距离之比等于常数的点的轨迹方程.

解　设所求轨迹为 S，以定平面为 xOy 面，过定点与定平面垂直的直线为 z 轴建立空间直角坐标系，设定点 $M(0,0,c), c \neq 0$，常数为 k，由题意得

$$\forall P(x,y,z) \in S \Longleftrightarrow d(P,M) = k|z|$$

$$\Longleftrightarrow \sqrt{(x-0)^2 + (y-0)^2 + (z-c)^2} = k|z|$$

整理得

$$S：x^2+y^2+(1-k^2)z^2-2cz+c^2=0$$

3. 在空间中, 试求到一个定平面和到垂直于此平面的一条定直线的距离相等的点的轨迹方程.

解 以定直线为 z 轴，定平面为 xOy 面建立空间直角坐标系，设所求轨迹为 S，由题意得

$$\forall P(x,y,z)\in S \Longleftrightarrow |z|=\sqrt{x^2+y^2}$$

于是

$$S：x^2+y^2-z^2=0$$

4. 设有两条互相垂直相交的直线 l_1 与 l_2，其中 l_1 绕 l_2 做螺旋运动，即 l_1 一方面绕 l_2 做等速转动，另一方面又沿 l_2 做等速直线运动，在运动中 l_1 保持与 l_2 垂直相交，这样由 l_1 产生的曲面称为**正螺旋面**，试建立正螺旋面的方程.

解法见例 3.2.

5. 试求下列球面的方程：

(1) 经过点 $(1,2,5)$，与三个坐标平面均相切.

(2) 经过点 $(2,-4,3)$，并包含圆 $\begin{cases} x^2+y^2=5 \\ z=0 \end{cases}$.

(3) 经过点 $(3,1,-3),(-2,4,1),(-5,0,0)$，并且球心在 $2x+y-z+3=0$ 上.

(1) **解** 由题意知，球面 S 在第一卦限内，且与三坐标面相切，故设

$$S：(x-r)^2+(y-r)^2+(z-r)^2=r^2,\quad r>0$$

又由于 $P_0(1,2,5)\in S$，所以

$$(1-r)^2+(2-r)^2+(5-r)^2=r^2$$

解得 $r=3$ 或 $r=5$.

于是球面 S 为

$$S：(x-3)^2+(y-3)^2+(z-3)^2=9$$

或

$$S：(x-5)^2+(y-5)^2+(z-5)^2=25$$

(2) **解法一**　设所求球面 S 的方程为

$$S：x^2+y^2+z^2+ax+by+cz+d=0$$

球面 S 与 xOy 面的交线方程为

$$\begin{cases} x^2+y^2+z^2+ax+by+cz+d=0 \\ z=0 \end{cases}$$

又因为圆

$$\begin{cases} x^2+y^2=5 \\ z=0 \end{cases}$$

在 S 上，从而

$$a=b=0,\quad d=-5$$

亦即

$$S：x^2+y^2+z^2+cz-5=0$$

且 $P_0(2,-4,3)\in S$，于是

$$2^2+(-4)^2+3^2+3c-5=0$$

解得 $c=-8$，从而

$$S：x^2+y^2+z^2-8z-5=0$$

解法二　由于 Γ：$\begin{cases} x^2+y^2=5 \\ z=0 \end{cases}$ 在所求球面 S 上，取 Γ 上不共线三点

$$P_1(1,2,0),\quad P_2(-1,2,0),\quad P_3(2,1,0)$$

由题意知 $P_0(2,-4,3)\in S$，且 P_0,P_1,P_2,P_3 为 S 上的不共面四点，于是设

$$S：x^2+y^2+z^2+ax+by+cz+d=0$$

从而

$$\begin{cases} 1+4+a+2b+d=0 \\ 1+4-a+2b+d=0 \\ 4+1+2a+b+d=0 \\ 4+16+9+2a-4b+3c+d=0 \end{cases}$$

解得 $a=b=0,d=-5,c=-8$，于是

$$S：x^2+y^2+z^2-8z-5=0$$

(3) 解法见例 3.1(1).

6. 试求与三个坐标平面及平面 π：$x-2y-2z-8=0$ 围成的四面体内切的球面的方程.

解 易求得 π 的截距式方程为

$$\frac{x}{8}=\frac{y}{-4}=\frac{z}{-4}$$

故所求球面 S 在第Ⅷ卦限，于是设

$$S：(x-a)^2+(y+a)^2+(z+a)^2=a^2,\quad a>0$$

且

$$a=\frac{|a+2a+2a-8|}{\sqrt{1+4+4}}$$

解得 $a=1$ 或 $a=4$. 由于

$$d(O,\pi)=\frac{8}{3}>2a\Longrightarrow a<\frac{4}{3}$$

故 $a=4$ 舍去，从而

$$S：(x-1)^2+(y+1)^2+(z+1)^2=1$$

7. 试证：曲线

$$\begin{cases}x=3\sin t\\ y=4\sin t\quad(0\leqslant t<2\pi)\\ z=5\cos t\end{cases}$$

是一个圆，并求该圆的圆心坐标及半径的长.

解法见例 3.9.

8. 试证：曲线

$$\begin{cases}x=\dfrac{t}{1+t^2+t^4}\\ y=\dfrac{t^2}{1+t^2+t^4}\quad(-\infty<t<+\infty)\\ z=\dfrac{t^3}{1+t^2+t^4}\end{cases}$$

表示一条球面曲线 (即此曲线在球面上)，并求它所在的球面方程.

解 由题意得曲线 Γ 的普通方程为

$$\Gamma：\begin{cases}xz=y^2\\ x^2+y^2+z^2=y\end{cases}$$

于是 Γ 在球面 S：$x^2+y^2+z^2-y=0$ 上，亦即 Γ 为一条球面曲线.

9. 试求满足下列条件的柱面方程：

(1) 准线 Γ：$\begin{cases} 2x^2-3xy+z^2=1 \\ y=0 \end{cases}$，母线平行于 y 轴.

(2) 准线 Γ：$\begin{cases} \dfrac{x^2}{4}+\dfrac{y^2}{9}-z^2=1 \\ z=2 \end{cases}$，母线平行于 z 轴.

分析与解　由定理 3.2 可知，以

$$\Gamma:\ \begin{cases} f(x,y)=0 \\ z=k \end{cases}$$

为准线，母线平行于 z 轴的柱面 S 的方程为 $f(x,y)=0$.

反之，任一不含 z 的方程 $f(x,y)=0$ 均表示一个以

$$\Gamma:\ \begin{cases} f(x,y)=0 \\ z=k \end{cases}$$

为准线，母线平行于 z 轴的柱面.

(1)

$$\Gamma:\ \begin{cases} 2x^2-3xy+z^2=1 \\ y=0 \end{cases} \iff \begin{cases} 2x^2+z^2=1 \\ y=0 \end{cases}$$

于是所求柱面的方程为

$$2x^2+z^2=1$$

(2)

$$\Gamma:\ \begin{cases} \dfrac{x^2}{4}+\dfrac{y^2}{9}-z^2=1 \\ z=2 \end{cases} \iff \begin{cases} \dfrac{x^2}{4}+\dfrac{y^2}{9}=5 \\ z=2 \end{cases}$$

于是所求柱面的方程为

$$S:\ \frac{x^2}{4}+\frac{y^2}{9}=5$$

10. 下列方程表示何种曲面？若表示柱面，则指出母线的方向及一条准线的方程.

(1) $(x-2)^2+(y+3)^2=9$.

(2) $9x^2-4y^2=36$.

(3) $4x^2-y=0$.

(4) $2x^2+3y^2=0$.

解 由定理 3.2 可知:

(1)

$$(x-2)^2+(y+3)^2=9$$

表示圆柱面，母线的方向 $\boldsymbol{v}=\{0,0,1\}$，一条准线的方程为

$$\Gamma:\ \begin{cases}(x-2)^2+(y+3)^2=9\\ z=0\end{cases}$$

(2)

$$9x^2-4y^2=36$$

表示双曲柱面，母线的方向 $\boldsymbol{v}=\{0,0,1\}$，一条准线的方程为

$$\Gamma:\ \begin{cases}9x^2-4y^2=36\\ z=0\end{cases}$$

(3)

$$4x^2-y=0$$

表示抛物柱面，母线的方向 $\boldsymbol{v}=\{0,0,1\}$，一条准线的方程为

$$\Gamma:\ \begin{cases}4x^2-y=0\\ z=0\end{cases}$$

(4)

$$2x^2+3y^2=0\Longleftrightarrow\begin{cases}x=0\\ y=0\end{cases}$$

表示 z 轴，不表示柱面.

11. 试求准线为 $\Gamma:\ \begin{cases}x^2+y^2+z^2=1\\ 2x^2+2y^2+z^2=2\end{cases}$，母线平行于方向 $\boldsymbol{v}=\{-1,0,1\}$ 的柱面方程.

解 设 $M_1(x_1,y_1,z_1)$ 为准线 Γ 上一点，过 M_1 的母线方程为

$$\frac{x-x_1}{-1}=\frac{y-y_1}{0}=\frac{z-z_1}{1}\tag{3.22}$$

且

$$\begin{cases} x_1^2+y_1^2+z_1^2=1 \\ 2x_1^2+2y_1^2+z_1^2=2 \end{cases} \tag{3.23}$$

从式 (3.22)，式 (3.23) 中消去 x_1, y_1, z_1 得

$$(x+z)^2+y^2=1$$

12. 试求准线为 Γ：$\begin{cases} x=y^2+z^2 \\ x=2z \end{cases}$，母线垂直于准线所在平面的柱面的方程.

解法见例 3.1(2).

13. 试求以直线 l 为轴，点 $P_1(1,-2,1)$ 为其上一点的圆柱面的方程，其中

$$l: \begin{cases} x=t \\ y=1+2t \\ z=-3-2t \end{cases} \quad (t \text{ 为参数})$$

解法一　设所求圆柱面为 S，由圆柱面的几何特征得

$$\forall P(x,y,z)\in S \Longleftrightarrow d(P,l)=d(P_1,L)$$

$$\Longleftrightarrow \frac{\sqrt{\begin{vmatrix} y-1 & z+3 \\ 2 & -2 \end{vmatrix}^2+\begin{vmatrix} z+3 & x \\ -2 & 1 \end{vmatrix}^2+\begin{vmatrix} x & y-1 \\ 1 & 2 \end{vmatrix}^2}}{\sqrt{1+4+4}}$$

$$=\frac{\sqrt{\begin{vmatrix} -3 & 4 \\ 2 & -2 \end{vmatrix}^2+\begin{vmatrix} 4 & 1 \\ -2 & 1 \end{vmatrix}^2+\begin{vmatrix} 1 & -3 \\ 1 & 2 \end{vmatrix}^2}}{\sqrt{1+4+4}}$$

整理得

$$S:\ 8x^2+5y^2+5z^2-4xy+8yz+4xz+16x+14y+22z-39=0$$

解法二　由题意可知，圆柱面 S 的方向为 $\boldsymbol{v}=\{1,2,-2\}$，而

$$\Gamma: \begin{cases} x+2y-2z+6=0 \\ x^2+(y-1)^2+(z+3)^2=26 \end{cases}$$

为 S 的一条准线，于是设 $M_1(x_1,y_1,z_1)$ 为 Γ 上一点，S 上过 M_1 的母线方程为

$$\frac{x-x_1}{1}=\frac{y-y_1}{2}=\frac{z-z_1}{-2} \tag{3.24}$$

且

$$\begin{cases} x_1+2y_1-2z_1+6=0 \\ x_1^2+(y_1-1)^2+(z_1+3)^2=26 \end{cases} \tag{3.25}$$

从式 (3.24)，式 (3.25) 中消去 x_1,y_1,z_1 得

$$S\text{：}8x^2+5y^2+5z^2-4xy+8yz+4xz+16x+14y+22z-39=0$$

14. 设柱面的准线 Γ 是两个球面

$$x^2+y^2+z^2=1,\quad x^2+(y-1)^2+z^2=1$$

的交线，母线垂直于准线所在的平面，试求这个柱面的方程.

解法一 设所求柱面为 S，由题意可知

$$\Gamma\text{：}\begin{cases} x^2+y^2+z^2=1 \\ x^2+(y-1)^2+z^2=1 \end{cases}$$

为 S 的一条准线，将其方程变形为

$$\begin{cases} x^2+y^2+z^2=1 \\ 2y-1=0 \end{cases}$$

同解，于是 $\boldsymbol{v}=\{0,1,0\}$ 为 S 的方向，从而 S 上过 Γ 上一点 $M_1(x_1,y_1,z_1)$ 的母线方程为

$$\frac{x-x_1}{0}=\frac{y-y_1}{1}=\frac{z-z_1}{0} \tag{3.26}$$

且

$$\begin{cases} x_1^2+y_1^2+z_1^2=1 \\ 2y_1-1=0 \end{cases} \tag{3.27}$$

从式 (3.26)，式 (3.27) 中消去 x_1,y_1,z_1 得

$$x^2+z^2=\frac{3}{4}$$

解法二 由题意可知

$$\Gamma\text{：}\begin{cases} x^2+y^2+z^2=1 \\ x^2+(y-1)^2+z^2=1 \end{cases} \iff \begin{cases} x^2+y^2+z^2=1 \\ y=\dfrac{1}{2} \end{cases}$$

$$\Longleftrightarrow \begin{cases} x^2+z^2=\dfrac{3}{4} \\ y=\dfrac{1}{2} \end{cases}$$

于是准线方程为

$$\Gamma\text{：}\begin{cases} x^2+z^2=\dfrac{3}{4} \\ y=\dfrac{1}{2} \end{cases}$$

从而 $\boldsymbol{v}=\{0,1,0\}$ 为 S 的方向.

由定理 3.2 知，以 Γ 为准线，母线平行于 y 轴的柱面的方程为

$$x^2+z^2=\frac{3}{4}$$

说明　以 Γ：$\begin{cases} f(x,z)=0 \\ y=k \end{cases}$ 为准线，母线平行于 y 轴的柱面 S 的方程为 $f(x,z)=0$.

15. 试求经过三条平行直线：

$$l_1\text{：}x=y=z,\quad l_2\text{：}x+1=y=z-1,\quad l_3\text{：}x-1=y+1=z$$

的圆柱面方程.

解法见例 3.3.

16. 试求出满足下列条件的锥面方程：

(1) 准线 Γ：$\begin{cases} \dfrac{y^2}{4}+\dfrac{z^2}{9}=36 \\ z=6 \end{cases}$，顶点在坐标原点.

(2) 准线 Γ：$\begin{cases} xy+yz+zx=0 \\ z=2 \end{cases}$，顶点在坐标原点.

分析与解　由定理 3.4 知，以

$$\Gamma\text{：}\begin{cases} f(x,y)=0 \\ z=k(k\neq 0) \end{cases}$$

为准线，顶点在原点的锥面方程为

$$f\left(\frac{kx}{z},\frac{ky}{z}\right)=0$$

于是：

(1) $9y^2+4z^2=36x^2$.

(2) $xy+xz+yz=0$.

17. 下列方程哪些表示锥面？若是锥面，则指出它的顶点坐标及一条准线的方程.

(1) $2x^2+y^2-z^2=0$.

(2) $3x^2=2yz$.

(3) $x^2+y^2+2z^2=0$.

(4) $x^2-2y^2+3z^2-2x+8y-7=0$.

(1) 解法见例 3.8(2).

(2) **解法一** 方程 $3x^2=2yz$ 为 x,y,z 的二次齐次方程，故方程 $3x^2=2yz$ 表示一个顶点在原点的锥面 S. 取一个过原点的平面

$$\pi:\ y+z=0$$

由于平面 π 与锥面 S 的交线

$$\begin{cases} y+z=0 \\ 3x^2=2yz \end{cases}$$

是一个点，即锥面的顶点，故 S 上不存在与平面 $y+z$ 平行的直线. 因此一个与 π 平行且不过原点的平面

$$y+z+1=0$$

与 S 的交线可作为 S 的准线. 即

$$\Gamma:\ \begin{cases} 3x^2=2yz \\ y+z=1 \end{cases}$$

为 S：$3x^2=2yz$ 的一条准线.

解法二 由于方程 $3x^2=2yz$ 为 x,y,z 的二次齐次方程，故方程 $3x^2=2yz$ 表示一个顶点在原点的锥面，且方程可变形为

$$\frac{3}{2}=\frac{y}{x}\cdot\frac{z}{x}$$

故由定理 3.4 可知

$$\Gamma:\ \begin{cases} yz=\dfrac{3}{2} \\ x=1 \end{cases}$$

为锥面的一条准线.

注　解法二是不正确的. 这是由于 z 轴

$$\begin{cases} x=0 \\ y=0 \end{cases}$$

与 y 轴

$$\begin{cases} x=0 \\ z=0 \end{cases}$$

均在 S 上，故任一与坐标面平行且不过原点的平面与 S 的交线均不能作为 S 的准线.

(3) **解**　$x^2+y^2+2z^2=0$ 表示一个点 $(0,0,0)$，不表示锥面.

(4) **解**　由于

$$x^2-2y^2+3z^2-2x+8y-7=0 \Longleftrightarrow (x-1)^2-2(y-2)^2+3z^2=0$$

于是方程表示一个顶点在 $(1,2,0)$ 的锥面.

$$\varGamma\text{：}\begin{cases} (x-1)^2+3z^2=2 \\ y=1 \end{cases}$$

为 S 的一条准线.

18. 试求满足下列条件的锥面方程：

(1) 准线 $\varGamma$：$\begin{cases} x^2+y^2+(z-5)^2=9 \\ z=4 \end{cases}$，顶点在坐标原点.

(2) 准线 $\varGamma$：$\begin{cases} \dfrac{y^2}{25}+\dfrac{z^2}{9}=1 \\ x=0 \end{cases}$，顶点为 $A(4,0,-3)$.

(3) 顶点在 $M(5,0,0)$，并与球面 $x^2+y^2+z^2=1$ 外切于一圆.

(1) 解法见例 3.1(3).

(2) **解**　设 $M_1(x_1,y_1,z_1)$ 为准线 $\varGamma$ 上任一点，M_1 的母线方程为

$$\frac{x-4}{x_1-4}=\frac{y-0}{y_1-0}=\frac{z+3}{z_1+3} \tag{3.28}$$

且

$$\varGamma\text{：}\begin{cases} \dfrac{y_1^2}{25}+\dfrac{z_1^2}{9}=1 \\ x_1=0 \end{cases} \tag{3.29}$$

从式 (3.28)，式 (3.29) 中消去 x_1, y_1, z_1 得

$$S：144y^2 + 25(4z + 3x)^2 = 225(x - 4)^2$$

(3) **解法一** 由题意知，所求锥面为圆锥面 S，其轴线方程为

$$l：\frac{x}{1} = \frac{y}{0} - \frac{z}{0}, \quad \boldsymbol{v} = \{1, 0, 0\}$$

半顶角 θ，满足 $\sin\theta = \dfrac{1}{5}$. 于是 $\forall P(x, y, z) \in S$ 有

$$\frac{\overrightarrow{MP} \cdot \boldsymbol{v}}{|\overrightarrow{MP}||\boldsymbol{v}|} = \pm\cos\theta = \pm\frac{2\sqrt{6}}{5}$$

亦即

$$\frac{x - 5}{\sqrt{(x - 5)^2 + y^2 + z^2}} = \pm\frac{2\sqrt{6}}{5}$$

解得

$$S：x^2 - 24y^2 - 24z^2 - 10x + 25 = 0$$

解法二 由题意知，外切圆为 $x = k$ 与球面的交线，即

$$\Gamma：\begin{cases} x^2 + y^2 + z^2 = 1 \\ x = k \end{cases}$$

于是 $\dfrac{1}{5} = \dfrac{k}{1}$，从而 $k = \dfrac{1}{5}$. 于是

$$\Gamma：\begin{cases} x^2 + y^2 + z^2 = 1 \\ x = \dfrac{1}{5} \end{cases}$$

为所求锥面 S 的一条准线.

设 $M_1(x_1, y_1, z_1)$ 为准线 Γ 上任一点，M_1 的母线方程为

$$\frac{x - 5}{x_1 - 5} = \frac{y - 0}{y_1 - 0} = \frac{z - 0}{z_1 - 0} \tag{3.30}$$

且

$$\Gamma：\begin{cases} x_1^2 + y_1^2 + z_1^2 = 1 \\ x_1 = \dfrac{1}{5} \end{cases} \tag{3.31}$$

从式 (3.30)，式 (3.31) 中消去 x_1, y_1, z_1 得

$$S：x^2 - 24y^2 - 24z^2 - 10x + 25 = 0$$

19. 试求顶点是 $A(1,2,3)$，对称轴与平面 π：$2x+y-z+1=0$ 垂直，母线和轴成 30° 角的圆锥面的方程.

解法见例 3.6.

20. 试求顶点是 $A(1,2,4)$，轴与平面 π：$2x+2y+z=0$ 垂直，并经过点 $M(3,2,1)$ 的圆锥面的方程.

解法一　设所求圆锥面为 S，由题意知 S 的轴线 l 方程为

$$l\text{：}\ \frac{x-3}{2}=\frac{y-2}{2}=\frac{z-1}{1}$$

于是

$$\forall P(x,y,z)\in S \Longleftrightarrow \frac{\overrightarrow{AP}\cdot\boldsymbol{v}}{|\overrightarrow{AP}||\boldsymbol{v}|}=\pm\frac{\overrightarrow{AM}\cdot\boldsymbol{v}}{|\overrightarrow{AM}||\boldsymbol{v}|}$$

其中 $\boldsymbol{v}=\{2,2,1\}, M(3,2,1)$，解得

$$S\text{：}\ 51x^2+51y^2+12z^2+104xy+52xz+52yz-518x-516y-525z+1279=0$$

或

$$S\text{：}\ 13(2x+2y+z-10)^2=(x-1)^2+(y-2)^2+(z-4)^2$$

解法二　由题意知

$$\varGamma\text{：}\ \begin{cases}2x+2y+z=0\\(x-1)^2+(y-2)^2+(z-4)^2=(3-1)^2+(2-2)^2+(1-4)^2\end{cases}$$

为所求圆锥面 S 的一条准线.

设 $M_1(x_1,y_1,z_1)$ 为准线 $\varGamma$ 上任一点，M_1 的母线方程为

$$\frac{x-1}{x_1-1}=\frac{y-2}{y_1-2}=\frac{z-4}{z_1-4} \tag{3.32}$$

且

$$\begin{cases}2x_1^2+2y_1^2+z_1=0\\(x_1-1)^2+(y_1-2)^2+(z_1-4)^2=13\end{cases} \tag{3.33}$$

从式 (3.32)，式 (3.33) 中消去 x_1,y_1,z_1 得

$$S\text{：}\ 51x^2+51y^2+12z^2+104xy+52xz+52yz-518x-516y-525z+1279=0$$

21. 试写出下列旋转面的方程.

(1) 母线 $\varGamma$：$\begin{cases}x^2+y^2=a^2\\z=0\end{cases}$ 绕 x 轴旋转.

(2) 母线 $\varGamma$：$\begin{cases} 4x^2-9y^2=36 \\ z=0 \end{cases}$ 绕 y 轴旋转.

(3) 母线 $\varGamma$：$\begin{cases} y^2=2z \\ x=0 \end{cases}$ 绕 z 轴旋转.

分析与解 由定理 3.5 可知，坐标面上的曲线

$$\varGamma: \begin{cases} f(x,y)=0 \\ z=0 \end{cases}$$

绕 x 轴 (或 y 轴) 旋转一周所得旋转曲面的方程为

$$f(x,\pm\sqrt{y^2+z^2})=0 \quad (\text{或} f(\pm\sqrt{x^2+z^2},y)=0)$$

于是

(1) $x^2+y^2+z^2=a^2$.

(2) $4x^2+4z^2-9y^2=36$.

(3) $x^2+y^2=2z$.

22. 试求旋转面的方程：

(1) 曲线 $\varGamma$：$\begin{cases} x^2=z \\ x^2+y^2=1 \end{cases}$ 绕 z 轴旋转.

(2) 直线 l_1：$\dfrac{x}{2}=\dfrac{y}{1}=\dfrac{z-1}{-1}$ 绕直线 l_2：$\dfrac{x}{1}=\dfrac{y}{-1}=\dfrac{z-1}{2}$ 旋转.

(3) 抛物线 $\varGamma$：$\begin{cases} y^2=2x \\ z=0 \end{cases}$ 绕其准线旋转.

(1) **解** 设 $M_1(x_1,y_1,z_1)$ 为 $\varGamma$ 上任一点，于是过 M_1 的纬圆方程为

$$\begin{cases} z=z_1 \\ x^2+y^2+z^2=x_1^2+y_1^2+z_1^2 \end{cases} \tag{3.34}$$

且

$$\begin{cases} x_1^2=z_1 \\ x_1^2+y_1^2=1 \end{cases} \tag{3.35}$$

从式 (3.34)，式 (3.35) 中消去 x_1,y_1,z_1 得

$$x^2+y^2=1, \quad 0\leqslant z\leqslant 1$$

(2) **解法一**　设 $M_1(x_1, y_1, z_1)$ 为 l_1 上任一点, 于是过 M_1 的纬圆方程为

$$\begin{cases} 1\cdot(x-x_1)-1\cdot(y-y_1)+2(z-z_1)=0 \\ x^2+y^2+(z-1)^2=x_1^2+y_1^2+(z_1-1)^2 \end{cases} \tag{3.36}$$

且

$$\frac{x_1}{2}=\frac{y_1}{1}=\frac{z_1-1}{-1} \tag{3.37}$$

从式 (3.36)，式 (3.37) 中消去 x_1, y_1, z_1，得到旋转面的方程为

$$S\text{：}5x^2+5y^2+23z^2-2xy-24yz+24xz-24x+24y-46z+23=0$$

或

$$S\text{：}x^2+y^2+(z-1)^2=6(2-x+y-2z)^2$$

解法二　由题意知 l_1 与 l_2 相交于 $A(0,0,1)$，于是所得的旋转曲面为圆锥面 S，其旋转轴为 l_2，顶点为 $A(0,0,1)$，于是 $\forall P(x,y,z)\in S$，有

$$\frac{\overrightarrow{AP}\cdot \boldsymbol{v}_2}{|\overrightarrow{AP}||\boldsymbol{v}_2|}=\pm\frac{\boldsymbol{v}_1\cdot\boldsymbol{v}_2}{|\boldsymbol{v}_1||\boldsymbol{v}_2|}$$

其中 $\boldsymbol{v}_1=\{2,1,-1\}, \boldsymbol{v}_2=\{1,-1,2\}$. 亦即

$$\frac{\{x,y,z-1\}\cdot\{1,-1,2\}}{\sqrt{x^2+y^2+(z-1)^2}}=\pm\frac{-1}{\sqrt{4+1+1}}$$

整理得

$$S\text{：}x^2+y^2+(z-1)^2=6(x-y+2z-2)^2$$

(3) 解法见例 3.1(4).

23. 在下列方程中，哪些表示旋转面？若是旋转面，则求出其旋转轴及一条母线的方程.

(1) $x^2+y^2+z^2=2$.

(2) $\dfrac{x^2}{4}-y^2+\dfrac{z^2}{4}=1$.

(3) $x^2+z^2=y^2$.

(4) $z=x^2+y^2$.

分析与解　由定理 3.5，易得:

(1) $x^2+y^2+z^2=2$ 表示以

$$\begin{cases} x^2+z^2=2 \\ y=0 \end{cases}$$

为母线，绕 z 轴旋转一周所成的旋转曲面.

(2) 解法见例 3.8(3).

(3) $x^2+z^2=y^2$ 表示以

$$\Gamma:\ \begin{cases} x^2=y^2 \\ z=0 \end{cases}$$

为母线，绕 y 轴旋转一周所成的旋转曲面.

(4) $z=x^2+y^2$ 表示以

$$\Gamma:\ \begin{cases} z=x^2 \\ y=0 \end{cases}$$

为母线，绕 z 轴旋转一周所成的旋转曲面.

注 此题答案不唯一.

24. 将直线

$$l:\ \frac{x}{\alpha}=\frac{y-\beta}{0}=\frac{z}{1}$$

绕 z 轴旋转，试求这个旋转面的方程，并就 α,β 可能的取值，讨论它分别表示什么曲面.

解 设 $M_1(x_1,y_1,z_1)$ 为 l 上任一点，过 M_1 的纬圆的方程为

$$\begin{cases} z=z_1 \\ x^2+y^2+z^2=x_1^2+y_1^2+z_1^2 \end{cases} \tag{3.38}$$

且

$$\frac{x_1}{\alpha}=\frac{y_1-\beta}{0}=\frac{z_1}{1} \tag{3.39}$$

从式 (3.38)，式 (3.39) 中消去 x_1,y_1,z_1，得旋转面 S 的方程为

$$S:\ x^2+y^2=\alpha^2z^2+\beta^2 \tag{3.40}$$

① 当 $\beta=0,\alpha=0$ 时，方程式 (3.40) 表示 z 轴；

② 当 $\beta=0,\alpha\neq0$ 时，方程式 (3.40) 表示以 z 轴为对称轴的圆锥面；

③ 当 $\beta\neq0,\alpha=0$ 时，方程式 (3.40) 表示以 z 轴为对称轴，半径为 $|\beta|$ 的圆柱面；

④ 当 $\beta \neq 0, \alpha \neq 0$ 时，方程式 (3.40) 表示旋转单叶双曲面.

25. 试证：方程 $x^2 + y^2 + z^2 + 2yz - 1 = 0$ 表示的曲面是柱面.

证法见例 3.10.

26. 试证：方程 $z = \dfrac{1}{x^2 + y^2}$ 表示的曲面是旋转面.

分析与证明　要证明方程 $F(x, y, z) = 0$ 表示一个旋转曲面，其主要思路为：若能找到一族平行平面 $Ax + By + Cz + \lambda = 0$，使 $F(x, y, z) = 0$ 与

$$\begin{cases} F(x, y, z) = 0 \\ Ax + By + Cz + \lambda = 0 \end{cases}$$

同解，且后者表示一族平行的圆，且圆心在一条直线上，那么 $F(x, y, z) = 0$ 就表示一个旋转面.

证法一　显然 $z = \dfrac{1}{x^2 + y^2}$ 与方程组

$$\Gamma_k:\ \begin{cases} z = k \\ x^2 + y^2 = \dfrac{1}{k} \end{cases} \quad (k > 0)$$

同解，而 Γ_k 表示一族在 xOy 面上方且与 xOy 面平行的圆，且圆心坐标为 $(0, 0, k)$，于是圆心在 z 轴上.

所以，方程 $z = \dfrac{1}{x^2 + y^2}$ 表示的曲面是以 z 轴为旋转轴的旋转面.

证法二　由于方程 $z = \dfrac{1}{x^2 + y^2}$ 具备方程 $F(x^2 + y^2, z) = 0$ 的特点. 于是由定理 3.5 可知，方程 $z = \dfrac{1}{x^2 + y^2}$ 表示坐标面上的曲线

$$\Gamma:\ \begin{cases} zx^2 = 1 \\ y = 0 \end{cases} \quad 或 \quad \Gamma:\ \begin{cases} zy^2 = 1 \\ x = 0 \end{cases}$$

绕 z 轴旋转一周所形成的旋转曲面.

第4章　二次曲面

4.1　知识概要

4.1.1　椭球面、双曲面与抛物面的几何特征与形状

1. 解析定义与平行截割法

不同于第 3 章中具有明显几何特征的特殊曲面，本章二次曲面的几何特征不明显，其定义是利用其代数方程来定义的，这种定义叫作解析定义.

定义4.1　在空间直角坐标系下，三元二次方程

$$
\begin{aligned}
&a_{11}x^2+a_{22}y^2+a_{33}z^2+2a_{12}xy+2a_{13}xz+2a_{23}yz\\
&\quad+2a_{14}x+2a_{24}y+2a_{34}z+a_{44}=0
\end{aligned}
\tag{4.1}
$$

所表示的图形叫作二次曲面，且 a_{ij} 为实常数，$a_{11},a_{22},a_{33},a_{12},a_{13},a_{23}$ 不全为零.

空间二次曲面除了第 3 章中的球面、二次柱面和二次锥面及退化曲面 (两个平面、点、直线、虚图形) 外，还包括五种典型的二次曲面：椭球面、单叶双曲面、双叶双曲面、椭圆抛物面与双曲抛物面，这五种二次曲面的解析定义如下：

定义4.2　在空间直角坐标系下，称方程

$$\frac{x^2}{a^2}+\frac{y^2}{b^2}+\frac{z^2}{c^2}=1 \tag{4.2}$$

$$\frac{x^2}{a^2}+\frac{y^2}{b^2}-\frac{z^2}{c^2}=1 \tag{4.3}$$

$$\frac{x^2}{a^2}+\frac{y^2}{b^2}-\frac{z^2}{c^2}=-1 \tag{4.4}$$

$$\frac{x^2}{a^2}+\frac{y^2}{b^2}=2z \tag{4.5}$$

$$\frac{x^2}{a^2}-\frac{y^2}{b^2}=2z \tag{4.6}$$

所表示的图形分别为椭球面、单叶双曲面、双叶双曲面、椭圆抛物面、双曲抛物

面，其中 a,b,c 为正常数，方程式 (4.2) ~ 式 (4.6) 分别称为对应图形的标准方程.

这五种用解析定义的典型的二次曲面标准方程形式简洁，有利于研究它们的代数性质，从而了解它们所表示图形的一些粗略的几何特征．但若想了解图形更加细致的特征及图形的形状，就需要用“平行截割法”来认识．所谓的“平行截割法”就是用一组平行的平面来截割方程表示的曲面，研究所截得的一族“截痕”曲线的变化趋势，再推想出方程所表示曲面的整体形状．这是一个根据方程来认识它所表示的图形的一种重要方法，基本思想是把复杂的三维空间中的曲面转化为比较容易认识的平面曲线.

2. 五种典型二次曲面的几何特征与形状

典型二次曲面的几何特征与形状见表 4.1.

表 4.1

	椭圆球面 S_1 $\frac{x^2}{a^2}+\frac{y^2}{b^2}+\frac{z^2}{c^2}=1$	单叶双曲面 S_2 $\frac{x^2}{a^2}+\frac{y^2}{b^2}-\frac{z^2}{c^2}=1$	双叶双曲面 S_3 $\frac{x^2}{a^2}+\frac{y^2}{b^2}-\frac{z^2}{c^2}=-1$	椭圆抛物面 S_4 $\frac{x^2}{a^2}+\frac{y^2}{b^2}=2z$	双曲抛物面 S_5 $\frac{x^2}{a^2}-\frac{y^2}{b^2}=2z$
对称性	关于三坐标面、坐标轴及坐标原点对称	关于三坐标面、坐标轴及坐标原点对称	关于三坐标面、坐标轴及坐标原点对称	关于 xOz, yOz 面, z 轴对称，没有对称中心	关于 xOz, yOz 面, z 轴对称，没有对称中心
有界性	$\|x\|\leqslant a$, $\|y\|\leqslant b$, $\|z\|\leqslant c$	$\frac{x^2}{a^2}+\frac{y^2}{b^2}=1+\frac{z^2}{c^2}\geqslant 1$	$\frac{z^2}{c^2}-1=\frac{x^2}{a^2}+\frac{y^2}{b^2}\geqslant 0$	$2z=\frac{x^2}{a^2}+\frac{y^2}{b^2}\geqslant 0$	无界曲面
	有界曲面：S_1 在六平面 $x=\pm a$, $y=\pm b$, $z=\pm c$ 围成的长方体内	无界曲面：S_2 在柱面 $\frac{x^2}{a^2}+\frac{y^2}{b^2}=1$ 的外部或柱面上	无界曲面：S_3 在两个平行平面 $z=\pm c$ 的外部	无界曲面：S_3 在坐标面 xOy 面 $z=0$ 的上方	
平行截线	$\Gamma_k:\begin{cases}\frac{x^2}{a^2}+\frac{y^2}{b^2}=1-\frac{k^2}{c^2}\\ z=k\end{cases}$ $(\|k\|\leqslant c)$	$\Gamma_k:\begin{cases}\frac{x^2}{a^2}+\frac{y^2}{b^2}=1+\frac{k^2}{c^2}\\ z=k\end{cases}$ $(k\in\mathbf{R})$	$\Gamma_k:\begin{cases}\frac{x^2}{a^2}+\frac{y^2}{b^2}=\frac{k^2}{c^2}-1\\ z=k\end{cases}$ $(\|k\|\geqslant c)$	Γ_k: $\begin{cases}\frac{x^2}{a^2}+\frac{y^2}{b^2}=2k\\ z=k\end{cases}$ $(k\geqslant 0)$	Γ_k: $\begin{cases}\frac{x^2}{a^2}-\frac{y^2}{b^2}=2k\\ z=k\end{cases}$ $(k\in\mathbf{R})$
	Γ_k 表示一族与 xOy 面平行的椭圆，其顶点在椭圆 Γ_{12} 与 Γ_{13} 上	Γ_k 表示一族与 xOy 面平行的椭圆，其顶点在双曲线 Γ_{22} 与 Γ_{23} 上	Γ_k 表示一族与 xOy 面平行的椭圆，其顶点在双曲线 Γ_{31} 与 Γ_{32} 上	Γ_k 表示一族与 xOy 面平行的椭圆，其顶点在抛物线 Γ_{41} 与 Γ_{42} 上	Γ_k 表示一族与 xOy 面平行的双曲线，其顶点在抛物线 Γ_{51} 与 Γ_{52} 上

续表

	椭圆球面 S_1 $\frac{x^2}{a^2}+\frac{y^2}{b^2}+\frac{z^2}{c^2}=1$	单叶双曲面 S_2 $\frac{x^2}{a^2}+\frac{y^2}{b^2}-\frac{z^2}{c^2}=1$	双叶双曲面 S_3 $\frac{x^2}{a^2}+\frac{y^2}{b^2}-\frac{z^2}{c^2}=-1$	椭圆抛物面 S_4 $\frac{x^2}{a^2}+\frac{y^2}{b^2}=2z$	双曲抛物面 S_5 $\frac{x^2}{a^2}-\frac{y^2}{b^2}=2z$
与坐标面的交线	$\Gamma_{11}:\begin{cases}\frac{x^2}{a^2}+\frac{y^2}{b^2}=1\\ z=0\end{cases}$ $\Gamma_{12}:\begin{cases}\frac{x^2}{a^2}+\frac{z^2}{c^2}=1\\ y=0\end{cases}$ $\Gamma_{13}:\begin{cases}\frac{y^2}{z^2}+\frac{b^2}{c^2}=1\\ x=0\end{cases}$ 表示三个椭圆	椭圆 Γ_{21}: $\begin{cases}\frac{x^2}{a^2}+\frac{y^2}{b^2}=1\\ z=0\end{cases}$ 双曲线 Γ_{22}: $\begin{cases}\frac{y^2}{b^2}-\frac{z^2}{c^2}=1\\ x=0\end{cases}$ 双曲线 Γ_{23}: $\begin{cases}\frac{x^2}{a^2}-\frac{z^2}{c^2}=1\\ y=0\end{cases}$	双曲线 Γ_{31}: $\begin{cases}\frac{y^2}{b^2}-\frac{z^2}{c^2}=-1\\ x=0\end{cases}$ 双曲线 Γ_{32}: $\begin{cases}\frac{x^2}{a^2}-\frac{z^2}{c^2}=-1\\ y=0\end{cases}$ 与 xOy 面无实交线	抛物线 Γ_{41}: $\begin{cases}x^2=2a^2z\\ y=0\end{cases}$ 抛物线 Γ_{42}: $\begin{cases}y^2=2b^2z\\ x=0\end{cases}$ 与 xOy 面交于一点 $O(0,0,0)$	抛物线 Γ_{51}: $\begin{cases}x^2=2a^2z\\ y=0\end{cases}$ 抛物线 Γ_{52}: $\begin{cases}y^2=-2b^2z\\ x=0\end{cases}$ 两条相交直线 $\begin{cases}ay=\pm bx\\ z=0\end{cases}$
形状	椭球面 S_1 可看作由一个长短轴可变的椭圆沿着两个相互“垂直”且有共同中心的椭圆 Γ_{12} 与 Γ_{13} 运动形成的轨迹，并且这个变动的椭圆的两对顶点分居在 Γ_{12} 与 Γ_{13} 上	单叶双曲面 S_2 可看作由一个长短轴可变的椭圆沿着两个相互“垂直”且有共同中心及虚轴的双曲线 Γ_{22} 与 Γ_{23} 运动形成的轨迹，并且这个变动的椭圆的两对顶点分居在 Γ_{22} 与 Γ_{23} 上	双叶双曲面 S_3 可看作由一个长短轴可变的椭圆沿着两个相互“垂直”且有共同中心及实轴的双曲线 Γ_{31} 与 Γ_{32} 运动形成的轨迹，并且这个变动的椭圆的两对顶点分居在 Γ_{31} 与 Γ_{32} 上	椭圆抛物面 S_4 可看作由一个长短轴可变的椭圆沿着两个相互“垂直”的抛物线 Γ_{41} 与 Γ_{42} 运动形成的轨迹，其中这两个抛物线具有相同开口方向、顶点及对称轴，并且这个变动的椭圆的两对顶点分居在 Γ_{41} 与 Γ_{42} 上	双曲抛物面 S_5 可看作由一个双曲线顶点沿着两个相互“垂直”的抛物线 Γ_{51} 与 Γ_{52} 运动形成的轨迹，其中这两个抛物线具有相同中心及对称轴、开口方向相反，并且这个变动的双曲线位于 xOy 面上方时顶点分居在 Γ_{51} 上，位于 xOy 面下方时顶点分居在 Γ_{52} 上

4.1.2　二次直纹面及其几何特征

1. 二次直纹面的代数形式

二次直纹面是指空间中由一族直线形成的二次曲面，由平行直线族形成的二次柱面及过定点直线族形成的二次锥面均为二次直纹面．对于一般的二次曲面

$$S：a_{11}x^2+a_{22}y^2+a_{33}z^2+2a_{12}xy+2a_{13}xz$$
$$+2a_{23}yz+2a_{14}x+2a_{24}y+2a_{34}z+a_{44}=0$$

如何判断 S 是否为直纹面，下面我们给出二次直纹面的代数形式．

设曲面是直纹面，方程式 (4.1) 变形为

$$f_1(x,y,z)f_2(x,y,z)=g_1(x,y,z)g_2(x,y,z) \tag{4.7}$$

其中 $f_i(x,y,z)=0$ 为三元一次方程，而 $g_i(x,y,z)=0$ 为次数为 1 或 0 的代数方程．

由直纹面的几何特征，引进不全为零的参数 λ,μ，方程式 (4.7) 同解于三元一次方程组

$$\begin{cases}\lambda f_1(x,y,z)=\mu g_1(x,y,z)\\ \mu f_2(x,y,z)=\lambda g_2(x,y,z)\end{cases} \tag{4.8}$$

特别地，若

$$g_i(x,y,z)=a,\quad a\text{为常数}(i=1\text{或}2)$$

方程式 (4.8) 中只需引进一个参数即可．

反过来，任意一个与方程式 (4.8) 同解的三元二次方程，表示一个二次直纹面．于是有如下定理：

定理 4.1　曲面 S 为二次直纹面 $\Longleftrightarrow$ 方程式 (4.1) 同解于方程组

$$\begin{cases}\lambda f_1(x,y,z)=\mu g_1(x,y,z)\\ \mu f_2(x,y,z)=\lambda g_2(x,y,z)\end{cases}$$

其中 $f_i(x,y,z)=0$ 为三元一次方程，$g_i(x,y,z)=0$ 为次数为 1 或 0 的代数方程．

2. 二次直纹面的几何特征

在五种典型的二次曲面中，单叶双曲面与双曲抛物面是直纹面，表 4.2 列出了两种二次直纹面的直母线的代数形式及其几何特征．

表 4.2

	单叶双曲面 $\frac{x^2}{a^2}+\frac{y^2}{b^2}-\frac{z^2}{c^2}=1$		双曲抛物面 $\frac{x^2}{a^2}-\frac{y^2}{b^2}=2z$	
	λ 族直母线	μ 族直母线	λ 族直母线	μ 族直母线
直母线的代数形式	$\begin{cases}\lambda_1\left(\frac{x}{a}+\frac{z}{c}\right)=\lambda_2\left(1-\frac{y}{b}\right)\\ \lambda_2\left(\frac{x}{a}-\frac{z}{c}\right)=\lambda_1\left(1+\frac{y}{b}\right)\end{cases}$	$\begin{cases}\mu_1\left(\frac{x}{a}+\frac{z}{c}\right)=\mu_2\left(1+\frac{y}{b}\right)\\ \mu_2\left(\frac{x}{a}-\frac{z}{c}\right)=\mu_1\left(1-\frac{y}{b}\right)\end{cases}$	$\begin{cases}\frac{x}{a}+\frac{y}{b}=2\lambda\\ \lambda\left(\frac{x}{a}-\frac{y}{b}\right)=z\end{cases}$	$\begin{cases}\frac{x}{a}-\frac{y}{b}=2\mu\\ \mu\left(\frac{x}{a}+\frac{y}{b}\right)=z\end{cases}$
	λ_1,λ_2 与 μ_1,μ_2 为不全为零的任意实数		λ,μ 为任意实数	
直母线族的几何性质	同族直母线中任意两条直线是异面的;异族直母线中任意两条直线是相交或平行的;对曲面上的每一点,两族直母线中各有唯一的一条直线通过该点;两族直母线无公共直线		同族直母线中任意两条直线是异面的,并且所有的直母线平行于同一个平面;异族直母线中任意两条直线是相交的;对曲面上的任一点,两族直母线中各有唯一的一条直线通过该点;两族直母线无公共直线	

4.1.3 概念图

二次曲面的几何性质概念图，如图 4.1 所示.

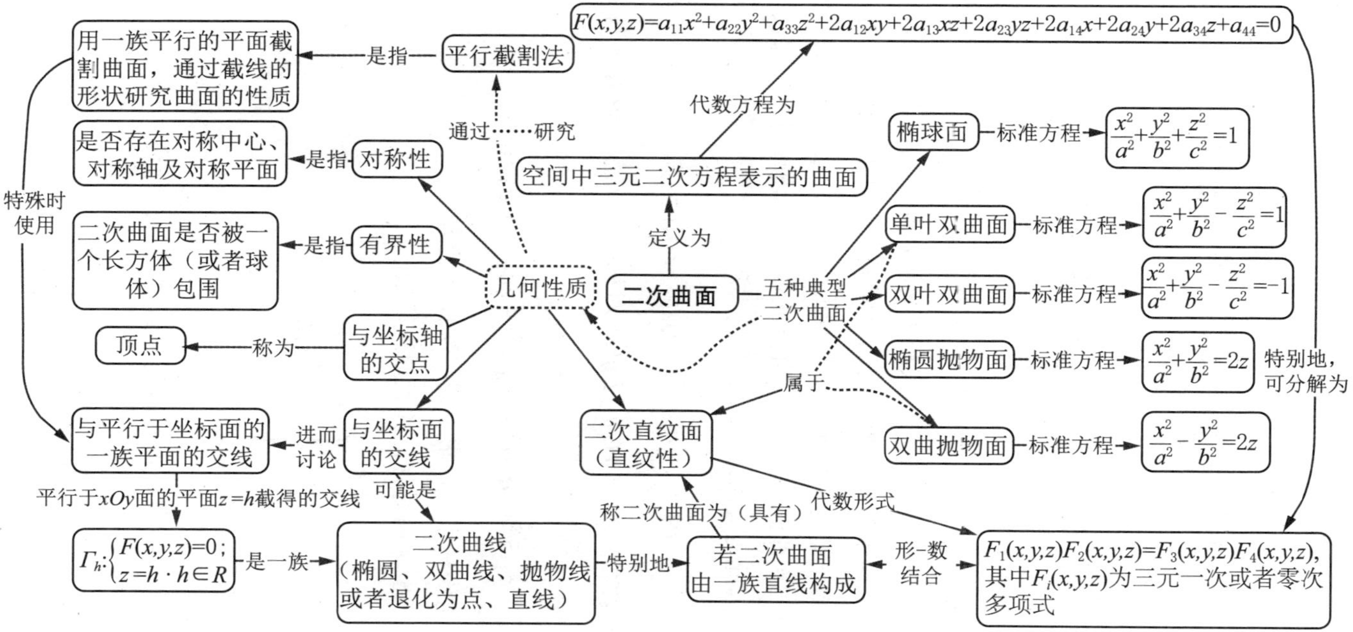

图 4.1　二次曲面的几何性质

4.2 典型例题分析与讲解

4.2.1 二次曲面相关轨迹方程的求解问题

1. 二次曲面方程的求解方法

二次曲面的一般方程式 (4.1) 中含有 10 个参数, 所以要确定其方程其实需要很多条件. 而二次曲面的标准方程形式非常简洁，参数也很少，所以利用二次曲面的几何特征与其方程中各项系数之间的对应关系，可以很快确定方程中的某些项，减少未知参数的个数，从而求出二次曲面的方程. 比较常见的几何特征，比如对称性，如果说二次曲面关于三坐标面 (或者三坐标轴) 对称，那么方程中只含平方项与常数项，因此可设所求二次曲面的方程为

$$a_{11}x^2+a_{22}y^2+a_{33}z^2+a_{44}=0$$

如果曲面关于其中两个坐标面 xOy 与 yOz 对称，那么方程中对 x 与 z 只含有平方项，因此可设所求二次曲面的方程为

$$a_{11}x^2+a_{22}y^2+a_{33}z^2+2a_{24}y+a_{44}=0$$

例 4.1 在直角坐标系中，求下列二次曲面的方程：

(1) 曲面关于三坐标面对称，并且通过椭圆

$$\begin{cases}\dfrac{x^2}{9}+\dfrac{y^2}{16}=1\\ z=0\end{cases}$$

与点 $M(1,2,\sqrt{23})$.

(2) 曲面关于 xOy 与 yOz 面对称，且经过两条抛物线

$$\begin{cases}x^2-6y=0\\ z=0\end{cases} \quad 与 \quad \begin{cases}z^2+4y=0\\ x=0\end{cases}$$

(1) **解** 由题意知，椭球面关于三坐标面对称，设椭球面的方程为

$$S:\ a_{11}x^2+a_{22}y^2+a_{33}z^2+a_{44}=0$$

其与 xOy 面的交线方程为

$$\Gamma:\ \begin{cases} a_{11}x^2+a_{22}y^2+a_{44}=0 \\ z=0 \end{cases}$$

与椭圆

$$\begin{cases} \dfrac{x^2}{9}+\dfrac{y^2}{16}=1 \\ z=0 \end{cases}$$

比较得 $a_{11}=\dfrac{1}{9}, a_{22}=\dfrac{1}{16}, a_{44}=-1$，于是有

$$S:\ \frac{x^2}{9}+\frac{y^2}{16}+a_{33}z^2=1$$

又 $M(1,2,\sqrt{23})\in S$，代入上面的方程得

$$a_{33}=\frac{1}{36}$$

于是求得椭球面的方程为

$$S:\ \frac{x^2}{9}+\frac{y^2}{16}+\frac{z^2}{36}=1$$

(2) **解法一**　因为曲面关于 xOy 与 yOz 面对称，于是设所求二次曲面的方程为

$$a_{11}x^2+a_{22}y^2+a_{33}z^2+2a_{24}y+a_{44}=0$$

它与平面 $z=0$ 和 $x=0$ 的交线分别为

$$\begin{cases} a_{11}x^2+a_{22}y^2+2a_{24}y+a_{44}=0 \\ z=0 \end{cases}$$

与

$$\begin{cases} a_{22}y^2+a_{33}z^2+2a_{24}y+a_{44}=0 \\ x=0 \end{cases}$$

将这两个方程分别和方程

$$\begin{cases} x^2-6y=0 \\ z=0 \end{cases} \quad 与 \quad \begin{cases} z^2+4y=0 \\ x=0 \end{cases}$$

比较得

$$a_{22}=a_{44}=0,\quad a_{11}:2a_{24}=1:(-6),\quad a_{33}:2a_{24}=1:4$$

所以求得的曲面方程为

$$a_{11}x^2 + a_{33}z^2 + 2a_{24}y = 0$$

并且 $a_{11} : a_{33} : 2a_{24} = 2 : (-3) : (-12)$，因此所求的二次曲面的方程为

$$\frac{x^2}{3} - \frac{z^2}{2} = 2y$$

解法二 设所求的二次曲面的方程为

$$a_{11}x^2 + a_{22}y^2 + a_{33}z^2 + 2a_{12}xy + 2a_{13}xz$$

$$+ 2a_{23}yz + 2a_{14}x + 2a_{24}y + 2a_{34}z + a_{44} = 0$$

它与平面 $z = 0$ 和 $x = 0$ 的交线分别为

$$\begin{cases} a_{11}x^2 + a_{22}y^2 + 2a_{12}xy + +2a_{14}x + 2a_{24}y + a_{44} = 0 \\ z = 0 \end{cases}$$

与

$$\begin{cases} a_{22}y^2 + a_{33}z^2 + 2a_{23}yz + 2a_{24}y + 2a_{34}z + a_{44} = 0 \\ x = 0 \end{cases}$$

将这两个方程分别和方程

$$\begin{cases} x^2 - 6y = 0 \\ z = 0 \end{cases} \quad 与 \quad \begin{cases} z^2 + 4y = 0 \\ x = 0 \end{cases}$$

比较得

$$a_{22} = a_{12} = a_{23} = a_{14} = a_{34} = a_{44} = 0$$

$$a_{11} : 2a_{24} = 1 : (-6), \quad a_{33} : 2a_{24} = 1 : 4$$

因此所求的二次曲面的方程为

$$\frac{x^2}{3} - \frac{z^2}{2} = 2y$$

说明 第 (2) 小题的解法二虽然没有用到题目中关于坐标面对称的条件，但最终也能得到答案，这表明后一个条件即曲面经过两条抛物线已经隐含了对称性这个条件，并不代表这种类型的题目可以不用对称性即可求出方程. 请读者验证如果第 (1) 小题按照第 (2) 小题的解法二能否解出.

例 4.2 给出方程 $\dfrac{x^2}{a^2 - k} + \dfrac{y^2}{b^2 - k} + \dfrac{z^2}{c^2 - k} = 1(a > b > c > 0)$，问：当 k 取

异于 a^2,b^2,c^2 的各种实数值时，它表示怎样的曲面？

解　(1) 当 $k>a^2$ 时，方程变为 $\dfrac{x^2}{k-a^2}+\dfrac{y^2}{k-b^2}+\dfrac{z^2}{k-c^2}=-1$，表示虚椭球面；

(2) 当 $b^2<k<a^2$ 时，方程变为 $-\dfrac{x^2}{a^2-k}+\dfrac{y^2}{k-b^2}+\dfrac{z^2}{k-c^2}=-1$，表示双叶双曲面；

(3) 当 $c^2<k<b^2$ 时，方程变为 $\dfrac{x^2}{a^2-k}+\dfrac{y^2}{b^2-k}-\dfrac{z^2}{k-c^2}=1$，表示单叶双曲面；

(4) 当 $k<c^2$ 时，方程变为 $\dfrac{x^2}{a^2-k}+\dfrac{y^2}{b^2-k}+\dfrac{z^2}{c^2-k}=1$，表示椭球面.

例 4.3　确定实数 k 的值，使平面 $x+y-kz=0$ 与单叶双曲面 $x^2+y^2-z^2=1$ 相交，交线分别为椭圆、双曲线.

解　由于平面 $x+y-kz=0$ 的法向量 $\boldsymbol{n}=(1,1,-k)$，取

$$\boldsymbol{e}_3'=\frac{1}{|\boldsymbol{n}|}\boldsymbol{n}=\frac{1}{\sqrt{k^2+2}}(1,1,-k)$$

令

$$\boldsymbol{e}_1'=\frac{1}{\sqrt{2}}(1,-1,0)$$

则 $\boldsymbol{e}_1'\perp\boldsymbol{e}_3'$，且 $\boldsymbol{e}_1'$ 是单位向量，再令

$$\boldsymbol{e}_2'=\boldsymbol{e}_3'\times\boldsymbol{e}_1'=\frac{1}{\sqrt{2(k^2+2)}}(-k,-k,-2)$$

由于原点 $(0,0,0)$ 在平面上，取新的坐标系 $\{O;\boldsymbol{e}_1',\boldsymbol{e}_2',\boldsymbol{e}_3'\}$，则有下列坐标变换公式：

$$\begin{cases} x=\dfrac{1}{\sqrt{2}}x'-\dfrac{k}{\sqrt{2(k^2+2)}}y'+\dfrac{1}{\sqrt{k^2+2}}z' \\ y=-\dfrac{1}{\sqrt{2}}x'-\dfrac{k}{\sqrt{2(k^2+2)}}y'+\dfrac{1}{\sqrt{k^2+2}}z' \\ z=-\dfrac{2}{\sqrt{2(k^2+2)}}y'-\dfrac{k}{\sqrt{k^2+2}}z' \end{cases}$$

在新的坐标系 $\{O;\boldsymbol{e}_1',\boldsymbol{e}_2',\boldsymbol{e}_3'\}$ 中，平面方程变为 $z'=0$，该平面与单叶双曲面的交线方程在新的坐标系中的方程是

$$\left[\frac{1}{\sqrt{2}}x' - \frac{k}{\sqrt{2(k^2+2)}}y'\right]^2 + \left[\frac{1}{\sqrt{2}}x' + \frac{k}{\sqrt{2(k^2+2)}}y'\right]^2 - \frac{4}{2(k^2+2)}y'^2 = 1$$

（注意这里利用了 $z'=0$），合并化简上式，得

$$x'^2 + \frac{k^2-2}{k^2+2}y'^2 = 1$$

由以上简化方程可知：

(1) 当 $|k|>2$ 时，交线是椭圆；

(2) 当 $|k|<2$ 时，交线是双曲线；

(3) 当 $|k|=2$ 时，交线是一对平行的直线.

2. 直线族生成曲面方程的求解方法

轨迹是直线族生成的曲面，其方程可以按照曲线族生成轨迹方程的求解方法而得到，中心思想是写出母线族方程与母线族中参数的约束条件，再消去参数就能求得方程．由于直母线族表达方式的不同，可以得到几种不同的解法.

例 4.4 试求与两条直线

$$l_1:\ \frac{x-6}{3} = \frac{y}{2} = \frac{z-1}{1}, \quad l_2:\ \frac{x}{3} = \frac{y-3}{2} = \frac{z+4}{-2}$$

都相交，并平行于平面 π：$2x+3y-5=0$ 的直线的轨迹方程.

解法一 设所求直线 l 与 l_i 交于 $P_i(i=1,2)$，易求得

$$P_1(6+3t_1, 2t_1, 1+t_1), \quad P_2(3t_2, 3+2t_2, -4-2t_2)$$

于是设直线 l 的方程为

$$l:\ \frac{x-(6+3t_1)}{6+3(t_1-t_2)} = \frac{y-2t_1}{2(t_1-t_2)-3} = \frac{z-(1+t_1)}{5+t_1+2t_2}$$

又由于 l 与

$$\pi:\ 2x+3y-5=0$$

平行，于是

$$2[6+3(t_1-t_2)] + 3[2(t_1-t_2)-3] = 0$$

解得

$$t_1 - t_2 = -\frac{1}{4}$$

从而

$$l:\ \frac{x-(6+3t_1)}{21}=\frac{y-2t_1}{-14}=\frac{z-(1+t_1)}{22+12t_1}$$

消去参数 t_1 得

$$4x^2-9y^2+10x-45y-84z-120=0$$

或者

$$4\left(x+\frac{5}{4}\right)^2-9\left(y+\frac{5}{2}\right)^2=84\left(z+\frac{5}{6}\right)$$

所以轨迹为双曲抛物面.

解法二　将两已知直线的方程改写成一般式

$$l_1:\ \begin{cases}2x-3y-12=0\\ y-2z+2=0\end{cases},\quad l_2:\ \begin{cases}2x-3y+9=0\\ y+z+1=0\end{cases}$$

由平面束的理论，与两条直线均相交的直线为

$$l_{\lambda\mu}:\ \begin{cases}(2x-3y-12)+\lambda(y-2z+2)=0\\ (2x-3y+9)+\mu(y+z+1)=0\end{cases}\tag{4.9}$$

即

$$l_{\lambda\mu}:\ \begin{cases}2x+(\lambda-3)y-2\lambda z+(2\lambda-12)=0\\ 2x+(\mu-3)y+\mu z+(9+\mu)=0\end{cases}$$

它的方向向量为

$$\boldsymbol{v}_{\lambda\mu}=\{3\lambda\mu-6\lambda-3\mu,-4\lambda-2\mu,2\mu-2\lambda\}$$

因为直线 $l_{\lambda\mu}$ 与平面

$$\pi:\ 2x+3y-5=0$$

平行，于是

$$2(3\lambda\mu-6\lambda-3\mu)-3(4\lambda+2\mu)=0$$

化简得

$$\lambda\mu-4\lambda-2\mu=0\tag{4.10}$$

从式 (4.9)，式 (4.10) 中消去参数 λ,μ，求得方程为

$$4x^2-9y^2+10x-45y-84z-120=0$$

或者

$$4\left(x+\frac{5}{4}\right)^2-9\left(y+\frac{5}{2}\right)^2=84\left(z+\frac{5}{6}\right)$$

所以轨迹为双曲抛物面.

解法三 设满足条件的直线方程为

$$\frac{x-x_0}{X}=\frac{y-y_0}{Y}=\frac{z-z_0}{Z}$$

由直线与 l_1 相交，得

$$\begin{vmatrix} x_0-6 & y_0 & z_0-1 \\ 3 & 2 & 1 \\ X & Y & Z \end{vmatrix}=0$$

亦即

$$(y_0-2z_0+2)X+(3z_0-x_0+3)Y+(2x_0-3y_0-12)Z=0 \tag{4.11}$$

由直线与 l_2 相交，得

$$\begin{vmatrix} x_0 & y_0-3 & z_0+4 \\ 3 & 2 & -2 \\ X & Y & Z \end{vmatrix}=0$$

亦即

$$(-2y_0-2z_0-2)X+(3z_0+2x_0+12)Y+(2x_0-3y_0+9)Z=0 \tag{4.12}$$

又由于直线与平面

$$\pi：2x+3y-5=0$$

平行，从而

$$2X+3Y=0 \tag{4.13}$$

因为 X,Y,Z 不全为零，故由式 (4.11) ~ 式 (4.13) 构成的齐次线性方程组应有非零解，于是

$$\begin{vmatrix} y_0-2z_0+2 & 3z_0-x_0+3 & 2x_0-3y_0-12 \\ -2y_0-2z_0-2 & 3z_0+2x_0+12 & 2x_0-3y_0+9 \\ 2 & 3 & 0 \end{vmatrix}=0$$

化简得

$$4x_0^2-9y_0^2+10x_0-45y_0-84z_0-120=0$$

从而满足条件的直线所构成的轨迹方程为

$$4x^2-9y^2+10x-45y-84z-120=0$$

或者

$$4\left(x+\frac{5}{4}\right)^2-9\left(y+\frac{5}{2}\right)^2=84\left(z+\frac{5}{6}\right)$$

所以轨迹为双曲抛物面.

例 4.5　已知空间两异面直线间的距离为 $2a$，夹角为 2θ，过这两直线分别作平面，并使这两平面互相垂直，求这样的两平面交线的轨迹.

解法一　取两异面直线 l_1 与 l_2 的公垂线为 z 轴，公垂线的中点为坐标原点，x 轴与 l_1,l_2 成等角建立直角坐标系. 那么两异面直线 l_1 与 l_2 的方程为

$$l_1\text{：}\ \frac{x}{\cos\theta}=\frac{y}{\sin\theta}=\frac{z-a}{0},\quad l_2\text{：}\ \frac{x}{\cos\theta}=\frac{y}{-\sin\theta}=\frac{z+a}{0}$$

或化 l_1 与 l_2 的方程为一般式

$$l_1\text{：}\ \begin{cases}x\sin\theta-y\cos\theta=0\\ z-a=0\end{cases},\quad l_2\text{：}\ \begin{cases}x\sin\theta+y\cos\theta=0\\ z+a=0\end{cases}$$

利用平面束，通过两异面直线 l_1 与 l_2 的平面分别为

$$\pi_1\text{：}\ \lambda(x\sin\theta-y\cos\theta)+\mu(z-a)=0 \tag{4.14}$$

$$\pi_2\text{：}\ \alpha(x\sin\theta+y\cos\theta)+\beta(z+a)=0 \tag{4.15}$$

因为 $\pi_1\perp\pi_2$，所以得

$$\lambda\alpha\sin^2\theta-\lambda\alpha\cos^2\theta+\mu\beta=0\Longrightarrow\lambda\alpha\cos2\theta=\mu\beta$$

亦即

$$\frac{\lambda\alpha}{\mu\beta}\cos2\theta=1 \tag{4.16}$$

由式 (4.14)，式 (4.15) 得

$$\frac{\lambda}{\mu}=\frac{-(z-a)}{x\sin\theta-y\cos\theta}$$

$$\frac{\alpha}{\beta}=\frac{-(z+a)}{x\sin\theta+y\cos\theta}$$

代入式 (4.16) 得

$$\frac{(z-a)(z+a)\cos2\theta}{(x\sin\theta-y\cos\theta)(x\sin\theta+y\cos\theta)}=1$$

即

$$-x^2\sin^2\theta+y^2\cos^2\theta+z^2\cos2\theta=a^2\cos2\theta$$

当 $2\theta \neq \dfrac{\pi}{2}$ 时，轨迹为单叶双曲面

$$-\frac{x^2}{\dfrac{a^2\cos 2\theta}{\sin^2\theta}}+\frac{y^2}{\dfrac{a^2\cos 2\theta}{\cos^2\theta}}+\frac{z^2}{a^2}=1$$

当 $2\theta = \dfrac{\pi}{2}$ 时，$\cos 2\theta = 0, \sin\theta = \cos\theta = \dfrac{\sqrt{2}}{2}$，轨迹为两相交平面

$$x^2 - y^2 = 0$$

即

$$x \pm y = 0$$

解法二 因为 l_1, l_2 方向向量分别为

$$\boldsymbol{v}_1 = \{\cos\theta, \sin\theta, 0\}, \quad \boldsymbol{v}_2 = \{\cos\theta, -\sin\theta, 0\}$$

过 l_1 的平面为

$$\pi_1\text{：}\ Ax + By + C(z-a) = 0$$

其中 $A\cos\theta + B\sin\theta = 0$，从而得

$$A:B:C = \begin{vmatrix} y & z-a \\ \sin\theta & 0 \end{vmatrix} : \begin{vmatrix} z-a & x \\ 0 & \cos\theta \end{vmatrix} : \begin{vmatrix} x & y \\ \cos\theta & \sin\theta \end{vmatrix}$$

$$= -(z-a)\sin\theta : (z-a)\cos\theta : (x\sin\theta - y\cos\theta) \tag{4.17}$$

过 l_2 的平面为

$$\pi_2\text{：}\ A'x + B'y + C'(z+a) = 0$$

其中 $A'\cos\theta + B'\sin\theta = 0$，从而得

$$A':B':C' = \begin{vmatrix} y & z+a \\ -\sin\theta & 0 \end{vmatrix} : \begin{vmatrix} z+a & x \\ 0 & \cos\theta \end{vmatrix} : \begin{vmatrix} x & y \\ \cos\theta & -\sin\theta \end{vmatrix}$$

$$= (z+a)\sin\theta : (z+a)\cos\theta : (-x\sin\theta - y\cos\theta) \tag{4.18}$$

因为 $\pi_1 \perp \pi_2$，所以

$$AA' + BB' + CC' = 0 \tag{4.19}$$

将式 (4.17)，式 (4.18) 代入式 (4.19) 即得轨迹方程为

$$-(z^2-a^2)\sin^2\theta + (z^2-a^2)\cos^2\theta - (x^2\sin^2\theta - y^2\cos^2\theta) = 0$$

化简得

$$-x^2\sin^2\theta+y^2\cos^2\theta+z^2\cos 2\theta=a^2\cos 2\theta$$

当 $2\theta\neq\frac{\pi}{2}$ 时，即 l_1 不垂直 l_2 时，轨迹为单叶双曲面

$$-\frac{x^2}{\frac{a^2\cos 2\theta}{\sin^2\theta}}+\frac{y^2}{\frac{a^2\cos 2\theta}{\cos^2\theta}}+\frac{z^2}{a^2}=1$$

当 $2\theta=\frac{\pi}{2}$ 时，即 $l_1\perp l_2$ 时，$\cos 2\theta=0,\sin\theta=\cos\theta$，故轨迹为一对相交平面

$$x^2-y^2=0$$

即

$$x\pm y=0$$

3. 二次直纹面上直母线方程的求解方法

求解二次直纹面上具有某种几何特征的直母线的方法一般有两种：一是利用二次直纹面的含有参数的直母线族的方程，结合给定的几何条件，解得直母线族方程中参数之间的关系，从而获得所求的直母线方程；其二是写出空间中满足给定几何条件的直线的方程(含有未知参数)，然后根据直线在二次曲面上的条件，将含有参数的直线上的点的坐标代入二次曲面的方程中，根据得到的恒等式确定参数的值.

例 4.6　试求在双曲抛物面 $\frac{x^2}{4}-\frac{y^2}{9}=2z$ 上经过点 $M(4,0,2)$ 的直母线方程.

解法一　双曲抛物面 $\frac{x^2}{4}-\frac{y^2}{9}=2z$ 上的两族直母线的方程为

$$\begin{cases}\frac{x}{2}+\frac{y}{3}=2\lambda\\ \lambda\left(\frac{x}{2}-\frac{y}{3}\right)=z\end{cases}\quad 与\quad \begin{cases}\frac{x}{2}-\frac{y}{3}=2\mu\\ \mu\left(\frac{x}{2}+\frac{y}{3}\right)=z\end{cases}$$

将点 $M(4,0,2)$ 分别代入上面的方程组，求得 $\lambda=1$ 与 $\mu=1$. 于是所求的两条直母线的方程是

$$\begin{cases}3x+2y=12\\ 3x-2y=6z\end{cases}\quad 与\quad \begin{cases}3x-2y=12\\ 3x+2y=6z\end{cases}$$

解法二 设过点 $M(4,0,2)$ 的直线方程为

$$l:\ \begin{cases} x=4+tX \\ y=tY \\ z=2+tZ \end{cases}$$

代入双曲抛物面方程中，得

$$\frac{(4+tX)^2}{4}-\frac{(tY)^2}{9}=2(2+tZ)$$

整理得

$$\left(\frac{X^2}{4}-\frac{Y^2}{9}\right)t^2+(2X-2Z)t=0$$

要使直线 l 在双曲抛物面上，即对于任意 t，上面的等式均成立，于是

$$\begin{cases} \dfrac{X^2}{4}-\dfrac{Y^2}{9}=0 \\ 2X-2Z=0 \end{cases}$$

解得

$$X:Y:Z=2:(-3):2 \quad 或 \quad X:Y:Z=2:3:2$$

从而所求直母线的方程为

$$l:\ \frac{x-4}{2}=\frac{y}{-3}=\frac{z-2}{2} \quad 或 \quad l:\ \frac{x-4}{2}=\frac{y}{3}=\frac{z-2}{2}$$

例 4.7 在直纹面 S：$2x^2+y^2-z^2+3xy+xz-6z=0$ 上，试求过点 $P(1,1,1)$ 的直母线的方程.

解法一 将直纹面的方程同解变形为

$$(x+y+z)(2x+y-z)=6z$$

于是其两族直母线的方程为

$$\begin{cases} x+y+z=\lambda \\ \lambda(2x+y-z)=6z \end{cases} \tag{4.20}$$

与

$$\begin{cases} 2x+y-z=\mu \\ \mu(x+y+z)=6z \end{cases} \tag{4.21}$$

容易验证 $P(1,1,1)\in S$，将 P 的坐标代入式 (4.20) 与式 (4.21) 中，求得

$$\lambda=3, \quad \mu=2$$

因此所求直母线的方程为

$$\begin{cases} x+y+z=3 \\ 2x+y-3z=0 \end{cases} \quad 与 \quad \begin{cases} 2x+y-z=2 \\ x+y-2z=0 \end{cases}$$

解法二　设直母线的方程为

$$\begin{cases} x=1+tX \\ y=1+tY \\ z=1+tZ \end{cases}$$

代入直纹面的方程，得

$$(2X^2+Y^2-Z^2+3XY+XZ)t^2+(8X+5Y-7Z)t\equiv 0$$

于是有

$$\begin{cases} 2X^2+Y^2-Z^2+3XY+XZ=0 \\ 8X+5Y-7Z=0 \end{cases}$$

解得

$$X:Y:Z=1:(-3):(-1) \quad 或 \quad X:Y:Z=4:(-5):1$$

所以求得直母线的方程为

$$\frac{x-1}{1}=\frac{y-1}{-3}=\frac{z-1}{-1} \quad 与 \quad \frac{x-1}{4}=\frac{y-1}{-5}=\frac{z-1}{1}$$

4. 与二次曲面平行截线相关的轨迹方程

一般地，用平行平面族截割二次曲面，得到的“截痕”是一族平行的二次曲线，有时需要探究这族二次曲线上具有某种几何特征的点的轨迹，比如焦点或者顶点等，解决这类问题的基本思路是结合有关二次曲线的特殊点的几何特征及含参数的二次曲线的方程，正确地表示特征点的坐标，然后消去参数得到所求轨迹的方程.

例 4.8　试证：一族平面 $x=k$(k 为任意实数，$|k|\neq a$) 去截单叶双曲面 $\frac{x^2}{a^2}+\frac{y^2}{b^2}-\frac{z^2}{c^2}=1$ 所得双曲线的焦点的轨迹是椭圆或双曲线.

分析与解　由题意得，截线方程为

$$\Gamma_k: \begin{cases} \frac{y^2}{b^2}-\frac{z^2}{c^2}=1-\frac{k^2}{a^2} \\ x=k \end{cases} \quad (k\in \mathbf{R} 且 |k|\neq a)$$

于是 Γ_k 为一族“平行”于 yOz 面的双曲线.

当 $|k|<a$ 时，Γ_k 实轴平行于 y 轴，虚轴平行于 z 轴，其焦点坐标 x,y,z 满足

$$\begin{cases} x=k \\ y=\pm\sqrt{(b^2+c^2)\left(1-\dfrac{k^2}{a^2}\right)} \\ z=0 \end{cases} \iff \begin{cases} \dfrac{y^2}{b^2+c^2}+\dfrac{x^2}{a^2}=1 \\ z=0 \end{cases}$$

上述方程组表示 xOy 面上的椭圆.

当 $|k|>a$ 时，Γ_k 实轴平行于 z 轴，虚轴平行于 y 轴，其焦点坐标 x,y,z 满足

$$\begin{cases} x=k \\ y=0 \\ z=\pm\sqrt{(b^2+c^2)\left(\dfrac{k^2}{a^2}-1\right)} \end{cases} \iff \begin{cases} \dfrac{x^2}{a^2}-\dfrac{z^2}{b^2+c^2}=1 \\ y=0 \end{cases}$$

上述方程组表示 xOz 面上的双曲线.

综上所述，所得双曲线的焦点轨迹是椭圆或双曲线.

例 4.9 用一族平行于 xOz 坐标面的平面 $y=t$ (t 为参数) 截割双曲抛物面

$$\frac{x^2}{a^2}-\frac{y^2}{b^2}=2z$$

试证：截线为一族全等的抛物线，并求出这族抛物线焦点的轨迹.

证明 一族平行平面截双曲抛物面的截线族方程为

$$\begin{cases} \dfrac{x^2}{a^2}-\dfrac{y^2}{b^2}=2z \\ y=t \end{cases} \Longrightarrow \begin{cases} x^2=2a^2\left(z+\dfrac{t^2}{2b^2}\right) \\ y=t \end{cases}$$

这是一族抛物线，而且所得的抛物线的焦参数 p 都相同，即 $p=a^2$，所以所有抛物线都是彼此全等的，因而它们是一族全等的抛物线，抛物线族的焦点坐标为

$$\begin{cases} x=0 \\ y=t \\ z=-\dfrac{t^2}{2b^2}+\dfrac{a^2}{2} \end{cases}$$

消去参数 t，得焦点的轨迹方程为

$$\begin{cases} x=0 \\ y^2=-2b^2\left(z-\dfrac{a^2}{2}\right) \end{cases}$$

这是一条在 yOz 面上的抛物线，顶点在 $\left(0,0,\dfrac{a^2}{2}\right)$，它恰是抛物线

$$\begin{cases} y=0 \\ x^2=2a^2z \end{cases}$$

的焦点.

注　在对单参数的参数方程消参化为普通方程的过程中，一定要注意最终的代数形式应该是方程组.

5. 二次曲面的圆截面方程的求解方法

与二次曲面相交于圆的平面称为二次曲面的圆截面. 如果一个二次曲面存在圆截面，那么就会有一族平行于该平面的平面与二次曲面相交于圆，比如椭球面、单 (双) 叶双曲面、椭圆抛物面及椭圆柱面等均存在一族平行的圆截面，表明这些曲面实际上可以看作是圆的集合. 因此有关二次曲面圆截面的存在性与求解问题，可深化对二次曲面几何特征及形状的认识.

求二次曲面的圆截面一般可先求具有特殊位置关系的圆截面，如求过中心或者过坐标轴的圆截面. 求过中心或坐标轴的圆截面的方法一般有两种：一是利用球面与平面交线为圆这一几何特征，确定平面的方程；二是确定交线圆的半径，利用交线圆的射影柱面求得其所在平面.

例 4.10　设椭球面 $\dfrac{x^2}{a^2}+\dfrac{y^2}{b^2}+\dfrac{z^2}{c^2}=1(0<c<a<b)$，试求通过 x 轴，并与椭球面的交线是圆的平面的方程.

解法一　设过 x 轴的平面为

$$\pi\text{：}\ my+nz=0$$

要使

$$\Gamma\text{：}\ \begin{cases} \dfrac{x^2}{a^2}+\dfrac{y^2}{b^2}+\dfrac{z^2}{c^2}=1 \\ my+nz=0 \end{cases}$$

为圆，只要上述方程组同解于下面的方程组

$$\begin{cases} F(x,y,z)=0 \\ my+nz=0 \end{cases}$$

即可，其中 $F(x,y,z)=0$ 为球面的方程. 而

$$\begin{cases} \dfrac{x^2}{a^2}+\dfrac{y^2}{b^2}+\dfrac{z^2}{c^2}=1 \\ my+nz=0 \end{cases} \iff \begin{cases} \dfrac{x^2}{a^2}+\dfrac{y^2}{b^2}+\dfrac{z^2}{c^2}=1 \\ m^2y^2=n^2z^2 \end{cases}$$

由于 $\dfrac{1}{c^2}>\dfrac{1}{a^2}>\dfrac{1}{b^2}$，故上面的方程组同解于方程组

$$\begin{cases} \dfrac{x^2}{a^2}+\left(\dfrac{1}{b^2}+m^2\right)y^2+\left(\dfrac{1}{c^2}-n^2\right)z^2=1 \\ my+nz=0 \end{cases}$$

要使上面的方程组中第一个方程表示球面，由球面方程的特征，只要

$$\frac{1}{c^2}-n^2=\frac{1}{a^2}=\frac{1}{b^2}+m^2$$

于是解得

$$\frac{n}{m}=\pm\frac{b}{c}\sqrt{\frac{a^2-c^2}{b^2-a^2}}$$

所以所求平面的方程为

$$c\sqrt{b^2-a^2}y\pm b\sqrt{a^2-c^2}z=0$$

解法二 由题意可知，过 x 轴的平面与椭球面的交线圆的圆心为坐标原点，半径为 a，于是交线圆 Γ 可看作球面 S：$x^2+y^2+z^2=a^2$ 与椭球面的交线，即

$$\Gamma:\ \begin{cases} x^2+y^2+z^2=a^2 \\ \dfrac{x^2}{a^2}+\dfrac{y^2}{b^2}+\dfrac{z^2}{c^2}=1 \end{cases}$$

消去方程组中的 x，得到

$$c\sqrt{b^2-a^2}y\pm b\sqrt{a^2-c^2}z=0$$

此即为交线圆 Γ 对于坐标面 yOz 面的射影柱面的方程，显然该射影柱面就是 Γ 所在的过 x 轴的平面.

解法三 此题可以利用微积分相关理论来解，设所求平面 π 的方程为

$$\pi:\ my+nz=0$$

于是交线 Γ 的方程是

$$\begin{cases} \dfrac{x^2}{a^2}+\dfrac{y^2}{b^2}+\dfrac{z^2}{c^2}=1 \\ my+nz=0 \end{cases}$$

由题意知,要使交线 Γ 是圆 $\Longleftrightarrow$ 圆的圆心是坐标原点 O,并且对任意的点 $P\in\Gamma, O$ 到 P 的距离是一个常数.

于是转化为这样一个问题：当 A,B,C 满足什么条件时，函数 $d=x^2+y^2+z^2$ 是一个常数，其中 x,y,z 满足方程组

$$\begin{cases} \dfrac{x^2}{a^2}+\dfrac{y^2}{b^2}+\dfrac{z^2}{c^2}=1 \\ my+nz=0 \end{cases}$$

这个问题可以这样解决：在方程组的约束下，可以将函数

$$d=x^2+y^2+z^2$$

表示成关于 y 或 z 的一元二次函数，对函数求导得到一次函数，因为导函数恒为零，根据导函数的一次项系数及常数项为零，求得 m,n 的值.

思考　此题中椭球面是否存在过 y 轴或者过 z 轴的平面与椭球面的交线为圆？为什么？进一步思考五种典型的二次曲面中哪些存在圆截面.

例 4.11　求通过原点且与单叶双曲面

$$\frac{x^2}{a^2}+\frac{y^2}{b^2}-\frac{z^2}{c^2}=1\quad(a>b>0,c>0)$$

的交线是圆的平面.

解　通过原点的平面截割单叶双曲面为圆的圆心一定是原点. 如果半径为 R,那么这个圆也一定在以原点为球心，半径为 R 的球面

$$x^2+y^2+z^2=R^2$$

上，因此这个圆也可以看作是这个球面与单叶双曲面的交线，因此圆的方程可以写成

$$\begin{cases} \dfrac{x^2}{R^2}+\dfrac{y^2}{R^2}+\dfrac{z^2}{R^2}=1 \\ \dfrac{x^2}{a^2}+\dfrac{y^2}{b^2}-\dfrac{z^2}{c^2}=1 \end{cases}$$

两式相减，化简可得它的同解方程组. 即圆方程的另一种形式

$$\begin{cases}\dfrac{x^2}{R^2}+\dfrac{y^2}{R^2}+\dfrac{z^2}{R^2}=1\\[2mm]\dfrac{a^2-R^2}{a^2}x^2+\dfrac{b^2-R^2}{b^2}y^2+\dfrac{c^2+R^2}{c^2}z^2=0\end{cases}$$

因为 $a>b$，所以取 $R=a$. 第二个方程就表示为两平面，即圆的方程为

$$\begin{cases}x^2+y^2+z^2=a^2\\[2mm]\dfrac{a^2+c^2}{c^2}z^2-\dfrac{a^2-b^2}{b^2}y^2=0\end{cases}$$

或

$$\begin{cases}x^2+y^2+z^2=a^2\\[2mm]\left(\dfrac{\sqrt{a^2+c^2}}{c}z+\dfrac{\sqrt{a^2-b^2}}{b}y\right)\left(\dfrac{\sqrt{a^2+c^2}}{c}z-\dfrac{\sqrt{a^2-b^2}}{b}y\right)=0\end{cases}$$

这是两个平面与球面的交线，当然是两个圆，所以过原点与单叶双曲面交线为圆的平面有两个，即

$$\frac{\sqrt{a^2+c^2}}{c}z\pm\frac{\sqrt{a^2-b^2}}{b}y=0$$

4.2.2 空间区域作图

在空间直角坐标系中，若干个曲面或者平面围成的空间区域可用不等式组表示，在作出空间区域的简图时，关键是作出这些曲面以及相关曲面的交线.

例 4.12 画出

$$x\geqslant 0,\quad y\geqslant 0,\quad z\geqslant 0,\quad x^2+y^2\leqslant a^2,\quad y^2+z^2\leqslant a^2,\quad a>0$$

所确定的空间区域的简图.

解 (1) 作出柱面 $x^2+y^2=a^2,y^2+z^2=a^2$ 与 xOy,yOz 平面的交线 C_1,C_2.

(2) 在 y 轴上取一点 $P(P_1,P_2,\cdots,P_n)$，过 $P(P_1,P_2,\cdots,P_n)$ 分别作 x,z 轴的平行线，交 C_1,C_2 分别于 $Q(Q_1,Q_2,\cdots,Q_n),R(R_1,R_2,\cdots,R_n)$.

(3) 过 $Q(Q_1,Q_2,\cdots,Q_n),R(R_1,R_2,\cdots,R_n)$ 作各自所在的柱面的母线，交点为 $S(S_1,S_2,\cdots,S_n)$，则 $S(S_1,S_2,\cdots,S_n)$ 在两柱面的交线上.

(4) 连接得到柱面交线上的若干个交点，即得柱面交线简图. 如图 4.2 所示.

例 4.13 画出 $x^2+y^2=2z,x^2+y^2=4x,z=0$ 所确定的空间区域的简图.

解　(1) 此区域可表示为

$$x^2+y^2\geqslant 2z,\quad x^2+y^2\leqslant 4x,\quad z\geqslant 0$$

要画出此区域，关键是画出椭圆抛物面与圆柱面交线 F.

(2) F 在 xOy 面上的射影曲线为

$$F_1:\ \begin{cases} x^2+y^2=4x \\ z=0 \end{cases}$$

F 在 xOz 面上的射影曲线为

$$F_2:\ \begin{cases} z=2x \\ y=0 \end{cases}\quad (0\leqslant x\leqslant 4)$$

(3) 由 F_1,F_2 画出 F，即可得空间区域简图．如图 4.3 所示.

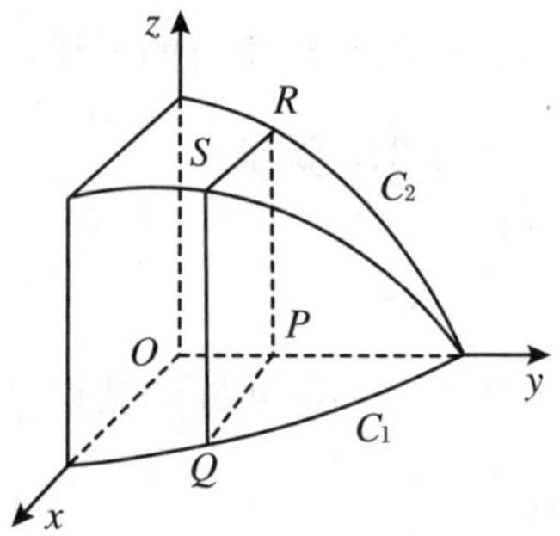

图 4. 2

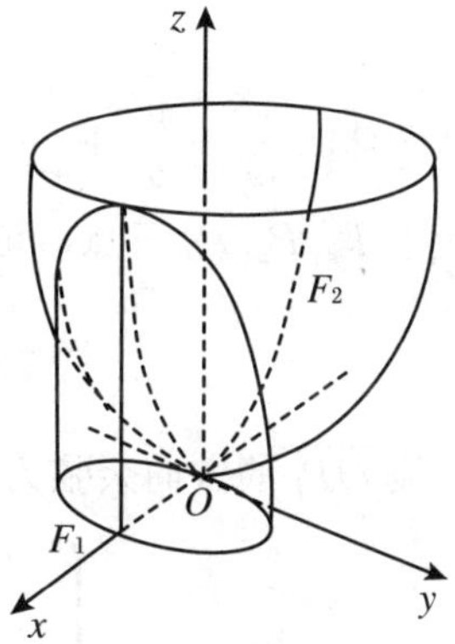

图 4. 3

4.3　习 题 详 解

1. 设椭球面的对称轴与坐标轴重合，并且通过椭圆

$$\begin{cases} \dfrac{x^2}{9}+\dfrac{y^2}{16}=1 \\ z=0 \end{cases}$$

与点 $M(1,2,\sqrt{23})$，试求这个椭球面的方程.

解法见例 4.1(1).

2. 设椭球面 $\dfrac{x^2}{a^2}+\dfrac{y^2}{b^2}+\dfrac{z^2}{c^2}=1(0<c<a<b)$，试求通过 x 轴，并与椭球面的交线是圆的平面的方程.

解法见例 4.10.

3. (略).

4. 在空间直角坐标系中，设 P 是椭球面 $\dfrac{x^2}{a^2}+\dfrac{y^2}{b^2}+\dfrac{z^2}{c^2}=1$ 上一点，向量 $\overrightarrow{OP}$ 的方向余弦为 l,m,n，并且 $|\overrightarrow{OP}|=r$，试证：

$$\frac{1}{r^2}=\frac{l^2}{a^2}+\frac{m^2}{b^2}+\frac{n^2}{c^2}$$

证明 由题意可得 $\overrightarrow{OP}=\{rl,rm,rn\}$，即 $P(rl,rm,rn)$，将点 P 的坐标代入椭球面的方程，得

$$\frac{1}{r^2}=\frac{l^2}{a^2}+\frac{m^2}{b^2}+\frac{n^2}{c^2}$$

5. 设从椭球面 $\dfrac{x^2}{a^2}+\dfrac{y^2}{b^2}+\dfrac{z^2}{c^2}=1$ 的中心任意引三条互相垂直的射线，并与椭球面分别交于 P_1,P_2,P_3 三点，记 $|\overrightarrow{OP_i}|=r_i(i=1,2,3)$，试证：

$$\frac{1}{r_1^2}+\frac{1}{r_2^2}+\frac{1}{r_3^2}=\frac{1}{a^2}+\frac{1}{b^2}+\frac{1}{c^2}$$

证明 设 $\overrightarrow{OP_i}$ 的方向余弦为 $l_i,m_i,n_i(i=1,2,3)$，由第 4 题的结论可得

$$\begin{cases}\dfrac{1}{r_1^2}=\dfrac{l_1^2}{a^2}+\dfrac{m_1^2}{b^2}+\dfrac{n_1^2}{c^2}\\[2mm]\dfrac{1}{r_2^2}=\dfrac{l_2^2}{a^2}+\dfrac{m_2^2}{b^2}+\dfrac{n_2^2}{c^2}\\[2mm]\dfrac{1}{r_3^2}=\dfrac{l_3^2}{a^2}+\dfrac{m_3^2}{b^2}+\dfrac{n_3^2}{c^2}\end{cases}$$

由于

$$l_1=\cos\angle(\boldsymbol{i},\overrightarrow{OP_1}),\quad l_2=\cos\angle(\boldsymbol{i},\overrightarrow{OP_2}),\quad l_3=\cos\angle(\boldsymbol{i},\overrightarrow{OP_3})$$

从而 l_1,l_2,l_3 为 $\boldsymbol{i}$ 在直角标架 $[O;\overrightarrow{OP_1},\overrightarrow{OP_2},\overrightarrow{OP_3}]$ 中的方向余弦，于是

$$l_1^2+l_2^2+l_3^2=1$$

同理可得

$$m_1^2+m_2^2+m_3^2=1$$

$$n_1^2+n_2^2+n_3^2=1$$

所以

$$\frac{1}{r_1^2}+\frac{1}{r_2^2}+\frac{1}{r_3^2}=\frac{1}{a^2}+\frac{1}{b^2}+\frac{1}{c^2}$$

6. 试建立球面：$x^2+y^2+z^2=a^2$ 与圆柱面：$x^2+y^2-ax=0$ 的交线 (Viviani 曲线) 的参数式方程.

分析与解　此题应结合空间曲线参数方程的一般理论与特殊曲面 (球面、圆柱面) 的参数方程的表达形式，利用空间曲线的普通方程，给出特殊曲面的参数方程中两个参数之间的关系，从而用单参数表示空间曲线．分别利用圆柱面与球面的参数方程，此题有两种解法.

解法一　易知圆柱面：$x^2+y^2-ax=0$ 的参数方程为

$$\begin{cases} x=\dfrac{a}{2}\cos\theta+\dfrac{a}{2} \\ y=\dfrac{a}{2}\sin\theta \qquad (0\leqslant\theta<2\pi,-\infty<\mu<+\infty) \\ z=\mu \end{cases}$$

将其代入球面：$x^2+y^2+z^2=a^2$ 中，得 $\mu^2=\sin^2\dfrac{\theta}{2}$，于是 Viviani 曲线的参数方程为

$$\begin{cases} x=\dfrac{a}{2}\cos\theta+\dfrac{a}{2} \\ y=\dfrac{a}{2}\sin\theta \qquad (0\leqslant\theta<2\pi) \\ z=\pm\sin\dfrac{\theta}{2} \end{cases}$$

解法二　已知球面的参数方程为

$$\begin{cases} x=a\cos\theta\cos\varphi \\ y=a\cos\theta\sin\varphi \quad \left(-\dfrac{\pi}{2}\leqslant\theta\leqslant\dfrac{\pi}{2},0\leqslant\varphi<2\pi\right) \\ z=a\sin\theta \end{cases}$$

将其代入圆柱面：$x^2+y^2-ax=0$ 中，得 $\cos\theta=\cos\varphi$，于是 Viviani 曲线的参数方程为

$$\begin{cases} x=a\cos^2\theta \\ y=\pm a\cos\theta\sqrt{1-\cos^2\theta} \quad \left(-\dfrac{\pi}{2}\leqslant\theta\leqslant\dfrac{\pi}{2}\right) \\ z=a\sin\theta \end{cases}$$

7. 试证：曲线

$$\begin{cases} x = \sin 2\theta \\ y = 1 - \cos 2\theta \quad (0 \leqslant \theta \leqslant 2\pi) \\ z = 2\cos\theta \end{cases}$$

位于一个球面上，并求这个球面的方程；又位于一个圆柱面上，并求这个圆柱面的方程；还位于一个抛物柱面上，并求这个抛物柱面的方程.

分析与解　此题主要考察空间曲线的参数方程向普通方程的转化，通过曲线的单参数方程，消去参数，得到的关于 x, y, z 其中两个变量或者三个变量的方程，即为空间中通过曲线的曲面的代数方程，结合球面、圆柱面及抛物柱面普通方程的特征，进行适当的代数变形即可得到.

由方程组

$$\begin{cases} x = \sin 2\theta \\ y = 1 - \cos 2\theta \quad (0 \leqslant \theta \leqslant 2\pi) \\ z = 2\cos\theta \end{cases}$$

消去参数 θ，得到

$$S_1\text{：}\ x^2 + (y-1)^2 = 1$$

$$S_2\text{：}\ x^2 + y^2 + z^2 = 4$$

$$S_3\text{：}\ z^2 = 4 - 2y$$

于是曲线在圆柱面 S_1 上，也在球面 S_2 上，还在抛物柱面 S_3 上.

8. (略).

9. 设椭圆抛物面的顶点是坐标原点，对称平面是坐标平面 xOz 和坐标平面 yOz，并经过点 $(1,2,5)$ 和点 $\left(\frac{1}{3}, -1, 1\right)$，试求这个椭圆抛物面的方程.

分析与解　椭圆抛物面关于坐标平面 xOz 和 yOz 对称，且顶点是坐标原点，于是其方程中仅含有 x, y 的平方项及 z 的一次项.

设所求椭圆抛物面的方程为

$$S\text{：}\ \frac{x^2}{a^2} + \frac{y^2}{b^2} = 2z$$

将两点 $(1,2,5)$ 与 $\left(\dfrac{1}{3},-1,1\right)$ 的坐标分别代入上面的方程中，得

$$\begin{cases} \dfrac{1}{a^2}+\dfrac{4}{b^2}=10 \\ \dfrac{1}{9a^2}+\dfrac{1}{b^2}=2 \end{cases}$$

解得 $a^2=\dfrac{5}{18},b^2=\dfrac{5}{8}$，于是

$$S\text{：}\ \frac{18x^2}{5}+\frac{8y^2}{5}=2z$$

10. 试说明下列方程在空间中表示什么图形：

(1) $\dfrac{x^2}{4}+y^2+\dfrac{z^2}{4}=1$.

(2) $y^2=2z$.

(3) $3x^2-2y^2+z^2=1$.

(4) $x^2-2y^2+3z=0$.

(5) $\begin{cases} x=3\cos\theta \\ y=4\sin\theta \quad (0\leqslant\theta\leqslant2\pi) \\ z=0 \end{cases}$.

(6) $\begin{cases} x=u\cos v \\ y=u\sin v \quad (-\infty<u<+\infty,0\leqslant v<2\pi) \\ z=u^2 \end{cases}$.

分析与解　(1) 方程符合椭球面的标准方程形式，并且其中两个平方项的系数相等，因此也符合旋转曲面方程 $F(\pm\sqrt{x^2+z^2},y)=0$ 的形式，因此方程表示旋转椭球面.

(2) 方程符合母线平行于 x 轴的柱面方程 $f(y,z)=0$ 的形式，并且以坐标面上的抛物线

$$\begin{cases} y^2=2z \\ x=0 \end{cases}$$

为准线，因此方程表示母线平行于 x 轴的抛物柱面.

(3) 方程表示单叶双曲面.

(4) 方程是关于 x,y,z 的二次齐次方程，因此表示二次锥面.

(5)

$$\begin{cases} x = 3\cos\theta \\ y = 4\sin\theta \quad (0 \leqslant \theta \leqslant 2\pi) \\ z = 0 \end{cases} \Longleftrightarrow \begin{cases} \dfrac{x^2}{9} + \dfrac{y^2}{16} = 1 \\ z = 0 \end{cases}$$

因此方程表示 xOy 面上的椭圆.

(6)

$$\begin{cases} x = u\cos v \\ y = u\sin v \quad (-\infty < u < +\infty, 0 \leqslant v < 2\pi) \\ z = u^2 \end{cases} \Longleftrightarrow x^2 + y^2 = z$$

因此方程组表示旋转椭圆抛物面.

11. (略).

12. 试求下列直线族所构成的曲面的方程 (其中 λ 是参数):

(1) $\dfrac{x-\lambda^2}{1} = \dfrac{y}{-1} = \dfrac{z-\lambda}{0}$.

(2) $\begin{cases} x + 2\lambda + 4z = 4\lambda \\ \lambda x - 2y - 4\lambda z = 4 \end{cases}$.

分析与解 为认识方程所表示图形的形状及几何特征，有时需将普通方程转化为参数方程，有时也需要将参数方程转化为普通方程. 此题考查的是二次直纹面的参数方程 (组) 向其普通方程之间的转化，二次直纹面的代数形式可表示为含有参数的三元一次方程组，通过消去参数可以得到直纹面的普通方程.

(1) $y = z^2 - x$.

(2) $x^2 - 4y - 16z^2 = 8$.

13. 试求与两条直线

$$l_1\text{：} \frac{x-6}{3} = \frac{y}{2} = \frac{z-1}{1}, \quad l_2\text{：} \frac{x}{3} = \frac{y-3}{2} = \frac{z+4}{-2}$$

都相交，并平行于平面 π：$2x + 3y - 5 = 0$ 的直线的轨迹方程.

解法见例 4.4.

14. 试求单叶双曲面 $\dfrac{x^2}{4} + \dfrac{y^2}{9} - \dfrac{z^2}{16} = 1$ 上经过点 $M(2, 3, -4)$ 的直母线方程.

解法一 易得单叶双曲面 $\dfrac{x^2}{4} + \dfrac{y^2}{9} - \dfrac{z^2}{16} = 1$ 上的两族直母线的方程为

$$\begin{cases} \lambda\left(\dfrac{x}{2} + \dfrac{z}{4}\right) = \mu\left(1 + \dfrac{y}{3}\right) \\ \mu\left(\dfrac{x}{2} - \dfrac{z}{4}\right) = \lambda\left(1 - \dfrac{y}{3}\right) \end{cases} \quad 与 \quad \begin{cases} \lambda'\left(\dfrac{x}{2} + \dfrac{z}{4}\right) = \mu'\left(1 - \dfrac{y}{3}\right) \\ \mu'\left(\dfrac{x}{2} - \dfrac{z}{4}\right) = \lambda'\left(1 + \dfrac{y}{3}\right) \end{cases}$$

将点 $M(2,3,-4)$ 分别代入上面的方程组，求得 $\mu=0$ 与 $\lambda':\mu'=1:1$. 于是所求的两条直母线的方程是

$$\begin{cases}\dfrac{x}{2}+\dfrac{z}{4}=0\\[2mm] 1-\dfrac{y}{3}=0\end{cases}\quad 与 \quad \begin{cases}\dfrac{x}{2}+\dfrac{z}{4}=1-\dfrac{y}{3}\\[2mm] \dfrac{x}{2}-\dfrac{z}{4}=1+\dfrac{y}{3}\end{cases}$$

或者表示为

$$\begin{cases}2x+z=0\\ y-3=0\end{cases}\quad 与 \quad \begin{cases}6x+4y+3z-12=0\\ 6x-4y-3z-12=0\end{cases}$$

解法二　设过点 $M(2,3,-4)$ 的直线方程为

$$l:\ \begin{cases}x=2+tX\\ y=3+tY\\ z=-4+tZ\end{cases}$$

代入单叶双曲面的方程中，得

$$\frac{(2+tX)^2}{4}+\frac{(3+tY)^2}{9}-\frac{(-4+tZ)^2}{16}=1$$

整理得

$$\left(\frac{X^2}{4}+\frac{Y^2}{9}-\frac{Z^2}{16}\right)t^2+\left(X+\frac{2}{3}Y+\frac{Z}{2}\right)t=0$$

要使直线 l 在单叶双曲面上，即对于任意 t，上面的等式均成立，于是

$$\begin{cases}\dfrac{X^2}{4}+\dfrac{Y^2}{9}-\dfrac{Z^2}{16}=0\\[2mm] X+\dfrac{2}{3}Y+\dfrac{Z}{2}=0\end{cases}$$

解得

$$X:Y:Z=(-1):0:2\quad 或 \quad X:Y:Z=0:(-3):4$$

从而所求直母线的方程为

$$l:\ \frac{x-2}{-1}=\frac{y-3}{0}=\frac{z+4}{2}\quad 或 \quad l:\ \frac{x-2}{0}=\frac{y-3}{-3}=\frac{z+4}{4}$$

15. 试求在双曲抛物面 $\dfrac{x^2}{4}-\dfrac{y^2}{9}=2z$ 上经过点 $M(4,0,2)$ 的直母线的方程.

解法见例 4.6.

16. 在双曲抛物面 $\dfrac{x^2}{4}-\dfrac{y^2}{9}=z$ 上，试求平行于平面 π：$3x+2y-4z=0$ 的

直母线的方程.

解法一　易得双曲抛物面 $\dfrac{x^2}{4}-\dfrac{y^2}{9}=z$ 上的两族直母线的方程为

$$\begin{cases}\dfrac{x}{2}+\dfrac{y}{3}=\lambda\\ \lambda\left(\dfrac{x}{2}-\dfrac{y}{3}\right)=z\end{cases}\quad 与\quad \begin{cases}\dfrac{x}{2}-\dfrac{y}{3}=\mu\\ \mu\left(\dfrac{x}{2}+\dfrac{y}{3}\right)=z\end{cases}$$

于是两族直母线的方向向量分别为

$$\boldsymbol{v}_\lambda=\left\{-\frac{1}{3},\frac{1}{2},-\frac{\lambda}{3}\right\},\quad \boldsymbol{v}_\mu=\left\{\frac{1}{3},\frac{1}{2},\frac{\mu}{3}\right\}$$

由于 $\boldsymbol{v}_\lambda\cdot\{3,2,-4\}=0,\boldsymbol{v}_\mu\cdot\{3,2,-4\}=0$，求得

$$\lambda=0\quad 与\quad \mu=\frac{3}{2}$$

于是所求的两条直母线的方程是

$$\begin{cases}3x+2y=0\\ z=0\end{cases}\quad 与\quad \begin{cases}3x-2y=9\\ 3x+2y=4z\end{cases}$$

解法二　设所求直线方程为

$$l:\ \begin{cases}x=x_0+tX\\ y=y_0+tY\\ z=z_0+tZ\end{cases}$$

代入双曲抛物面的方程中，得

$$\left(\frac{X^2}{4}-\frac{Y^2}{9}\right)t^2+\left(\frac{x_0}{2}X-\frac{2y_0}{9}Y-Z\right)t=0$$

要使直线 l 在双曲抛物面上，即对于任意 t，上面的等式均成立，于是

$$\begin{cases}\dfrac{X^2}{4}-\dfrac{Y^2}{9}=0\\ \dfrac{x_0}{2}X-\dfrac{2y_0}{9}Y-Z=0\end{cases}\quad 且\quad 3X+2Y-4Z=0$$

解得

$$x_0-\frac{2}{3}y_0-3=0\quad 与\quad x_0+\frac{2}{3}y_0=0$$

又由于

$$\frac{x_0^2}{4}-\frac{y_0^2}{9}=z_0$$

从而

$$\begin{cases} x_0 - \dfrac{2y_0}{3} = 3 \\ x_0 + \dfrac{2y_0}{3} = \dfrac{4z_0}{3} \end{cases} \quad 与 \quad \begin{cases} x_0 + \dfrac{2y_0}{3} = 0 \\ z_0 = 0 \end{cases}$$

故所求直母线的方程为

$$\begin{cases} 3x - 2y = 9 \\ 3x + 2y = 4z \end{cases} \quad 与 \quad \begin{cases} 3x + 2y = 0 \\ z = 0 \end{cases}$$

17. 试就 λ 的值讨论下列方程表示何种曲面：

(1) $3x^2 - 4y^2 - 5z^2 = \lambda$.

(2) $x^2 + y^2 + 3z^2 = \lambda + \dfrac{1}{4}$.

(3) $\lambda(x^2 + y^2) - z^2 = 0$.

(4) $\lambda x^2 + y^2 = (\lambda - 1)z$.

(5) $\lambda x^2 + 2x + y^2 + 1 = 0$.

分析与解 (1) 若 $\lambda = 0$，方程表示顶点在原点的二次锥面；
若 $\lambda > 0$，方程表示双叶双曲面；
若 $\lambda < 0$，方程表示单叶双曲面.

(2) 若 $\lambda = -\dfrac{1}{4}$，方程表示一点 $O(0,0,0)$；
若 $\lambda > -\dfrac{1}{4}$，方程表示椭球面；
若 $\lambda < -\dfrac{1}{4}$，方程表示虚椭球面.

(3) 若 $\lambda = 0$，方程表示坐标面 xOy 面；
若 $\lambda > 0$，方程表示以 z 轴为对称轴的圆锥面；
若 $\lambda < 0$，方程表示一点 $O(0,0,0)$.

(4) 若 $\lambda = 0$，方程表示母线平行于 x 轴的抛物柱面；
若 $\lambda = 1$，方程为 $x^2 + y^2 = 0$，表示一条直线 (z 轴)；
若 $\lambda < 0$，方程表示双曲抛物面；
若 $0 < \lambda < 1$ 或 $1 < \lambda$，方程表示椭圆抛物面.

(5) 若 $\lambda = 0$，方程表示母线平行于 z 轴的抛物柱面；
若 $\lambda \neq 0$，方程变形为

$$\lambda\left(x + \frac{1}{\lambda}\right)^2 + y^2 = \frac{1}{\lambda} - 1$$

于是有：

若 $\lambda=1$，方程表示一条直线 $\begin{cases} x=-\dfrac{1}{\lambda} \\ y=0 \end{cases}$；

若 $\lambda<0$，方程表示母线平行于 z 轴的抛物柱面；

若 $0<\lambda<1$，方程表示母线平行于 z 轴的椭圆柱面；

若 $\lambda>1$，方程不表示实图形.

18. 试求一族平面 $y=k$ (k 为任意实数) 去截椭圆抛物面 $\dfrac{x^2}{a^2}+\dfrac{y^2}{b^2}=2z$ 所得抛物线的顶点的轨迹 (一般式) 方程.

分析与解　由题意得，截线方程为

$$\Gamma_k:\ \begin{cases} \dfrac{x^2}{a^2}=2\left(z-\dfrac{k^2}{2b^2}\right) \\ y=k \end{cases},\quad k\in\mathbf{R}$$

于是 Γ_k 为一族"平行"于 xOz 面的抛物线，其顶点坐标 x,y,z 满足

$$\begin{cases} x=0 \\ y=k \\ z=\dfrac{k^2}{2b^2} \end{cases} \iff \begin{cases} x=0 \\ z=\dfrac{y^2}{2b^2} \end{cases}$$

于是抛物线的顶点轨迹为 yOz 面上以 z 轴为对称轴的抛物线.

19. 试证一族平面 $x=k$ (k 为任意实数，$|k|\neq a$) 去截单叶双曲面

$$\frac{x^2}{a^2}+\frac{y^2}{b^2}-\frac{z^2}{c^2}=1$$

所得双曲线的焦点的轨迹是椭圆或双曲线.

证法见例 4.8.

20. 试作出两个柱面 $x^2+y^2=4$ 和 $y^2+z^2=4$ 在第一卦限中交线的简图.

作法如图 4.4 所示.

21. 试作出由两个柱面 $x^2+y^2=a^2$ 和 $y^2+z^2=a^2(a>0)$ 与三个坐标面在第一卦限内所围成的空间区域的简图.

解　如图 4.4 所示，具体解法见例 4.12.

22. 试用不等式组表示下列曲面或平面

$$(x-2)^2+y^2=4,\quad z=0,\quad x+2z=4$$

所围成的空间区域，并作出简图.

解　空间区域可用如下不等式组表示：

$$(x-2)^2+y^2\leqslant 4,\quad z\geqslant 0,\quad x+2z\leqslant 4$$

其简图如图 4.5 所示，具体画法可参考例 4.12 及例 4.13.

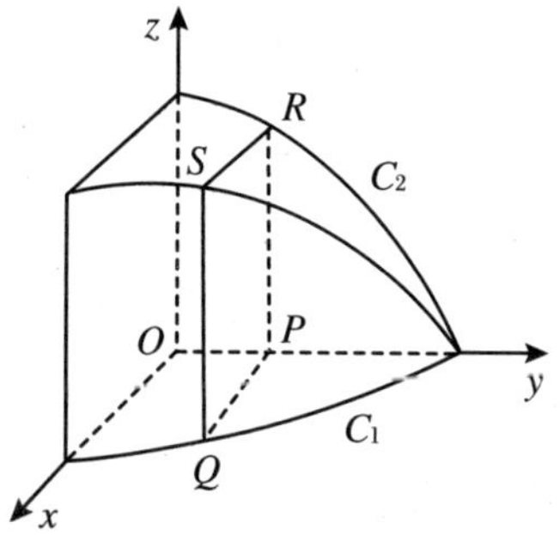

图 4.4

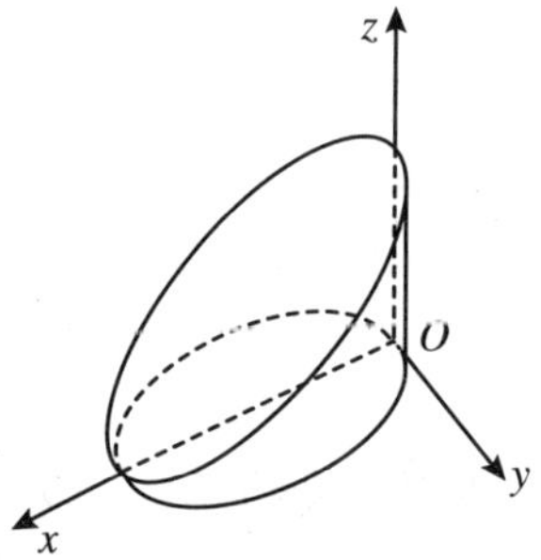

图 4.5

23. 试作出下列不等式组：

$$x^2+y^2\geqslant 4z,\quad x+y\leqslant 1,\quad x\geqslant 0,\quad y\geqslant 0,\quad z\geqslant 0$$

表示的空间区域的简图.

解　空间区域简图如图 4.6 所示，具体画法可参考例 4.12 及例 4.13.

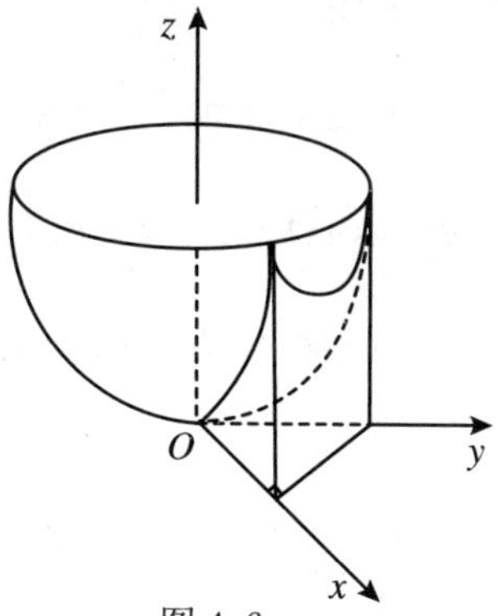

图 4.6

第5章 二次曲线

5.1 知识概要

5.1.1 二次曲线的定义与渐近线及切线

1. 二次曲线的解析定义及其与直线的相关位置

一般地，在平面上称二元二次方程

$$F(x,y)=a_{11}x^2+2a_{12}xy+a_{22}y^2+2a_{13}x+2a_{23}y+a_{33}=0 \tag{5.1}$$

表示的图形称为二次曲线.

借助于记号

$$F_1(x,y)\equiv a_{11}x+a_{12}y+a_{13}$$

$$F_2(x,y)\equiv a_{12}x+a_{22}y+a_{23}$$

$$F_3(x,y)\equiv a_{13}x+a_{23}y+a_{33}$$

$$\Phi(x,y)\equiv a_{11}x^2+2a_{12}xy+a_{22}y^2$$

二次曲线的方程可以写成

$$F(x,y)\equiv xF_1(x,y)+yF_2(x,y)+F_3(x,y)=0 \tag{5.2}$$

设过点 (x_0,y_0)，具有方向 $X:Y$ 的直线的参数方程为

$$\begin{cases} x=x_0+Xt \\ y=y_0+Yt \end{cases} \tag{5.3}$$

将式 (5.3) 代入式 (5.2)，整理得到关于 t 的方程

$$\Phi(X,Y)t^2+2[XF_1(x_0,y_0)+YF_2(x_0,y_0)]t+F(x_0,y_0)=0 \tag{5.4}$$

(1) $\Phi(X,Y)\neq 0$，此时方程式 (5.4) 为一个关于 t 的一元二次方程.

① 当 $\Delta>0$ 时，方程式 (5.4) 有两个不等实根，因此直线与二次曲线有两个不同的实交点；

② 当 $\Delta=0$ 时，方程式 (5.4) 有两个相等实根，因此直线与二次曲线有两个相重的实交点；

③ 当 $\Delta<0$ 时，方程式 (5.4) 有一对不共轭虚根，因此直线与二次曲线有一对共轭虚交点.

(2) $\Phi(X,Y)=0$.

① 当

$$XF_1(x_0,y_0)+YF_2(x_0,y_0)\neq 0$$

时，方程式 (5.4) 有唯一解，因此直线与二次曲线有唯一实交点；

② 当

$$XF_1(x_0,y_0)+YF_2(x_0,y_0)=0,\quad F(x_0,y_0)\neq 0$$

时，方程式 (5.4) 无解，因此直线与二次曲线无交点；

③ 当

$$XF_1(x_0,y_0)+YF_2(x_0,y_0)=0,\quad F(x_0,y_0)=0$$

时，方程式 (5.4) 成为 t 的恒等式，此时直线上的每一点都在二次曲线上.

2. 二次曲线的渐近方向、中心及渐近线与切线

定义 5.1　满足 $\Phi(X,Y)=0$ 的方向 $X:Y$ 称为二次曲线的渐近方向；否则称为二次曲线的非渐近方向.

由上述分析可知，具有非渐近方向的直线与二次曲线总有两个交点，而具有渐近方向的直线与二次曲线或无交点，或有唯一交点，或整条直线都在二次曲线上.

若 $X:Y$ 为渐近方向，即满足

$$a_{11}X^2+2a_{12}XY+a_{22}Y^2=0$$

分析可知：

① 当 $I_2>0$ 时，二次曲线式 (5.1) 的渐近方向是一对共轭的虚方向，称此时的二次曲线为**椭圆型二次曲线**；

② 当 $I_2=0$ 时，二次曲线式 (5.1) 有一个实渐近方向，称此时的二次曲线为**抛物型二次曲线**；

③ 当 $I_2<0$ 时，二次曲线式 (5.1) 有两个实渐近方向，称此时的二次曲线为**双曲型二次曲线**.

定义 5.2 若点 M 是二次曲线式 (5.1) 的通过它的所有弦的中点，则称点 M 为二次曲线的中心.

设 M_1, M_2 为过中心的直线与二次曲线的交点，对应的参数分别为 t_1, t_2，根据中心的定义，由方程式 (5.4) 可知

$$t_1 + t_2 = 0$$

即

$$XF_1(x_0, y_0) + YF_2(x_0, y_0) = 0$$

由 $X : Y$ 的任意性，从而有

$$F_1(x_0, y_0) = 0$$

$$F_2(x_0, y_0) = 0$$

定理 5.1 点 M 是二次曲线式 (5.1) 的中心的充要条件是点 M 的坐标满足方程组

$$\begin{cases} a_{11}x + a_{12}y + a_{13} = 0 \\ a_{12}x + a_{22}y + a_{23} = 0 \end{cases} \tag{5.5}$$

对此方程组讨论，有：

① $I_2 \neq 0$ 时，方程组 (5.5) 有唯一解，因而曲线式 (5.1) 有唯一中心，这样的曲线称为**中心二次曲线**；

② $I_2 = 0, \dfrac{a_{11}}{a_{12}} = \dfrac{a_{12}}{a_{22}} \neq \dfrac{a_{13}}{a_{23}}$ 时，方程组 (5.5) 无解，因而曲线式 (5.1) 没有中心，这样的曲线称为**无心二次曲线**；

③ $I_2 = 0, \dfrac{a_{11}}{a_{12}} = \dfrac{a_{12}}{a_{22}} = \dfrac{a_{13}}{a_{23}}$ 时，方程组 (5.5) 有无数解，直线

$$a_{11}x + a_{12}y + a_{13} = 0$$

上的点都为曲线式 (5.1) 的中心，这样的曲线称为**线心二次曲线**.

定义 5.3 通过二次曲线的中心，以渐近方向为方向的直线称为二次曲线的渐近线.

定义 5.4 如果直线与二次曲线相交于相互重合的两个点，则称该直线为二次曲线的切线，这个重合的交点称为切点．若直线全部在二次曲线上，我们也视其为二次曲线的切线.

求过二次曲线式 (5.1) 上的点 $M(x_0,y_0)$ 的切线方程，只需求出切线的方向 $X:Y$ 即可．根据对直线与曲线的位置关系的讨论可以得到 $X:Y$ 满足方程

$$XF_1(x_0,y_0)+YF_2(x_0,y_0)=0 \tag{5.6}$$

若 $F_1(x_0,y_0),F_2(x_0,y_0)$ 不全为零，由式 (5.6) 知切方向唯一，切线方程为

$$\frac{x-x_0}{F_2(x_0,y_0)}=\frac{y-y_0}{-F_1(x_0,y_0)} \tag{5.7}$$

若 $F_1(x_0,y_0)=F_2(x_0,y_0)=0$，由式 (5.6) 知切方向不确定，此时过 $M(x_0,y_0)$ 的每一条直线都为二次曲线的切线．

5.1.2　二次曲线的直径及方程的化简

1. 二次曲线的直径

定理 5.2　二次曲线的一族平行弦的中点的轨迹是一条直线．

定义 5.5　二次曲线的平行弦的中点的轨迹称为二次曲线的直径，称为共轭于平行弦方向的直径，它所对应的平行弦称为共轭于这条直径的共轭弦．

设 $X:Y$ 为非渐近方向，(x_0,y_0) 为平行于该方向的弦的中点，设该弦与二次曲线的交点分别为 $M_1(x_1,y_1),M_2(x_2,y_2)$，对应的参数为 t_1,t_2，分析可知 (x_0,y_0) 满足方程式 (5.6)，于是方程

$$XF_1(x,y_0)+YF_2(x,y)=0 \tag{5.8}$$

即为共轭于平行弦方向的直径的方程．对方程式 (5.8) 分析，可得如下结论：

定理 5.3　中心二次曲线的直径过曲线的中心，无心二次曲线的直径平行于曲线的渐近方向，线心二次曲线的直径只有一条，就是曲线的中心直线．

定义 5.6　二次曲线的垂直于其共轭弦的直径叫作二次曲线的主直径，主直径的方向与垂直于主直径的方向都叫作二次曲线的主方向．

定理 5.4　方向 $X:Y$ 成为二次曲线式 (5.1) 的主方向的充要条件是 $X:Y$ 满足

$$\begin{cases} a_{11}X+a_{12}Y=\lambda X \\ a_{12}X+a_{22}Y=\lambda Y \end{cases}$$

其中 λ 为特征方程

$$\lambda^2-I_1\lambda+I_2=0$$

的特征根．

定理 5.5 中心二次曲线至少有两条主直径，非中心二次曲线仅一条主直径.

2. 二次曲线方程的化简

(1) 利用移轴与转轴化简二次曲线方程

设平面内一点的旧坐标与新坐标分别为 $(x,y),(x',y')$，移轴公式为

$$\begin{cases} x = x' + x_0 \\ y = y' + y_0 \end{cases} \tag{5.9}$$

转轴公式为

$$\begin{cases} x = x'\cos\alpha - y'\sin\alpha \\ y = x'\sin\alpha + y'\cos\alpha \end{cases} \tag{5.10}$$

经移轴式 (5.9) 后，二次曲线方程式 (5.1) 系数的变化规律为：

① 二次项系数不变；

② 一次项系数变为 $2F_1(x_0,y_0)$ 与 $2F_2(x_0,y_0)$；

③ 常数项变为 $F(x_0,y_0)$.

经转轴式 (5.10) 后，二次曲线方程式 (5.1) 系数的变化规律为：

① 二次项系数一般要改变，新方程的二次项系数仅与原方程的二次项系数及旋转角有关，与一次项系数及常数项无关.

② 一次项系数一般要改变，新方程的一次项系数仅与原方程的一次项系数及旋转角有关，与二次项系数及常数项无关.

③ 常数项不改变.

(2) 应用不变量化简二次曲线的方程

定理 5.6 若曲线方程式 (5.1) 是中心曲线，即 $I_2 \neq 0$，则它的简化方程为

$$\lambda_1 x^2 + \lambda_2 y^2 + \frac{I_3}{I_2} = 0 \tag{5.11}$$

其中 λ_1,λ_2 为二次曲线特征方程的两个根.

定理 5.7 若曲线方程式 (5.1) 是无心曲线，即 $I_2 = 0, I_3 \neq 0$，则它的简化方程为

$$I_1 y^2 \pm 2\sqrt{-\frac{I_3}{I_1}}x = 0 \tag{5.12}$$

定理 5.8 若曲线方程式 (5.1) 是线心曲线，即 $I_2 = I_3 = 0$，则它的简化方程为

$$I_1 y^2 + \frac{K_1}{I_1} = 0 \tag{5.13}$$

5.1.3　概念图

二次曲线的一般理论的概念图，如图 5.1 所示.

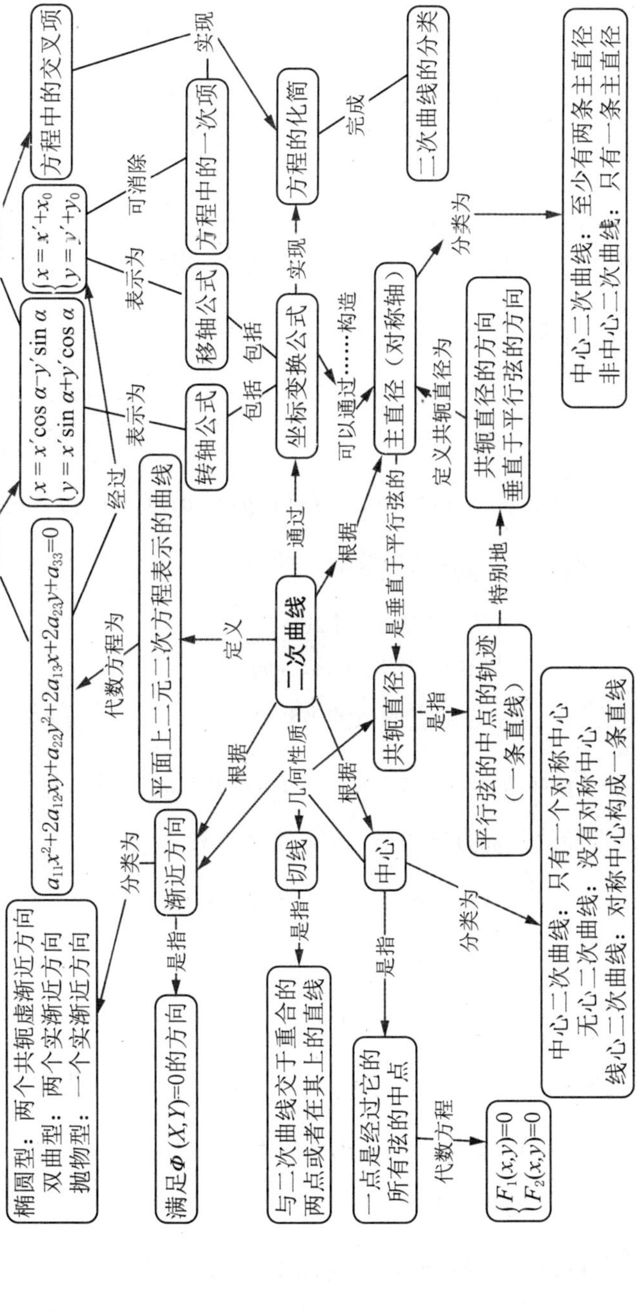

图 5.1　二次曲线的一般理论

5.2 典型例题分析与讲解

依托二次曲线与直线的交点问题可以讨论二次曲线的渐近方向、中心、渐近线、切线以及直径等问题. 解决这些问题时，方程式 (5.8) 起很大作用，下面举例说明之.

5.2.1 二次曲线的渐近线、切线、直径的求解方法

例 5.1 设二次曲线

$$F(x,y)\equiv a_{11}x^2+2a_{12}xy+a_{22}y^2+2a_{13}x+2a_{23}y+a_{33}=0$$

且

$$F_1(x,y)=a_{11}x+a_{12}y+a_{13},\quad F_2(x,y)=a_{12}x+a_{22}y+a_{23}$$

试证明：(1) 过非中心点 (x_0,y_0) 的曲线的直径为

$$\begin{vmatrix} F_1(x,y) & F_2(x,y) \\ F_1(x_0,y_0) & F_2(x_0,y_0) \end{vmatrix}=0$$

(2) 以非中心点 (x_0,y_0) 为中点的弦的方程为

$$F_1(x_0,y_0)(x-x_0)+F_2(x_0,y_0)(y-y_0)=0$$

证明 (1) 设直径的共轭方向为 $X:Y$，那么直径为

$$XF_1(x,y)+YF_2(x,y)=0$$

它通过点 (x_0,y_0)，所以有

$$XF_1(x_0,y_0)+YF_2(x_0,y_0)=0$$

又因为点 (x_0,y_0) 为非中心点，所以 $F_1(x_0,y_0),F_2(x_0,y_0)$ 不全为零，故

$$X:Y=F_2(x_0,y_0):[-F_1(x_0,y_0)]$$

所以过非中心点 (x_0,y_0) 的直径为

$$F_2(x_0,y_0)F_1(x,y)-F_1(x_0,y_0)F_2(x,y)=0$$

即

$$\begin{vmatrix} F_1(x,y) & F_2(x,y) \\ F_1(x_0,y_0) & F_2(x_0,y_0) \end{vmatrix} = 0$$

(2) 以点 (x_0, y_0) 为中心的弦，就是 (1) 中的共轭弦，弦的方向就是直径的共轭方向，所以弦的方向为

$$X : Y = F_2(x_0, y_0) : [-F_1(x_0, y_0)]$$

所以以点 (x_0, y_0) 为中心的弦为

$$\frac{x - x_0}{F_2(x_0, y_0)} = \frac{y - y_0}{-F_1(x_0, y_0)}$$

即

$$F_1(x_0, y_0)(x - x_0) + F_2(x_0, y_0)(y - y_0) = 0$$

例 5.2　设二次曲线

$$F(x,y) \equiv a_{11}x^2 + 2a_{12}xy + a_{22}y^2 + 2a_{13}x + 2a_{23}y + a_{33} = 0$$

点 (x_0, y_0) 是它的中心，证明：曲线的渐近线可以写成

$$F(x,y) - F(x_0, y_0) = 0$$

证明　根据题意，因为点 (x_0, y_0) 为二次曲线的中心，所以曲线的两渐近线方程可以表示为

$$\Phi(x - x_0, y - y_0) = 0$$

即

$$a_{11}(x - x_0)^2 + 2a_{12}(x - x_0)(y - y_0) + a_{22}(y - y_0)^2 = 0$$

整理得

$$\begin{aligned} &a_{11}x^2 + 2a_{12}xy + a_{22}y^2 - 2(a_{11}x_0 + a_{12}y_0)x - 2(a_{12}x_0 + a_{22}y_0)y \\ &\quad + a_{11}x_0^2 + 2a_{12}x_0y_0 + a_{22}y_0^2 = 0 \end{aligned} \tag{5.14}$$

因为点 (x_0, y_0) 为二次曲线的中心，它满足中心方程组的表达式，所以有以下等式成立，即

$$\begin{cases} a_{11}x_0 + a_{12}y_0 = -a_{13} \\ a_{12}x_0 + a_{22}y_0 = -a_{23} \end{cases}$$

代入式 (5.14) 得

$$a_{11}x^2+2a_{12}xy+a_{22}y^2+2a_{13}x+2a_{23}y+a_{11}x_0^2+2a_{12}x_0y_0+a_{22}y_0^2=0$$

又由于

$$\begin{aligned}a_{11}x_0^2+2a_{12}x_0y_0+a_{22}y_0^2&=(a_{11}x_0+a_{12}y_0)x_0+(a_{12}x_0+a_{22}y_0)y_0\\&=-a_{13}x_0-a_{23}y_0\end{aligned}$$

从而渐近线的方程可化为

$$a_{11}x^2+2a_{12}xy+a_{22}y^2+2a_{13}x+2a_{23}y-(a_{13}x_0+a_{23}y_0)=0$$

亦即

$$a_{11}x^2+2a_{12}xy+a_{22}y^2+2a_{13}x+2a_{23}y+a_{33}-(a_{13}x_0+a_{23}y_0+a_{33})=0$$

于是

$$F(x,y)-(a_{13}x_0+a_{23}y_0+a_{33})=0 \tag{5.15}$$

另一方面

$$\begin{aligned}F(x_0,y_0)&=a_{11}x_0^2+2a_{12}x_0y_0+a_{22}y_0^2+2a_{13}x_0+2a_{23}y_0+a_{33}\\&=(a_{11}x_0+a_{12}y_0+a_{13})x_0+(a_{12}x_0+a_{22}y_0+a_{23})y_0\\&\quad+(a_{13}x_0+a_{23}y_0+a_{33})\\&=a_{13}x_0+a_{23}y_0+a_{33}\end{aligned}$$

代入式 (5.15)，得以点 (x_0,y_0) 为中心的二次曲线的渐近线方程总可以写成

$$F(x,y)-F(x_0,y_0)=0$$

例 5.3 求斜率为 k，且与椭圆 $\dfrac{x^2}{a^2}+\dfrac{y^2}{b^2}=1$ 相切的直线方程.

证明 设切点为 (x_0,y_0)，由方程式 (5.7) 可得，切线的方程为

$$\frac{x_0x}{a^2}+\frac{y_0y}{b^2}=1 \tag{5.16}$$

可得直线的斜率为

$$k=-\frac{b^2x_0}{a^2y_0}$$

又因为点 (x_0, y_0) 在椭圆上，亦即 $\dfrac{x_0^2}{a^2}+\dfrac{y_0^2}{b^2}=1$，所以可解得

$$x_0=\pm\frac{a^2k}{\sqrt{a^2k^2+b^2}},\quad y_0=\pm\frac{b^2}{\sqrt{a^2k^2+b^2}}$$

代入式 (5.16) 可得

$$y=kx\pm\sqrt{a^2k^2+b^2}$$

例 5.4　求二次曲线 $F(x,y)\equiv x^2-xy+y^2+2x-4y-3=0$ 在点 $(2,1)$ 处的切线方程.

解　因为 $F(2,1)=0$，所以点 $(2,1)$ 为曲线上的点，且

$$F_1(2,1)=\frac{5}{2},\quad F_2(2,1)=-2$$

所以点 $(2,1)$ 为曲线上的正常点，于是切线方程为

$$\frac{5}{2}(x-2)-2(y-1)=0$$

化简得

$$5x-4y-6=0$$

例 5.5　求通过点 $(1,-1)$ 且以两直线 $2x+3y-5=0$ 与 $5x+3y-8=0$ 为其渐近线的二次曲线方程.

解法一　设所求曲线方程为 $a_{11}x^2+2a_{12}xy+a_{22}y^2+2a_{13}x+2a_{23}y+a_{33}=0$，由曲线通过点 $(1,-1)$，有

$$a_{11}-2a_{12}+a_{22}+2a_{13}-2a_{23}+a_{33}=0 \tag{5.17}$$

求出两渐近线的交点为 $(1,1)$，此点即为曲线的中心，它满足中心方程组，所以有

$$a_{11}+a_{12}+a_{13}=0 \tag{5.18}$$

$$a_{12}+a_{22}+a_{23}=0 \tag{5.19}$$

两渐近线的方向分别为 $3:(-2)$ 与 $3:(-5)$，所以又有

$$\varPhi(3,-2)\equiv 9a_{11}-12a_{12}+4a_{22}=0 \tag{5.20}$$

$$\varPhi(3,-5)\equiv 9a_{11}-30a_{12}+25a_{22}=0 \tag{5.21}$$

由式 (5.20) 和式 (5.21)，整理得

$$a_{12}=\frac{7}{6}a_{22},\quad a_{11}=\frac{10}{9}a_{22}$$

将它们分别代入式 (5.18) 和式 (5.19)，得

$$a_{13}=-\frac{41}{18}a_{22},\quad a_{23}=-\frac{13}{6}a_{22}$$

将以上的值再代入式 (5.17) 得 $a_{33}=\frac{4}{9}a_{22}$，所以所求的二次曲线为

$$10x^2+21xy+9y^2-41x-39y+4=0$$

解法二 设以两直线 $2x+3y-5=0$ 与 $5x+3y-8=0$ 为其渐近线的二次曲线方程为

$$(2x+3y-5)(5x+3y-8)+\lambda=0$$

它通过点 $(1,-1)$，该点满足曲线方程，代入得 $\lambda=-36$.

所以所求的二次曲线为

$$(2x+3y-5)(5x+3y-8)-36=0$$

即

$$10x^2+21xy+9y^2-41x-39y+4=0$$

例 5.6 求经过原点且切直线 $4x+3y+2=0$ 于点 $(1,-2)$ 及切直线 $x-y-1=0$ 于点 $(0,-1)$ 的二次曲线方程.

解 设经过原点的所求二次曲线方程为

$$a_{11}x^2+2a_{12}xy+a_{22}y^2+2a_{13}x+2a_{23}y=0$$

切于点 $(1,-2)$ 的切线为

$$a_{11}x+a_{12}(y-2x)-2a_{22}y+a_{13}(x+1)+a_{23}(y-2)=0$$

即

$$(a_{11}-2a_{12}+a_{13})x+(a_{12}-2a_{22}+a_{23})y+a_{13}-2a_{23}=0$$

它就是直线 $4x+3y+2=0$，从而有

$$\frac{a_{11}-2a_{12}+a_{13}}{4}=\frac{a_{12}-2a_{22}+a_{23}}{3}=\frac{a_{13}-2a_{23}}{2}$$

所以得

$$a_{11}-2a_{12}-a_{13}+4a_{23}=0 \tag{5.22}$$

$$2a_{12}-4a_{22}-3a_{13}+8a_{23}=0 \tag{5.23}$$

同理切于点 $(0,-1)$ 的切线为

$$(-a_{12}+a_{13})x+(-a_{22}+a_{23})y-a_{23}=0$$

它就是直线 $x-y-1=0$，从而有

$$\frac{-a_{12}+a_{13}}{1}=\frac{-a_{22}+a_{23}}{-1}=\frac{a_{23}}{1}$$

所以得

$$a_{12}-a_{13}+a_{23}=0 \tag{5.24}$$

$$a_{22}-2a_{23}=0 \tag{5.25}$$

由式 (5.22) ~ 式 (5.25)，解得

$$a_{11}=-6a_{22},\quad a_{12}=-\frac{3}{2}a_{22},\quad a_{13}=-a_{22},\quad a_{23}=\frac{1}{2}a_{22}$$

所以所求的二次曲线为

$$6x^2+3xy-y^2+2x-y=0$$

例 5.7　求通过点 $(3,-3)$ 与 $(3,-7)$ 且以两直线 $x-y-10=0$ 与 $x+y+6=0$ 为一对共轭直径的二次曲线方程.

解　设所求二次曲线方程为

$$a_{11}x^2+2a_{12}xy+a_{22}y^2+2a_{13}x+2a_{23}y+a_{33}=0$$

因为它通过点 $(3,-3)$ 与 $(3,-7)$，所以有

$$9a_{11}-18a_{12}+9a_{22}+6a_{13}-6a_{23}+a_{33}=0 \tag{5.26}$$

$$9a_{11}-42a_{12}+49a_{22}+6a_{13}-14a_{23}+a_{33}=0 \tag{5.27}$$

两共轭直径的交点 $(2,-8)$ 即为二次曲线的中心，所以它满足中心方程组，有

$$2a_{11}-8a_{12}+a_{13}=0 \tag{5.28}$$

$$2a_{12}-8a_{22}+a_{23}=0 \tag{5.29}$$

又因为两直径的方向

$$X_1 : Y_1 = 1 : 1, \quad X_2 : Y_2 = 1 : (-1)$$

为一对共轭方向，所以有

$$a_{11} - a_{22} = 0 \tag{5.30}$$

由式 (5.26)～式 (5.30) 解得

$$a_{12} = -3a_{11},\ a_{22} = a_{11},\ a_{13} = -26a_{11},\ a_{23} = 14a_{11},\ a_{33} = 168a_{11}$$

所以所求的二次曲线为

$$x^2 - 6xy + y^2 - 52x + 28y + 168 = 0$$

例 5.8 设一条二次曲线通过两条二次曲线

$$x^2 + xy - 2y^2 + 6x - 1 = 0 \quad 与 \quad 2x^2 - y^2 - x - y = 0$$

的交点，并且还通过点 $(2,-2)$，求这二次曲线的方程.

分析与解 本题虽然可以先求出两条二次曲线的四个交点，再加上已知曲线上的一点，即可求过五个点的二次曲线方程，但这样的解法较繁，一般我们可以应用二次曲线束来求解，简化计算.

由两条二次曲线

$$F(x,y) = 0 \quad 与 \quad G(x,y) = 0$$

决定的二次曲线束可写为

$$\lambda F(x,y) + \mu G(x,y) = 0$$

其中 λ，μ 为不全为零的参数，这个方程一般为二元二次方程，所以表示一条二次曲线，又显然两曲线 $F(x,y) = 0$ 与 $G(x,y) = 0$ 的交点满足该方程，所以这条二次曲线通过两曲线 $F(x,y) = 0$ 与 $G(x,y) = 0$ 的交点，由于参数 $\lambda : \mu$ 可任意选取，所以它表示一族二次曲线.

本题的解法就是在二次曲线束

$$\lambda\left(x^2 + xy - 2y^2 + 6x - 1\right) + \mu\left(2x^2 - y^2 - x - y\right) = 0$$

中决定一条通过点 $(2,-2)$ 的曲线.

设所求的二次曲线为

$$\lambda\left(x^2 + xy - 2y^2 + 6x - 1\right) + \mu\left(2x^2 - y^2 - x - y\right) = 0$$

因为它通过点 (2, −2)，所以该点坐标满足曲线方程，代入得

$$3\lambda+4\mu=0$$

即 $\lambda:\mu=4:(-3)$，所以所求的二次曲线为

$$4\left(x^2+xy-2y^2+6x-1\right)-3\left(2x^2-y^2-x-y\right)=0$$

即

$$2x^2-4xy+5y^2-27x-3y+4=0$$

5.2.2　二次曲线的化简与作图问题

1. 坐标变换法

所谓的坐标变换法，即对于在给定坐标系中的二次曲线的方程式 (5.1)，适当选取坐标系，把方程化为最简单的形式. 利用坐标变换化简二次曲线方程主要有两种基本方法：其一是利用二次曲线的主直径建立坐标系，其二是利用转轴变换及移轴变换公式获得坐标变换公式.

从几何意义方面是寻求二次曲线的对称轴，而对称轴其实就是二次曲线的主直径，因此可以利用主直径来获得新坐标系，具体方法如下：中心二次曲线至少存在两条相互垂直的主直径 (圆有无数多条主直径)，所有的主直径相交于中心，因此可选取中心为坐标原点，两条相互垂直的主直径为坐标轴建立直角坐标系；对于无心二次曲线 (抛物线) 只有一条主直径，因此可选取其顶点 (抛物线与其主直径的交点) 为坐标原点，主直径与过顶点且与主直径垂直的直线为坐标轴建立直角坐标系；对于线心二次曲线也只有一条主直径，可选取主直径上任意一点为坐标原点，而过该点与主直径垂直的直线与主直径为坐标轴建立直角坐标系.

另一方面，从移轴和转轴变换对二次曲线方程各项系数的影响来看，任何类型的二次曲线方程中如有交叉项，均可通过适当的转轴变换 (式 (5.10)) 消去，只要旋转角为 $\alpha\left(\cot 2\alpha=\dfrac{a_{11}-a_{22}}{2a_{12}}\right)$；然后对不含交叉项的二元二次方程

$$a'_{11}x'^2+a'_{22}y'^2+2a'_{13}x'+2a'_{23}y'+a'_{33}=0$$

配方，若 $a'_{11}a'_{22}\neq 0$，作平移变换

$$\begin{cases} x''=x'+\dfrac{a'_{13}}{a'_{11}} \\ y''=y'+\dfrac{a'_{23}}{a'_{22}} \end{cases}$$

消去一次项；若 a'_{11}, a'_{22} 中有一个为零，不妨设 $a'_{11} \neq 0, a'_{22} = 0$，作平移变换

$$\begin{cases} x'' = x' + \dfrac{a'_{13}}{a'_{11}} \\ y'' = y' \end{cases}$$

消去含有 x 的一次项.

注意移轴变换与交叉项无关，也就是说若方程式 (5.1) 中有交叉项，作移轴变换也消不掉它；若已消掉交叉项，再作移轴变换也不会使交叉项再出现. 即移轴的特点是移轴前后坐标轴独立变化、互不影响，并且在移轴变换下二次项的系数不变，因此对于椭圆型和双曲型曲线可以首先考虑移轴去掉一次项，而对抛物型可以首先考虑转轴去掉交叉项，再作一次移轴去掉一次项.

关于二次曲线的作图，实际上可以看作是二次曲线化简结果的附属产品. 我们利用坐标变换法可以将二次曲线进行化简，同时比较容易得到二次曲线的图形. 需要将二次曲线的方程化为标准方程，并将标准方程所表示的图形在新坐标系中画出即可.

例 5.9 作转轴变换去掉二次曲线 $x^2 - xy + y^2 - 1 = 0$ 的交叉项.

解 设旋转角为 α，则

$$\cot 2\alpha = \frac{1-1}{-1} = 0$$

则可取 $\alpha = \dfrac{\pi}{4}$，相应的转轴公式为

$$\begin{cases} x = \dfrac{\sqrt{2}}{2}(x' - y') \\ y = \dfrac{\sqrt{2}}{2}(x' + y') \end{cases}$$

代入原方程整理得

$$x'^2 + 3y'^2 = 2$$

例 5.10 试用坐标变换化简二次曲线

$$x^2 + 2xy + y^2 + 3x + y = 0$$

的方程，并作出它的图形.

解法一 因

$$I_2=\begin{vmatrix}1 & 1\\ 1 & 1\end{vmatrix}=0,\quad I_3=\begin{vmatrix}1 & 1 & \frac{3}{2}\\ 1 & 1 & \frac{1}{2}\\ \frac{3}{2} & \frac{1}{2} & 0\end{vmatrix}=-1\neq 0$$

所以曲线为抛物线，先转轴消去交叉项．设旋转角为 α，那么

$$\cot 2\alpha=\frac{1-1}{2}=0$$

从而可取 $\alpha=\frac{\pi}{4}$，因此 $\sin\alpha=\cos\alpha=\frac{\sqrt{2}}{2}$，所以转轴公式为

$$\begin{cases} x=\frac{\sqrt{2}}{2}(x'-y') \\ y=\frac{\sqrt{2}}{2}(x'+y') \end{cases} \tag{5.31}$$

代入原方程得转轴后的二次曲线的方程为

$$2x'^2+2\sqrt{2}x'-\sqrt{2}y'=0$$

配方得

$$2\left(x'+\frac{\sqrt{2}}{2}\right)^2-\sqrt{2}\left(y'+\frac{\sqrt{2}}{2}\right)=0$$

再作移轴

$$\begin{cases} x'=x''-\frac{\sqrt{2}}{2} \\ y'=y''-\frac{\sqrt{2}}{2} \end{cases} \tag{5.32}$$

得曲线的简化方程为

$$2x''^2-\sqrt{2}y''=0$$

由式 (5.31)，式 (5.32) 得原方程变成简化方程的坐标变换公式

$$\begin{cases} x=\frac{\sqrt{2}}{2}(x''-y'') \\ y=\frac{\sqrt{2}}{2}(x''+y''-\sqrt{2}) \end{cases}$$

为了作出抛物线的图形，先将简化方程化为标准方程

$$x''^2 = \frac{\sqrt{2}}{2}y''$$

再作出 $O''x''$ 轴，$O''y''$ 轴，然后在坐标系 $x''O''y''$ 内按曲线的标准方程作图，如图 5.2 所示.

解法二 利用主直径找出坐标变换公式. 为此先求出曲线的主直径.

$$I_1 = 2, \quad I_2 = 0$$

特征方程为

$$\lambda^2 - 2\lambda = 0$$

特征根为

$$\lambda_1 = 2, \quad \lambda_2 = 0$$

非零特征根 $\lambda = 2$，确定主方向为非渐近主方向

$$X : Y = 1 : 1$$

所以主直径为

$$\left(x + y + \frac{3}{2}\right) + \left(x + y + \frac{1}{2}\right) = 0$$

即

$$x + y + 1 = 0$$

求抛物线的顶点，从而解方程组

$$\begin{cases} x + y + 1 = 0 \\ x^2 + 2xy + y^2 + 3x + y = 0 \end{cases} \Longrightarrow \begin{cases} x + y + 1 = 0 \\ 3x + y + 1 = 0 \end{cases}$$

解得

$$x = 0, \quad y = -1$$

所以顶点为 $(0, -1)$.

顶切线 (过顶点的切线) 为

$$\frac{x}{1} = \frac{y+1}{1} \Longrightarrow x - y - 1 = 0$$

取主直径 $x + y + 1 = 0$ 为 x' 轴，顶切线 $x - y - 1 = 0$ 为 y' 轴的坐标变换公式可表示为

$$\begin{cases} x' = \dfrac{x-y-1}{\sqrt{2}} \\ y' = \dfrac{x+y+1}{\sqrt{2}} \end{cases} \Longrightarrow \begin{cases} x = \dfrac{\sqrt{2}}{2}(x'+y') \\ y = \dfrac{\sqrt{2}}{2}(-x'+y'-\sqrt{2}) \end{cases}$$

代入原方程得曲线的简化方程为

$$2y'^2 + \sqrt{2}x' = 0$$

为了画出曲线的图形，首先把方程化为标准方程

$$y'^2 = -\frac{\sqrt{2}}{2}x'$$

然后作出主直径与顶切线，取主直径为 x' 轴，顶切线为 y' 轴，由变换公式知

$$\cos\alpha = \frac{\sqrt{2}}{2}, \quad \sin\alpha = -\frac{\sqrt{2}}{2}$$

所以 $\alpha = -\dfrac{\pi}{4}$，从而可以确定 x' 轴的正方向，再按右手系确定 y' 轴的正方向，这样在 $x'O'y'$ 坐标系内按标准方程就能作出曲线的图形，如图 5.3 所示.

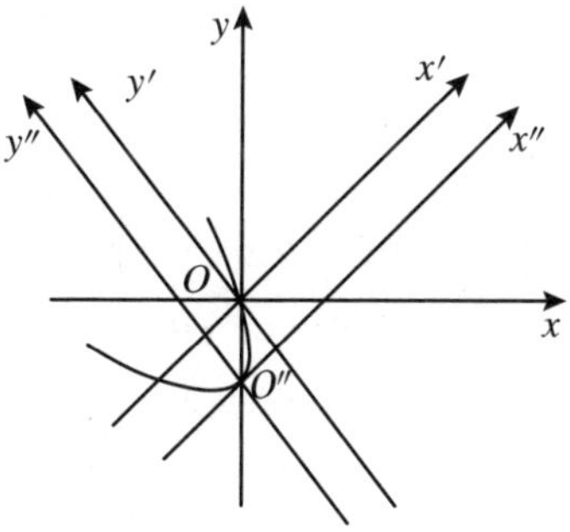

图 5.2

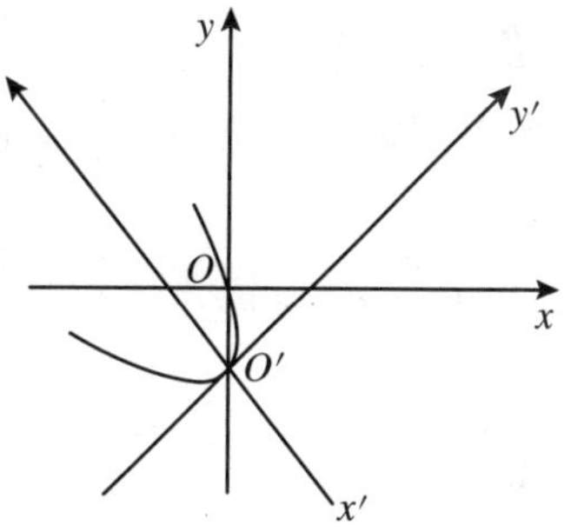

图 5.3

解法三　利用配方法找出坐标变换公式.

将原方程变形为

$$(x+y)^2 + 3x + y = 0$$

配方得

$$(x+y+\lambda)^2 + (3-2\lambda)x + (1-2\lambda)y - \lambda^2 = 0$$

令两直线

$$x+y+\lambda = 0 \quad 与 \quad (3-2\lambda)x + (1-2\lambda)y - \lambda^2 = 0$$

互相垂直，从而有

$$(3-2\lambda)+(1-2\lambda)=0$$

所以 $\lambda=1$，代入上式得曲线的方程为

$$(x+y+1)^2+(x-y-1)=0$$

且两直线

$$x+y+1=0 \quad 与 \quad x-y-1=0$$

相互垂直，取直线 $x+y+1=0$ 为 x' 轴，直线 $x-y-1=0$ 为 y' 轴. 作坐标变换可得

$$\begin{cases} x'=\dfrac{x-y-1}{\sqrt{2}} \\ y'=\dfrac{x+y+1}{\sqrt{2}} \end{cases}$$

方程就化为

$$2y'^2+\sqrt{2}x'=0$$

以下同解法二.

2. 不变量法

所谓的不变量法，即依据二次曲线式 (5.1) 的不变量

$$I_1=a_{11}+a_{22}, \quad I_2=\begin{vmatrix} a_{11} & a_{12} \\ a_{12} & a_{22} \end{vmatrix}, \quad I_3=\begin{vmatrix} a_{11} & a_{12} & a_{13} \\ a_{12} & a_{22} & a_{23} \\ a_{13} & a_{23} & a_{33} \end{vmatrix}$$

及半不变量

$$K_1=\begin{vmatrix} a_{11} & a_{13} \\ a_{13} & a_{33} \end{vmatrix}+\begin{vmatrix} a_{22} & a_{23} \\ a_{23} & a_{33} \end{vmatrix}$$

将二次曲线方程式 (5.1) 简化为定理 5.6 中简化方程的形式. 这种化简方法相对于坐标变换法而言计算较简单，曲线图形也易判断，但图形较难画，下面举例说明之.

例 5.11 试用不变量化简二次曲线

$$6xy+8y^2-12x-26y+11=0$$

的方程，并作出它的图形.

解

$$I_1 = 0 + 8, \quad I_2 = \begin{vmatrix} 0 & 3 \\ 3 & 8 \end{vmatrix} = -9, \quad I_3 = \begin{vmatrix} 0 & 3 & -6 \\ 3 & 8 & -13 \\ -6 & -13 & 11 \end{vmatrix} = 81$$

因 $I_2 < 0$, $I_3 \neq 0$，故曲线为双曲线.

特征方程为

$$\lambda^2 - 8\lambda - 9 = 0$$

解得特征根为

$$\lambda_1 = 9, \quad \lambda_2 = -1$$

而 $\dfrac{I_3}{I_2} = -9$，所以曲线的简化方程为

$$9x'^2 - y'^2 - 9 = 0$$

为了画出曲线的图形，首先要求出 x' 轴与 y' 轴的方程，并画出它的图形.

x' 轴的方向为简化方程中 x'^2 项的系数特征根 9 确定的主方向，即 $X_2 : Y_1 = 3 : 9 = 1 : 3$.

y' 轴的方向为简化方程中 y'^2 项的系数特征根 -1 确定的主方向，即 $X_2 : Y_2 = -3 : 1$.

而 x' 轴的方向与 y' 轴的方向互相共轭，而且

$$F_1(x, y) = 3y - 6, \quad F_2(x, y) = 3x + 8y - 13$$

所以 x' 轴，y' 轴的方程分别为

$$x'\text{轴：} \quad -3(3y - 6) + (3x + 8y - 13) = 0 \Longrightarrow 3x - y + 5 = 0$$

$$y'\text{轴：} \quad (3y - 6) + 3(3x + 8y - 13) = 0 \Longrightarrow x + 3y - 5 = 0$$

在原坐标系中画出这两条直线，并且把简化方程化为标准方程

$$\frac{x'^2}{1} - \frac{y'^2}{9} = 1$$

然后按此方程在 $x'O'y'$ 内画图，如图 5.4 所示.

从上面的例题可以看出，虽然利用不变量法化简二次曲线方程及识别其图形相对比较简单，但要在原坐标系中画出其图形并不容易，黄保军教授在文献 [11] 中介绍了利用不变量得到的简化方程画图的新方法.

(1) 中心二次曲线的作图方法

要从中心二次曲线式 (5.1) 的简化方程作图，只需以过式 (5.1) 的中心 O'，且与原坐标系中 x 轴的倾角为 α $\left(其中\alpha满足 \tan\alpha = \dfrac{\lambda_1 - a_{11}}{a_{12}}\right)$ 的直线作为 x' 轴，建立坐标系 $x'O'y'$，然后在该坐标系下作出式 (5.11) 所表示的曲线即可.

例 5.12 求二次曲线 $5x^2 - 6xy + 5y^2 - 6\sqrt{2}x + 2\sqrt{2}y - 4 = 0$ 的简化方程，并作出图形.

解 ① 所给曲线的不变量为

$$I_1 = 10, \quad I_2 = 16, \quad I_3 = -128$$

所以特征方程为

$$\lambda^2 - 10\lambda + 16 = 0$$

特征根 $\lambda_1 = 2, \lambda_2 = 8$，而且 $\dfrac{I_3}{I_2} = -8$.

所以简化方程为

$$2x'^2 + 8y'^2 - 8 = 0$$

② 另通过解中心方程组可得曲线中心 $O'\left(\dfrac{3\sqrt{2}}{4}, \dfrac{\sqrt{2}}{4}\right)$. 过 O' 作与 x 轴的倾角为 $\alpha = \tan^{-1} 1 = \dfrac{\pi}{4}$ 的直线

$$x - y - \frac{\sqrt{2}}{2} = 0$$

③ 以此直线作为 x' 轴建立直角坐标系 $x'O'y'$，在该坐标系下作出

$$2x'^2 + 8y'^2 - 8 = 0$$

的图像，即为所求 (图 5.5).

(2) 无心二次曲线的作图方法

对于无心二次曲线，利用不变量可以得其简化方程式 (5.12)，其中不妨设 a_{11}，a_{22} 均非负，简化方程中的“±”不妨取“−”. 只需先求出曲线的主直径和顶点 O'(主直径与曲线的交点)，并选取主直径上的一点 $P(x,0)(P(0,y))$，若 $F(x,0) < 0(F(0,y) < 0)$，则以 O' 作为原点，以向量$\overrightarrow{O'P}$ 的正向作为 x' 轴正向建立直角坐标系 $O'x'y'$；若 $F(x,0) > 0(F(0,y) > 0)$，则以 O' 作为原点，以向量$\overrightarrow{PO'}$ 的正向作为 x' 轴正向，建立直角坐标系 $x'O'y'$，并在该坐标系下作出方程式 (5.12) 的图形即可.

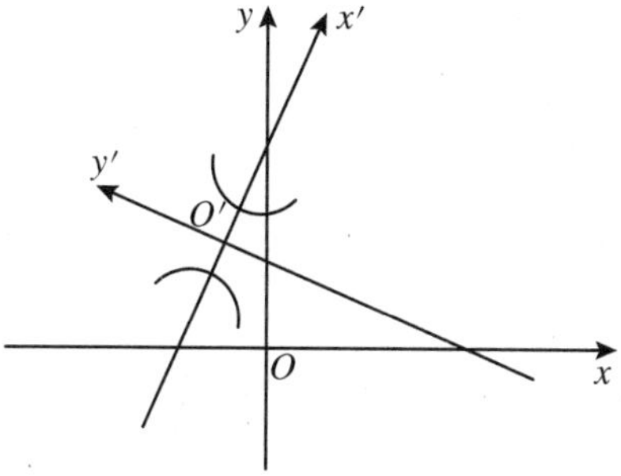

图 5.4

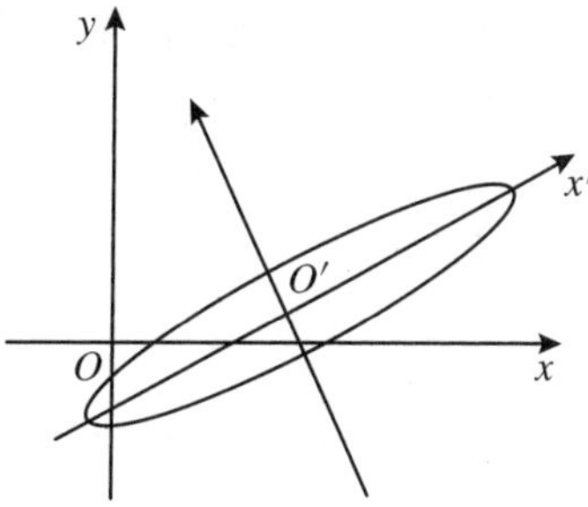

图 5.5

例 5.13　求二次曲线 $x^2-2xy+y^2-10x-6y+25=0$ 的简化方程，并作出图形.

解　① 由于

$$a_{11}:a_{21}=a_{12}:a_{22}\neq a_{13}:a_{23}$$

所以曲线是无心的，曲线的不变量为

$$I_1=2,\quad I_2=0,\quad I_3=-64$$

所以曲线的简化方程为

$$y'^2-4\sqrt{2}x'=0$$

② 曲线的主直径为 $x-y-1=0$，顶点为 $O'(2,1)$. 取主直径上一点 $P(1,0)$，且 $F(1,0)>0$.

③ 以 $O'(2,1)$ 为原点，以向量$\overrightarrow{PO'}$ 的正向作为 x' 轴正向，建立直角坐标系 $x'O'y'$，并在该坐标系下作出 $y'^2-4\sqrt{2}x'=0$ 的图形，即为所求 (图 5.6).

(3) 线心二次曲线的作图方法

对于线心二次曲线，利用不变量可以得其简化方程式 (5.13)，新坐标系的 x' 轴为二次曲线的对称轴. 若 $K_1=0$，只需作出主直径即可作出曲线的图形；若 $K_1<0$，只需作出与主直径 $a_{11}x+a_{12}y+a_{13}=0$ 平行的两直线

$$a_{11}x+a_{12}y+a_{13}\pm\frac{\sqrt{-K_1}}{|I_1|}\sqrt{a_{11}^2+a_{12}^2}=0$$

即可.

例 5.14　求曲线 $x^2-2xy+y^2+2x-2y-3=0$ 的简化方程，并作出图形.

解　① 由于

$$a_{11}:a_{21}=a_{12}:a_{22}=a_{13}:a_{23}$$

所以曲线为线心曲线．曲线的不变量为

$$I_1=2,\quad I_2=0,\quad K_1=-8$$

曲线的主直径为

$$x-y+1=0$$

② 在原坐标系下作直线 $x-y+1\pm2=0$，即为要作的曲线的图形 (图 5.7).

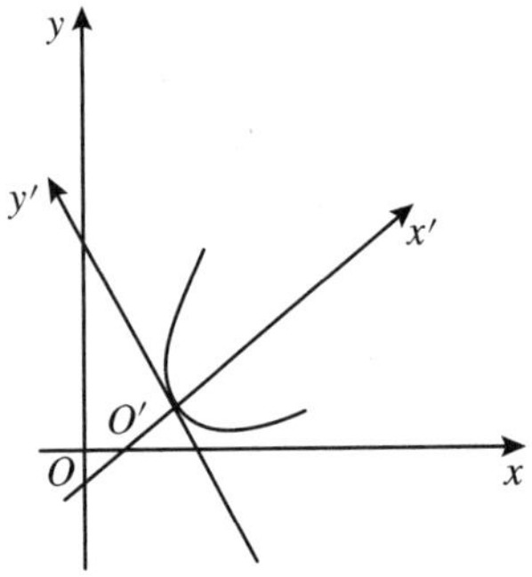

图 5.6

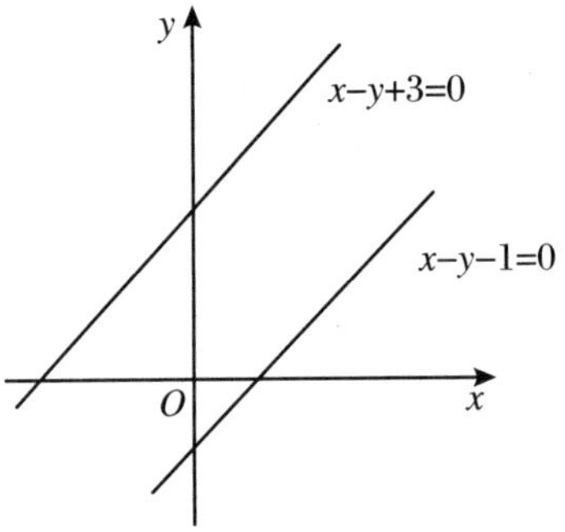

图 5.7

5.3 习题详解

1. 试通过平面上直角坐标变换将下列二次方程化为标准形式，写出坐标变换公式，并作出其图形：

(1) $4x^2+9y^2-16x+18y-11=0$.

(2) $4x^2+y^2-4xy-6x-2y-1=0$.

(3) $4x^2-2y^2+8xy-7=0$.

(4) $3x^2+4xy-2x-4y+3=0$.

(5) $xy+2x+4y+8=0$.

分析与解 本题主要考察如何作适当的坐标变换，化简二次曲线方程，一般遵循下面的原则：对于无心二次曲线，一般要求先作旋转变换，再作平移变换；而对于中心或线心的二次曲线，一般先作平移变换，再作旋转变换．

(1) **解**　由于

$$I_2=\begin{vmatrix}4 & 0\\ 9 & 9\end{vmatrix}=36\neq 0$$

从而二次曲线为中心二次曲线，由方程组

$$\begin{cases}4x-8=0\\ 9y+9=0\end{cases}$$

解得中心坐标为 $x=2, y=-1$，作移轴

$$\begin{cases}x=x'+2\\ y=y'-1\end{cases}$$

原方程变为

$$4x'^2+9y'^2=36$$

于是二次曲线为椭圆，其标准方程为

$$\frac{x'^2}{9}+\frac{y'^2}{4}=1$$

图形如图 5.8 所示.

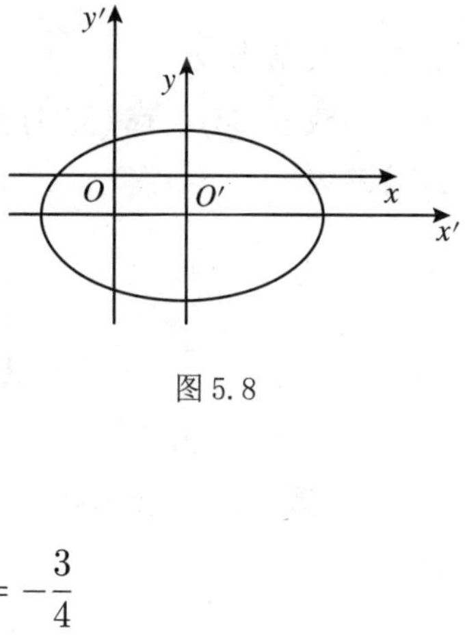

图 5.8

(2) **解**　由于

$$I_2=\begin{vmatrix}4 & -2\\ -2 & 1\end{vmatrix}=0$$

且

$$I_3=\begin{vmatrix}1 & -2 & -3\\ -2 & 1 & -1\\ 3 & -1 & -1\end{vmatrix}=11\neq 0$$

从而二次曲线为无心二次曲线，由

$$\cot 2\theta=\frac{a_{11}-a_{22}}{2a_{12}}=\frac{4-1}{-4}=-\frac{3}{4}$$

解得

$$\tan\theta=-\frac{1}{2}\quad 或\quad \tan\theta=2$$

取 $\tan\theta=2$，从而

$$\cos\theta=\frac{1}{\sqrt{5}},\quad \sin\theta=\frac{2}{\sqrt{5}}$$

作旋转变换

$$\begin{cases} x = \dfrac{1}{\sqrt{5}}x' - \dfrac{2}{\sqrt{5}}y' \\ y = \dfrac{2}{\sqrt{5}}x' + \dfrac{1}{\sqrt{5}}y' \end{cases} \tag{5.33}$$

原方程变为

$$5y'^2 - \frac{10}{\sqrt{5}}x' + \frac{10}{\sqrt{5}}y' - 1 = 0$$

配方得

$$\left(y' + \frac{1}{\sqrt{5}}\right)^2 = \frac{2}{\sqrt{5}}\left(x' + \frac{1}{\sqrt{5}}\right)$$

作移轴变换

$$\begin{cases} x'' = x' + \dfrac{1}{\sqrt{5}} \\ y'' = y' + \dfrac{1}{\sqrt{5}} \end{cases} \tag{5.34}$$

经移轴后曲线方程化为最简形式

$$y''^2 = \frac{2}{\sqrt{5}}x''$$

这是一条抛物线.

由式 (5.33)，式 (5.34) 可知，从坐标系 xOy 到坐标系 $x''O''y''$ 的一般坐标变换公式为

$$\begin{cases} x = \dfrac{1}{\sqrt{5}}x'' - \dfrac{2}{\sqrt{5}}y'' + \dfrac{1}{5} \\ y = \dfrac{2}{\sqrt{5}}x'' + \dfrac{1}{\sqrt{5}}y'' - \dfrac{3}{5} \end{cases}$$

简图如图 5.9 所示.

(3) **解** 由于原方程中不含一次项，含有交叉项，故只需作转轴变换，选取 θ，满足

$$\cot 2\theta = \frac{a_{11} - a_{22}}{2a_{12}} = \frac{4+2}{8} = \frac{3}{4}$$

解得 $\tan\theta = \dfrac{1}{2}$ 或 $\tan\theta = 2$.

取 $\tan\theta = \dfrac{1}{2}$，从而

$$\cos\theta = \frac{2}{\sqrt{5}}, \quad \sin\theta = \frac{1}{\sqrt{5}}$$

作转轴变换

$$\begin{cases} x = \dfrac{2}{\sqrt{5}}x' - \dfrac{1}{\sqrt{5}}y' \\ y = \dfrac{1}{\sqrt{5}}x' + \dfrac{2}{\sqrt{5}}y' \end{cases} \tag{5.35}$$

原方程化简为

$$6x'^2 - 4y'^2 = 7$$

即标准方程为

$$\frac{x'^2}{\frac{7}{6}} - \frac{y'^2}{\frac{7}{4}} = 1$$

这是一条双曲线，其坐标变换公式为式 (5.35)．图形如图 5.10 所示．

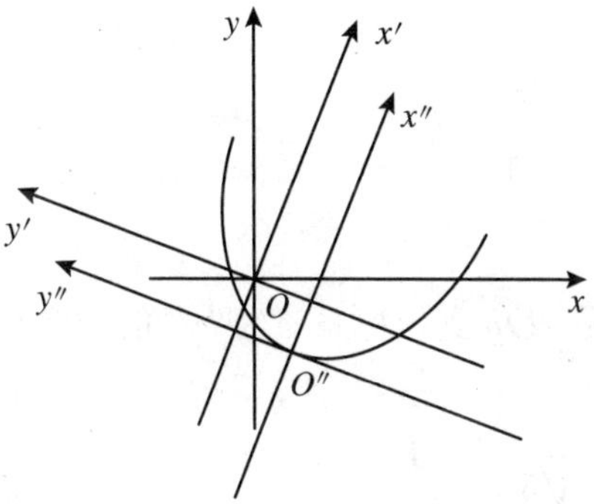

图 5.9

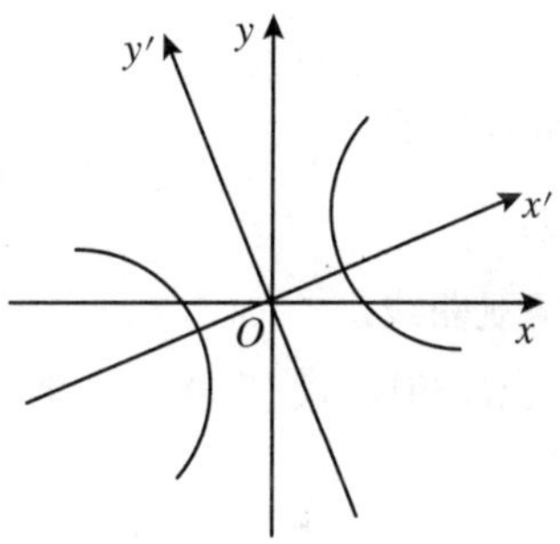

图 5.10

(4) **解法一**

$$I_2 = \begin{vmatrix} 3 & 2 \\ 2 & 0 \end{vmatrix} = -4 \neq 0$$

曲线为中心二次曲线，由方程组

$$\begin{cases} 3x + 2y - 1 = 0 \\ 2x - 2 = 0 \end{cases}$$

解得中心坐标为 $x = 1, y = -1$，作移轴

$$\begin{cases} x = x' + 1 \\ y = y' - 1 \end{cases} \tag{5.36}$$

原方程变为

$$3x'^2 + 4x'y' + 4 = 0 \tag{5.37}$$

再令 $\cot 2\theta = \frac{3}{4}$，解得 $\tan\theta = \frac{1}{2}$ 或 $\tan\theta = -2$.

取 $\tan\theta = \frac{1}{2}$，从而

$$\cos\theta = \frac{2}{\sqrt{5}}, \quad \sin\theta = \frac{1}{\sqrt{5}}$$

作转轴变换

$$\begin{cases} x' = \dfrac{2}{\sqrt{5}}x'' - \dfrac{2}{\sqrt{5}}y'' \\ y' = \dfrac{1}{\sqrt{5}}x'' + \dfrac{2}{\sqrt{5}}y'' \end{cases} \tag{5.38}$$

将式 (5.38) 代入式 (5.37) 中，得到曲线的方程最简形式

$$4x''^2 - y''^2 + 4 = 0$$

即其标准方程为

$$\frac{y''^2}{4} - x''^2 = 1$$

这是一条双曲线.

由式 (5.36)，式 (5.38) 可知，从坐标系 xOy 到坐标系 $x''O''y''$ 的一般坐标变换公式为

$$\begin{cases} x = \dfrac{2}{\sqrt{5}}x'' - \dfrac{2}{\sqrt{5}}y'' + 1 \\ y = \dfrac{1}{\sqrt{5}}x'' + \dfrac{2}{\sqrt{5}}y'' - 1 \end{cases}$$

解法二 由

$$\cot 2\theta = \frac{a_{11} - a_{22}}{2a_{12}} = \frac{3}{4}$$

解得 $\tan\theta = \frac{1}{2}$ 或 $\tan\theta = -2$.

取 $\tan\theta = \frac{1}{2}$，从而

$$\cos\theta = \frac{2}{\sqrt{5}}, \quad \sin\theta = \frac{1}{\sqrt{5}}$$

作转轴变换

$$\begin{cases} x = \dfrac{2}{\sqrt{5}}x' - \dfrac{1}{\sqrt{5}}y' \\ y = \dfrac{1}{\sqrt{5}}x' + \dfrac{2}{\sqrt{5}}y' \end{cases} \tag{5.39}$$

原方程化简为

$$4x'^2 - y'^2 - \frac{8}{\sqrt{5}}x' - \frac{6}{\sqrt{5}}y' + 3 = 0$$

配方得

$$4\left(x' - \frac{1}{\sqrt{5}}\right)^2 - \left(y' + \frac{3}{\sqrt{5}}\right)^2 + 4 = 0$$

作移轴变换

$$\begin{cases} x' = x'' + \dfrac{1}{\sqrt{5}} \\ y' = y'' - \dfrac{3}{\sqrt{5}} \end{cases} \tag{5.40}$$

经移轴后，曲线的方程化为最简形式

$$4x''^2 - y''^2 + 4 = 0$$

亦即标准方程为

$$\frac{y''^2}{4} - x''^2 = 1$$

这是一条双曲线.

由式 (5.39)，式 (5.40) 可知，从坐标系 xOy 到坐标系 $x''O''y''$ 的一般坐标变换公式为

$$\begin{cases} x = \dfrac{2}{\sqrt{5}}x'' - \dfrac{2}{\sqrt{5}}y'' + 1 \\ y = \dfrac{1}{\sqrt{5}}x'' + \dfrac{2}{\sqrt{5}}y'' - 1 \end{cases}$$

图形如图 5.11 所示.

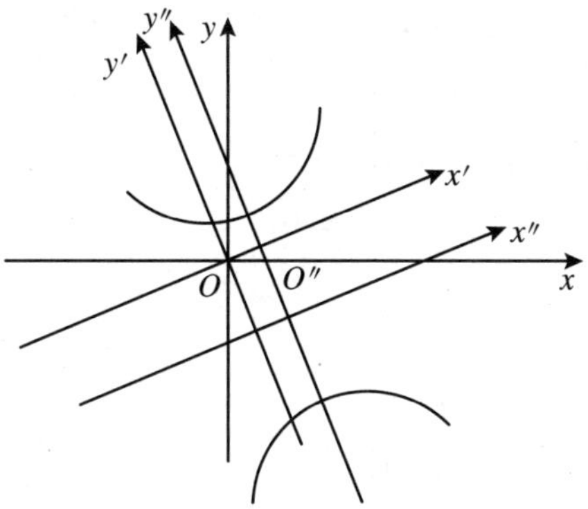

图 5.11

(5) 由于

$$I_2=\begin{vmatrix}0 & \frac{1}{2}\\ \frac{1}{2} & 0\end{vmatrix}=-\frac{1}{4}\neq 0$$

故其解法同 (4).

解得二次曲线方程的标准形式为

$$x''^2-y''^2=0$$

这是两条相交直线，从坐标系 xOy 到坐标系 $x''O''y''$ 的一般坐标变换公式为

$$\begin{cases}x=\frac{\sqrt{2}}{2}x''-\frac{\sqrt{2}}{2}y''-4\\ y=\frac{\sqrt{2}}{2}x''+\frac{\sqrt{2}}{2}y''-2\end{cases}$$

说明 比较 (4) 的两种解法可知：利用坐标变换化简二次曲线方程，如果曲线有中心，虽然先作移轴变换或者先作转轴变换均能得到最终的简化方程，但先移轴使新原点与二次曲线的中心重合，可以减少计算量. 这是因为在新坐标下，二次曲线的方程中一次项消失，二次项系数保持不变，只要计算常数项；而对于无心二次曲线需移轴使新原点与其顶点重合，才能消去一次项，因 $\left(-\frac{a_{13}}{a_{11}},-\frac{a_{23}}{a_{22}}\right)$ 未必是顶点，故不能先配方，应先作转轴变换消去交叉项 xy，再配方消去一次项.

2. 试用不变量与半不变量，判别下列二次曲线为何种曲线，并求出简化方程与标准方程：

(1) $x^2+6xy+y^2+6x+2y-1=0$.

(2) $3x^2-2xy+3y^2+4x+4y-4=0$.

(3) $x^2-4xy+4y^2+2x-2y-1=0$.

(4) $x^2-2xy+2y^2-4x-6y+29=0$.

(5) $x^2+2xy+y^2+2x+2y-4=0$.

解 (1) 因为

$$I_1=1+1=2,\quad I_2=\begin{vmatrix}1 & 3\\ 3 & 1\end{vmatrix}=-8<0,\quad I_3=\begin{vmatrix}1 & 3 & 3\\ 3 & 1 & 1\\ 3 & 1 & -1\end{vmatrix}=16\neq 0$$

故曲线为双曲线，其特征方程为

$$\lambda^2 - 2\lambda - 8 = 0$$

解之得 $\lambda_1 = 4, \lambda_2 = -2$，从而简化方程为

$$4x'^2 - 2y'^2 + \frac{16}{-8} = 0$$

其标准方程为

$$\frac{x'^2}{\frac{1}{2}} - \frac{y'^2}{1} = 1$$

(2) 因为

$$I_1 = 3 + 3 = 6, \quad I_2 = \begin{vmatrix} 3 & -1 \\ -1 & 3 \end{vmatrix} = 8 > 0$$

$$I_3 = \begin{vmatrix} 3 & -1 & 2 \\ -1 & 3 & 2 \\ 2 & 2 & -4 \end{vmatrix} = -64 \neq 0$$

故曲线为椭圆，其特征方程为

$$\lambda^2 - 6\lambda + 8 = 0$$

解之得 $\lambda_1 = 2, \lambda_2 = 4$，从而简化方程为

$$2x'^2 + 4y'^2 - 8 = 0$$

标准方程为

$$\frac{x'^2}{4} + \frac{y'^2}{2} = 1$$

(3) 因为

$$I_1 = 1 + 4 = 5, \quad I_2 = \begin{vmatrix} 1 & -2 \\ -2 & 4 \end{vmatrix} = 0, \quad I_3 = \begin{vmatrix} 1 & -2 & 1 \\ -2 & 4 & -1 \\ 1 & -1 & -1 \end{vmatrix} = -1 \neq 0$$

故曲线表示抛物线，简化方程为

$$5y'^2 - \frac{2}{5}\sqrt{5}x' = 0$$

标准方程为

$$y'^2 = \frac{2}{25}\sqrt{5}x'$$

(4) 因为

$$I_1=1+2=3,\quad I_2=\begin{vmatrix}1&-1\\-1&2\end{vmatrix}=1>0,\quad I_3=\begin{vmatrix}1&-1&-2\\-1&2&-3\\-2&-3&29\end{vmatrix}=0$$

故曲线表示一点或称相交于一点的两条虚直线，特征方程为

$$\lambda^2-3\lambda+1=0$$

解得 $\lambda_1=\dfrac{3+\sqrt{5}}{2},\lambda_2=\dfrac{3-\sqrt{5}}{2}$，简化方程为

$$\left(\frac{3+\sqrt{5}}{2}\right)x'^2+\left(\frac{3-\sqrt{5}}{2}\right)y'^2=0$$

标准方程为

$$\frac{x'^2}{\dfrac{1}{3+\sqrt{5}}}+\frac{y'^2}{\dfrac{1}{3-\sqrt{5}}}=0$$

(5) 因为

$$I_1=1+1=2,\quad I_2=\begin{vmatrix}1&1\\1&1\end{vmatrix}=0,\quad I_3=\begin{vmatrix}1&1&1\\1&1&1\\1&1&-4\end{vmatrix}=0$$

$$K_1=\begin{vmatrix}1&1\\1&-4\end{vmatrix}+\begin{vmatrix}1&1\\1&-4\end{vmatrix}=-10<0$$

故曲线为两条平行直线，简化方程为

$$2y'^2-5=0$$

标准方程为

$$y'^2=\frac{5}{2}$$

3. 当 λ 取何值时，方程 $\lambda x^2+4xy+y^2-4x-2y-3=0$ 表示两条直线.

解 二次曲线表示两条直线的充要条件是 $I_3=0$，令

$$I_3=\begin{vmatrix}\lambda&2&-2\\2&1&-1\\-2&-1&-3\end{vmatrix}=-4\lambda+16=0$$

得 $\lambda=4$ 时方程表示两条直线.

4. 设二次方程 $a_{11}x^2+2a_{12}xy+a_{22}y^2+2a_{13}x+2a_{23}y+a_{33}=0$ 表示两条平行直线，试证：这两条直线之间的距离是

$$d=\sqrt{-\frac{4K_1}{I_1^2}}$$

证明　若 $I_2=I_3=0,K_1<0$ 时，二次曲线为一对平行直线，且其简化方程为

$$I_1y^{*2}+\frac{K_1}{I_1}=0$$

于是两条平行直线

$$y^*=\sqrt{-\frac{K_1}{I_1^2}}\quad 与\quad y^*=-\sqrt{-\frac{K_1}{I_1^2}}$$

的距离为

$$d=2\sqrt{-\frac{K_1}{I_1^2}}$$

即

$$d=\sqrt{-\frac{4K_1}{I_1^2}}$$

5. 根据实数 λ 的值，讨论二次方程

$$x^2-4(\lambda+1)xy+4y^2-2\lambda x+8y+(3-2\lambda)=0$$

表示的曲线的名称.

解　由题意得

$$I_1=1+4=5$$

$$I_2=\begin{vmatrix}1 & -2(\lambda+1)\\ -2(\lambda+1) & 4\end{vmatrix}=-4\lambda(\lambda+2)$$

$$I_3=8(\lambda+2)(\lambda^2-1)$$

于是：

(1) 当 $\lambda=0$ 时，$I_2=0,I_3=-16$，二次方程表示抛物线；

(2) 当 $\lambda=-2$ 时，$I_2=I_3=0$，且

$$K_1 = \begin{vmatrix} 1 & 2 \\ 2 & 7 \end{vmatrix} + \begin{vmatrix} 4 & 2 \\ 2 & 7 \end{vmatrix} = 27 > 0$$

亦即二次方程表示一对虚平行直线；

(3) 当 $\lambda = 1$ 时，$I_2 = -12 < 0, I_3 = 0$，二次方程表示一对相交直线；

(4) 当 $\lambda = -1$ 时，$I_2 = 4 > 0, I_3 = 0$，二次方程表示一个点；

(5) 当 $\lambda \in (-\infty, -2) \cup (0, 1) \cup (1, +\infty)$ 时，$I_2 < 0, I_3 \neq 0$，二次方程表示双曲线；

(6) 当 $\lambda \in (-2, -1)$ 时，$I_2 > 0, I_3 > 0$，二次方程表示虚椭圆；

(7) 当 $\lambda \in (-1, 0)$ 时，$I_2 > 0, I_3 < 0$，二次方程表示椭圆.

参 考 文 献

[1] 郑崇友，王汇淳，侯忠义，等．几何学引论 [M]．2 版．北京：高等教育出版社，2005．

[2] 吕林根，许子道．解析几何 [M]．4 版．北京：高等教育出版社，2006．

[3] 丘维声．解析几何 [M]．北京：北京大学出版社，1988．

[4] 王敬庚，傅若男．空间解析几何 [M]．北京：北京师范大学出版社，2003．

[5] 廖华奎，王宝富．解析几何教程 [M]．北京：科学出版社，2000．

[6] 尤承业．解析几何 [M]．北京：北京大学出版社，2004．

[7] 吕林根．解析几何学习辅导书 [M]．北京：高等教育出版社，2006．

[8] 李养成．空间解析几何 [M]．北京：科学出版社，2007．

[9] 谢冬秀．解析几何 [M]．北京：科学出版社，2009．

[10] 吴光磊．解析几何简明教程 [M]．北京：高等教育出版社，2007．

[11] 黄保军．二次曲线作图的一种新方法 [J]．淮北煤炭师范学院学报：自然科学版，2009，30(13)：11-13．